ディーゼル燃焼とは
何だろうか

その実際と進化した今

中北 清己 著

丸善プラネット

まえがき

　「ディーゼル燃焼」とは，「ディーゼルエンジンのシリンダ内で生じる燃焼」のことである．ディーゼルエンジンの燃焼室は，シリンダ，シリンダヘッド，ピストンで囲まれる空間である．この空間は，燃焼が行われる圧縮上死点(ピストンがシリンダヘッドに最も近づいた位置)近傍では極めて狭い空間になる．つまり，吸入行程終了時の下死点(ピストンがシリンダヘッドから最も遠ざかった位置)近傍においてこの空間内に吸入された空気は，ピストン圧縮により圧縮上死点近傍では高温(およそ 600〜800℃)・高圧(およそ 40〜180 気圧)になる．この場に短期間に高圧(〜2,500 気圧)で霧状に噴射された燃料(軽油)は即座に蒸発し，空気と混合して可燃混合気を生成し，自己着火を経て燃焼を終える．この燃料噴射開始から燃焼終了までは，エンジン回転数に関わらず，わずか 1,000 分の数秒である．しかも，必要な動力性能と低騒音・低振動および排気有害物質の低減を同時に満たす燃焼様式を実現している．これは，改めて考えてみても，すごいことであると思われる．

　時代とともに厳しくなる要求に対応した優れた燃焼システムを的確に開発するためには，シリンダ内で生じている諸現象，つまり，燃料噴霧の発達・蒸発・拡散の各過程，燃料-空気混合気の形成状況，着火から火炎の発達に至る経過，さらには火炎温度分布や火炎内の煤粒子濃度分布などを詳しく解析し，より望ましいものに改善する方策の指針を得なければならない．著者は，上述のごとき「ディーゼル燃焼の解析」を主軸としつつ，「ディーゼルエンジン燃焼システムの研究・開発」に取り組んできた．しかし今なお，本書の表題でもある「ディーゼル燃焼とは何だろうか」という問いに満足できる十分な答えを返すことはできていない．

　とはいえ，著者なりに多くの経験をし，ディーゼルエンジンやディーゼル燃焼について考えさせられることも多かった．そこで，それらの一部でもご紹介できれば，今後ディーゼルエンジンの開発あるいは関連分野に取り組まれる方々に，何か参考にしていただけることがあるのではないかと思い，本書を著した．

　また，大学で「内燃機関の開発動向」を概説する機会を得てきたが，講義の感想に「ディーゼルエンジンは，排気は汚く振動も大きくて今後は使えないものと思っていた．しかし，それは私の誤解でした．様々な改善策が考案され優れたものになってきており，将来も有用であることがわかりました．」という回答を返してくれる学生が毎年おられる．日本では，2000 年頃に幹線道路周辺での排ガス公害が社会問題となり，さらに当時の東京都知事が真っ黒い煤が入ったペットボトルを振ってディーゼル車の排気の汚さをアピールされて以来，ディーゼルエンジンを否定する風潮が浸透した感がある．さらに追い打ちをかけるように，2015 年にはドイツの最大手自動車メーカによる排気浄化対策の不正事件があり，「やはりディーゼル車は，実際には排気低減ができず，排除されるべきものだ．」という認識を重ねて持たれた方も少なく

iv まえがき

ないものと懸念される．今後の自動車では，電動化がますます進展することに疑問の余地はなく，電動化が好適な車輌に電気自動車などが普及することは望ましいことと考える．しかし一方で，ディーゼルエンジンも，電動化要素との組合せも含めて，適材適所で活用することが望ましい有用な動力源である．したがって，一般の方々にもディーゼルエンジンに対する正しい認識を持っていただくことの一助になればとの思いも，本書を著すことにした動機である．

　本書の主要な内容は，下記の1〜4章と付録，資料，および参考文献から構成されており，各章の概要は以下のとおりである．

1章：ディーゼルエンジンの概要とその特徴

　　ディーゼルエンジンのことを詳しくはご存じない一般の方に本書を読んでいただく場合のために，まずエンジン(内燃機関)の基本を概説した．次に，ディーゼルエンジンの概要とその特徴を，ガソリンエンジンと対比する形で，できるだけ平易に説明した．そして，2章以降の内容を理解していただくうえで必要と思われる，ディーゼルエンジン燃焼システムに関する項目について概説した．

2章：自動車用ディーゼルエンジンの技術トレンド

　　乗用車用直噴ディーゼルエンジンに焦点を当て，その登場から性能面で飛躍的な進歩を遂げた現代までの約30年間において，各時代の最新要素技術と時代をリードした代表的なエンジンについて，年代順に概説した．技術内容としては，著者の専門分野である燃焼システムに軸足を置きつつも，エンジン全般に関わる内容を記した．そのうえで，著者の私見ながら，今後の技術開発の展望を付記した．

3章：ディーゼル燃焼システムに関する研究・開発の例

　　2章に記した各世代でのディーゼル燃焼システムの開発に際して，著者が在籍した株式会社豊田中央研究所において実施された計測・解析結果と，そこから導かれた開発指針の例を紹介している．専門性が強い内容になるが，本章にて燃焼室内の諸現象の計測方法やディーゼル燃焼がどのようなものかを感じ取っていただければとの思いで本章を記した．

4章：ディーゼル燃焼解析からの学び

　　上記の燃焼解析に従事する過程で得られた，人生の教訓にも通じるような，「学び」のいくつかを紹介している．ディーゼルエンジンの特に「燃焼システムの開発」に今後取り組まれる方々に，ディーゼル燃焼をより深く理解していただき，ここに挙げるような誤りを犯すことなく，そして独創的なコンセプトを創出していただくうえで，本章がその一助になればとの思いを込めて記した．

付録：ディーゼルエンジンに関する技術項目の解説(付録1〜14)

　　ディーゼルエンジンに関する主要な技術項目，および読者の理解を助けるために必要と考える技術項目について，できるだけ詳しく説明した．

資料：主要エンジンの諸元表

2章の直噴ディーゼルエンジンの技術開発トレンドを紹介する際に例示した，主要なディーゼルエンジンの諸元などの情報を一覧表として示した．

参考文献

本書を記す際に参考にした論文や資料を列挙した．

繰返しになるが，本書が今後この分野に関与される方々に少しでもお役に立てば，また，一般の方々にもディーゼルエンジンへの適切な理解が広がることにつながれば，と切に願う次第である．

2018 年 6 月

中　北　清　己

目　　次

1章　ディーゼルエンジンの概要とその特徴 ……………………………………………1

1-1　エンジン（内燃機関）とは　3

　1-1-1　エンジンの構造，作動原理　3

　1-1-2　炭化水素燃料の燃焼　5

　1-1-3　エンジンの図示熱効率　7

　1-1-4　エンジンの軸熱効率　10

　1-1-5　エンジンの熱勘定　11

　1-1-6　自動車用エンジンにおける熱効率（燃費）向上策　12

1-2　ガソリン，ディーゼル両エンジンの基本的特性　14

　1-2-1　燃 料 の 性 状　14

　1-2-2　燃 焼 シ ス テ ム　14

　1-2-3　ディーゼルエンジンが高効率である要因　17

　1-2-4　排 出 ガ ス　21

　1-2-5　両エンジンの燃焼特性と振動・騒音　23

　1-2-6　ま と め　25

1-3　ディーゼルエンジン・システムとその進化　27

　1-3-1　ディーゼル燃焼の基本　27

　1-3-2　吸・排気システム　32

　1-3-3　燃料噴射システム　34

　1-3-4　ディーゼル燃焼システム　36

　1-3-5　過 給 シ ス テ ム　39

　1-3-6　排出ガス浄化システム　41

2章　自動車用ディーゼルエンジンの技術トレンド …………………………………45

2-1　乗用車用ディーゼルエンジンの歴史概観　47

2-2　乗用車用直噴（DI）ディーゼルエンジンの技術開発トレンド　49

　2-2-1　乗用車用DIディーゼルエンジンの出現（1980年代後半）　51

　2-2-2　本格的なDI燃焼システムの開発（1990年代）　52

　2-2-3　コモンレールDI燃焼システムの開発（1990年代末〜2000年代中盤）　53

　2-2-4　ユニットインジェクタDI燃焼システム（1990年代末〜2000年代中盤）　59

　2-2-5　燃焼システムの高性能化（2000年代中盤〜2000年代末）　60

viii　目　　次

　　2-2-6　エンジン開発の二極化：プレミアム版と普及版（2010 年前後〜現在）　66

　　2-2-7　素性を磨いた最新エンジン（2015 年前後〜現在）　71

　　2-2-8　ダウンサイジングに一線を画すエンジン（2011 年〜現在）　74

　　2-2-9　革新的な遮熱技術を採用したエンジン（2015 年〜現在）　76

　2-3　今 後 の 展 望　79

3章　ディーゼル燃焼システムに関する研究・開発の例･･････････････････････81

　3-1　高圧燃料噴射が燃焼・排気に及ぼす影響の解析　83

　3-2　マルチ噴射パターンの燃焼・排気に及ぼす影響とその最適化　87

　　3-2-1　近接パイロット噴射　87

　　3-2-2　早期パイロット噴射　91

　　3-2-3　アフター噴射　96

　3-3　比出力増大と低排気を両立する燃焼システム　101

　　3-3-1　浅 皿 型 燃 焼 室　101

　　3-3-2　高過給・高 EGR 率の燃焼　106

　3-4　新 燃 焼 法　113

　　3-4-1　二燃料成層の予混合圧縮着火（PCCI）燃焼法　113

　　3-4-2　小噴孔径・多孔インジェクタを用いた低流動燃焼システム　118

　3-5　解析・開発用のディーゼルエンジンシミュレータ　123

4章　ディーゼル燃焼解析からの学び･･･････････････････････････････････131

　4-1　燃料噴射率の制御　133

　　4-1-1　早期パイロット噴射　133

　　4-1-2　近接パイロット噴射：火炎と噴霧の干渉　136

　　4-1-3　主噴射の噴射率制御：筒内ガス密度の影響　142

　4-2　噴霧と気流の関係　148

　4-3　低 温 燃 焼　154

　4-4　低熱損失型の燃焼システム　159

付録　ディーゼルエンジンに関する技術項目の解説･････････････････････161

　付録 1　圧縮比と比熱比が大きいほど理論熱効率が高くなる要因　163

　付録 2　シリンダ内のガス流動：スワールとスキッシュ　167

　付録 3　コモンレール燃料噴射システム　169

　付録 4　浅 皿 型 燃 焼 室　172

　付録 5　ターボ過給システム　175

5-1　ターボ過給機の特性　176

　　　5-2　通常ターボ過給機　177

　　　5-3　VNT ターボ過給機　178

　　　5-4　2 段ターボ過給システム　180

　付録6　エンジンのトルクカーブ特性　185

　付録7　高過給・高 EGR 率の燃焼　186

　付録8　エンジンのダウンサイジング　190

　付録9　エンジンのモジュール化　194

　付録10　シリンダヘッドの4 弁化　195

　付録11　ユニットインジェクタ　201

　付録12　壁温スイング遮熱　203

　付録13　予混合圧縮着火燃焼（PCCI 燃焼）　204

　付録14　排 出 ガ ス 規 制　215

資料　主要エンジンの諸元表……………………………………………………231

参 考 文 献………………………………………………………………………245

あ と が き………………………………………………………………………251

索　　　引………………………………………………………………………253

1章

ディーゼルエンジンの概要とその特徴

　本章では，ディーゼルエンジンのことを詳しくはご存じない一般の方に本書を読んでいただく場合のために，まずエンジン(内燃機関)の基本を概説した後，ディーゼルエンジンの概要およびその特徴を，ガソリンエンジンと対比する形で，できるだけ平易に説明する．説明に際しては，なるべく数式などは使わずにエンジンの基礎から実際のエンジンに関する諸技術について直感的に理解していただけるように意図した．また，エンジンに関する基本的な用語やその意味をできるだけていねいに説明するようにした．なお，エンジン分野を専門とされている方は，本章は読み飛ばしていただいてかまわない．一方で，復習のつもりで本章を読んでいただければ，改めて参考になる点もあるのではないかと思う．

1-1　エンジン(内燃機関)とは

1-1-1　エンジンの構造，作動原理

　一例として，最も一般的な 4 つの**気筒**(シリンダ)が一直線に並んだ形態である直列 4 気筒エンジンの基本構造を模式的に描くと，図 1-1 のとおりである．燃焼室内の燃料-空気混合気の燃焼により生じた高圧により押し下げられる鉛直下方へのピストン運動をクランク機構で回転運動に変換して動力を取り出すものである．最下位に到達したピストンは，フライホイールの慣性により再び上方に押し上げられることで作動が継続する．ピストンが最上位となる(シリンダヘッドに最接近する)位置を**上死点**，最下位になる位置を**下死点**と称する．上死点は TDC(Top Dead Center の略)と，また下死点は BDC(Bottom Dead Center)とも称される．この上死点と下死点との間の長さは，ピストンの往復運動における全振幅に相当する長さであり，これを**行程**または**ストローク**(Stroke)と呼ぶ．また，このストロークに対応する容積がエンジンの**排気量**となる．エンジンの主要構成部品をもう少し詳しい模式図で示すと，図 1-2 のとおりである．シリンダ内への吸・排気を制御する吸気弁と排気弁の周辺の構成も付記されている．そして，ピストンの位置は図 1-3 のようにクランク軸の角度(これを**クランク角**と略称する)で表される．なお，上記の用語や定義，および図 1-2 に記す各主要構成部品の名称は，以後の章でも頻繁に用いられるので，記憶しておいていただくか，随時参照されたい．

　作動原理は，燃料供給と燃焼の方式に関してガソリンエンジンとディーゼルエンジンでは異なっており，それぞれ図 1-4 および図 1-5 に示すとおりである．これらの図は，4 ストロークエンジンの場合について，両エンジンの作動を簡単化した概念図である．まず，ガソリンエンジンとして，現在最も普及している吸気ポート内に燃料噴射するタイプのガソリンエンジン(これを**ポート噴射ガソリンエンジン**と称す)の場合を概説すると，以下のとおりである．ピストンが上死点から下死点に向かう行程では吸気弁が開き，吸気ポート内で噴射された燃料(ガソリン)と空気が混合した混合気がシリンダ内に吸入される(**吸気行程**)．ピストンが下死点に到達すると吸気弁が閉じ，ピストンは上昇に転じてシリンダ内の混合気は圧縮される(**圧縮行程**)．ピストンが上死点付近に到達すると，点火栓に火花を発生させて混合気に点火して燃焼させる．この燃焼で生じる高圧によりピストンは押し下げられ動力を発生する(**膨張行程**)．ピストンが下死点に到達すると排気弁が開き，ピストンはフライホイールの慣性力により再度上昇して既燃ガスが排出される(**排気行程**)．このように，クランク軸が 2 回転する 4 行程(4 ストローク)で一連の作動が完結するエンジンが **4 ストロークエンジン**と呼ばれ，現在最も一般的に用いられている．また，この 4 行程から成る一連の作動を**サイクル**(Cycle)と称する．

　ディーゼルエンジンについては，現在ほとんどすべてのエンジンで採用されているシリンダ内に直接燃料を噴射する**直接噴射式ディーゼルエンジン**(これを**直噴ディーゼルエンジン**または

4　1章　ディーゼルエンジンの概要とその特徴

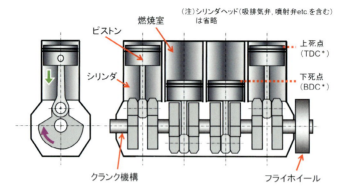

図 1-1　列型エンジンの基本構造（4 気筒の場合）

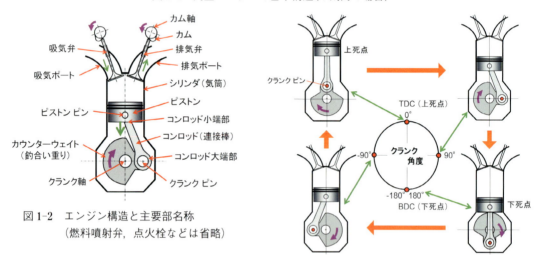

図 1-2　エンジン構造と主要部名称
（燃料噴射弁，点火栓などは省略）

図 1-3　1 回転中のピストン位置とクランク角度の定義

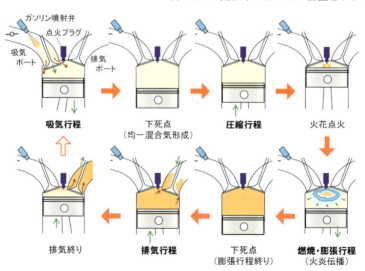

図 1-4　ガソリンエンジンの 1 サイクル

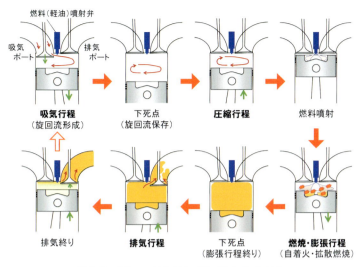

図 1-5　ディーゼルエンジンの 1 サイクル

は DI ディーゼルエンジンと称す．DI : Direct Injection)の場合について概説する(ディーゼルエンジンの種別とそれらの違いについては，2 章 2-2 節での説明を参照されたい)．ディーゼルエンジンでは，サイクルの基本的な行程の構成はガソリンエンジンの場合と同様であるが，以下の点で異なっている．吸気行程では，空気のみを吸入し，特殊な形状・配置の吸気ポートによりシリンダ内に旋回流を発生させている．この旋回流は，圧縮行程終盤には，ピストン頂面に形成された窪み(これが主に燃焼室になる)内に押し込まれ，増速されて高速の渦流になる．この強い渦流がある高温・高圧場に，燃料(軽油)が 700〜2,500 気圧程度の高い圧力(エンジン種や運転条件により異なる)で数〜十数本の噴霧として放射状に噴射される．これらの燃料は，瞬時(数ミリ秒)に蒸発し空気と混合して，多点で**自己着火**(**自着火**とも称する)し燃焼する．このように，ガソリンエンジンの場合とは混合気形成と燃焼の形態が異なるが，サイクルの基本的な構成としては同様である．

1-1-2　炭化水素燃料の燃焼

　以後の各節，各章を理解するうえで必要になるため，ガソリンや軽油といった炭化水素燃料の燃焼について基本的な事項を説明しておきたい．

　ガソリンエンジンやディーゼルエンジンにおいては，燃料蒸気と空気との混合ガス，すなわち**混合気**を燃焼させる．この混合気の燃焼特性や燃焼生成物などは，後述のとおり，混合する空気と燃料の質量比(これを**空燃比**と称し，**A/F** と略記する．A/F : Air to Fuel Ratio)により変化する．

　ガソリンや軽油は数百の炭化水素成分から成っており，しかもこの燃料蒸気は高温になるシリンダ内で熱分解し，さらに多くのより小さな分子の炭化水素が生成される．したがって，実

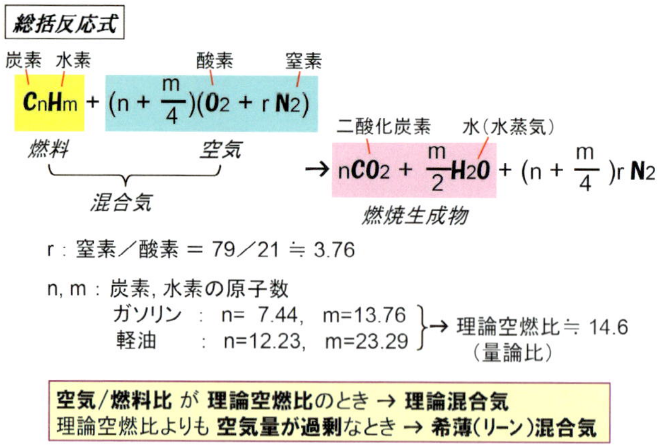

6 1章　ディーゼルエンジンの概要とその特徴

総括反応式

炭素　水素　　　　酸素　　窒素

$$C_nH_m + (n + \frac{m}{4})(O_2 + r\,N_2)$$

燃料　　　　　空気

混合気

二酸化炭素　　水（水蒸気）

$$\rightarrow nCO_2 + \frac{m}{2}H_2O + (n + \frac{m}{4})r\,N_2$$

燃焼生成物

r：窒素／酸素 ＝ 79／21 ≒ 3.76

n, m：炭素, 水素の原子数
　　　　ガソリン　：n= 7.44, m=13.76　⎫→ 理論空燃比 ≒ 14.6
　　　　軽油　　　：n=12.23, m=23.29　⎭　（量論比）

空気／燃料比 が **理論空燃比のとき → 理論混合気**
理論空燃比よりも **空気量が過剰なとき → 希薄（リーン）混合気**

図 1-6　燃料（炭化水素）の燃焼

際の燃焼反応は数千〜数十万の素反応に基づき進行し, 反応途上で生成される多数の活性種である遊離基（ラジカル, Radical）や部分酸化物（中間酸化物）などを経由して最終的な燃焼生成物となる. しかし, エンジンの作動を考えるうえでは, 図 1-6 に示すように, 上記の素反応群をまとめた 1 つの総括反応式で考えることができる. 図 1-6 に記す総括反応式は, 燃料が**完全燃焼**する, すなわち燃料の燃焼により燃焼生成物として二酸化炭素（CO_2）と水蒸気（H_2O）のみが生じる場合であり, 完全燃焼するために必要最少量の空気を供給した場合を示している. このように, 完全燃焼に要する必要最小量の空気と燃料との質量比を**理論空燃比**（または**量論空燃比**）と称し, この混合気を**理論混合気**（または**量論混合気**）と呼ぶ. 理論空燃比よりも空気が過剰な混合気を**希薄混合気**（または**リーン混合気**, Lean Mixture）, 理論空燃比よりも燃料が過剰な混合気を**過濃混合気**（または**リッチ混合気**, Rich Mixture）とおのおの称する. また, 希薄混合気の燃焼を**希薄燃焼**（または**リーンバーン**, Lean Burn）と呼ぶ. ガソリンと軽油の理論空燃比は, 両燃料で構成原子数すなわち分子量は大きく異なるものの, 図 1-6 に示すように両者ともに約 14.6 である. なお蛇足であるが, この理論空燃比の値は原油性状の違いなどに伴う燃料性状の変化に応じて若干は上下する.

　ある混合気の空燃比と理論空燃比との比を**空気過剰率**（一般に記号 λ で表す）と称す. これは, その混合気の希薄度（すなわち空気量の過剰度）を表す指標である. つまり, 空気過剰率が 1 以上では希薄混合気であり, 1 以下では過濃混合気である.

　また, 燃料量を基準に考える場合には, 空燃比の逆数, すなわち燃料と空気との質量比である**燃空比**を用いる. ある混合気の燃空比と理論燃空比との比を**当量比**（一般に記号 φ で表す）と称する. 自明であるが, 当量比は空気過剰率の逆数である. この定義からわかるとおり, 当量比は混合気の過濃度を表す指標である. 当量比が 1 以上では過濃混合気であり, 1 以下では希薄混合気である.

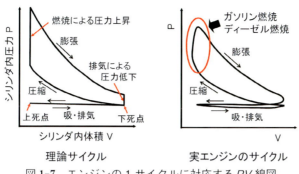

図 1-7 エンジンの 1 サイクルに対応する PV 線図

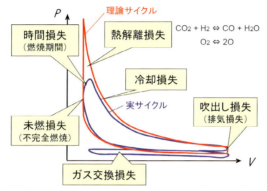

図 1-8 理論サイクルと実サイクルの違いの要因

1-1-3 エンジンの図示熱効率

エンジンの効率すなわち**熱効率**を考えるうえで最も基本となるのは，**図示熱効率**である．図示熱効率とは，「エンジンに供給された燃料エネルギの中，シリンダ内のガスがピストンに対してする仕事量(仕事エネルギ)に変換された割合」のことである．本項では，まずこの図示熱効率について説明する．

前記 1-1-1 項で説明した 1 サイクル(4 行程)に対応するシリンダ内の圧力と容積の変化履歴を図 1-7 に示す．圧力と容積はおのおの P と V という記号で表記されることから，この図を **PV 線図**と称する．前述した 1 サイクル(4 行程)の作動の説明では，各行程で準静的(動的な影響を無視する)な作動が行われ各種の損失もないと仮定して簡単化していた．つまり，理論上の基礎となるサイクルでは，燃焼によるシリンダ内ガスへの入熱は上死点で，また外部への放熱は下死点で，ともに容積一定下で瞬時に行われるものとする．また，圧縮と膨張の両行程は断熱下で進行すると考える．このような作動に対応する図 1-7 の左図は「理論サイクル」を表している．一方，現実のエンジンでは，動的な効果を考慮して吸・排気弁の開閉時期や噴射・点火の時期を運転条件等に応じて決めることになるうえ，各工程で熱や時間に関する損失が生

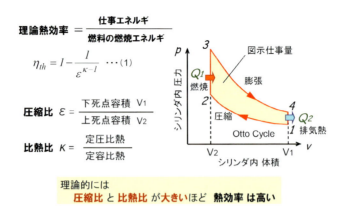

図 1-9　エンジンの理論サイクル(オットーサイクル)と理論熱効率

じるため，実エンジンの PV 線図は図 1-7 の右図のようになる．自明ながら，PV 線図では時計回りのループを描く場合が正の仕事をすることになるため，圧縮・膨張行程では正の仕事つまり動力が得られる．一方，反時計回りのループを描く吸・排気行程では負の仕事つまり損失を生じることになる．また，これらループ内の面積が仕事量を表している．このように，PV 線図からは各行程における作動特性や損失の度合い，および 1 サイクルでの仕事量を直感的に読み取ることができる．この PV 線図で示される「ガスがピストンに対してする仕事」を**図示仕事**と呼び，図示仕事量に基づく効率を「**図示熱効率**」と称する．

　また，理論サイクルと実サイクルとの違いが生じる要因を詳しく示すと，図 1-8 のようになる．ここで，時間損失とは，燃焼が実際には瞬時に完結せず有限の時間を経て完了するために，系への入熱が有限時間を経て行われるための損失である．また，熱解離損失とは燃焼生成物が高温環境下で部分的に解離して総発生熱が減少するための損失，そしてガス交換損失とは管路系の流動抵抗などによりシリンダ内圧が現実には吸気行程では負圧(無過給エンジンの場合)になり排気行程では正圧側に上昇するために起こる損失である．詳しくは後の 1-3-2 項や付録 5 で述べるが，これらの損失を低減することが熱効率の改善(燃費改善)につながる．なお蛇足ではあるが，図 1-7 左図のとおり，準静的な作動を仮定する理論サイクルの場合には，吸・排気行程は一本の直線になりループを描かないので，仕事量や熱効率を考える際に吸・排気行程を考慮する必要がなくなるため，図 1-8 の理論サイクル線(赤線)ではこの直線部は省略されている．

　次に，具体的に図示熱効率を導出する方法について，図 1-9 を用いて説明する．基本は理論サイクルにおける図示熱効率(これを**理論熱効率**と称する)であるので，これについてまず考える．入熱と放熱が容積一定下で行われ，圧縮行程と膨張行程が断熱下で進行するとの仮定により，容易に図 1-9 の(1)式が得られる(この式の導出については熱力学の専門書[1]を参照されたい)．(1)式からわかるとおり，理論熱効率はエンジンの**圧縮比**とシリンダ内ガスの**比熱比**のみ

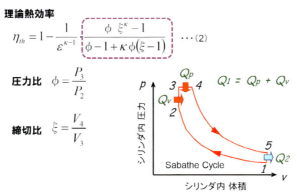

図 1-10 高速ディーゼルエンジンの理論サイクル(サバテサイクル)と理論熱効率

で決まり，この両者が大きいほど理論熱効率は高くなることがわかる．このことは直感的にはわかり難いと思われることから，より掘り下げた説明を付録1に記したので，興味のある方は参照されたい．ここでは最小限の説明のみ記述すると，圧縮比が高いほど燃焼により上昇したガス圧力がする仕事量をより大きくすることができ，また比熱比が高いほど燃焼による発熱エネルギのより多くの割合がガス圧力の増大に使われるようになるためである．

エンジンにおいて比熱比を大きくする典型的な具体策は，希薄混合気を燃焼させるリーンバーンを用いることである．この要因などについては付録1の末尾に詳しく説明したので，参照されたい．

なお念のために，ディーゼルエンジンの理論サイクルと理論熱効率について付記しておく．厳密な考察においては，自動車用の高速ディーゼルエンジンの場合には，理論サイクルは図1-9に示した**オットーサイクル**(Otto Cycle)ではなく，図1-10に示す**サバテサイクル**(Sabathe Cycle)となり，理論熱効率も図1-10の(2)式のようになる．(2)式からわかるように，サバテサイクルにおける理論熱効率の算出式では，図1-9の(1)式の第2項に破線枠で囲む項が掛かっており，この項は**圧力比**，**締切比**，そして比熱比の関数となっている．大雑把な解釈としては，この圧力比は，後の1-3-1項で述べるが，燃焼前半の急峻な発熱，すなわちガソリンエンジンと同様の予混合燃焼的な発熱による圧力上昇に対応するものであり，締切比は拡散燃焼的な発熱で圧力上昇は伴わずにピストンを押し下げる際のシリンダ容積増大に対応するものと見なすことができる．実エンジンとの対応で考えると，この圧力比と締切比の値は，これも後の1-3-1項で述べるが，熱発生率パターンに対応するものであり，このパターンはエンジンごとに性格づけられるものと言える．なお，小型・高速ディーゼルエンジンのサイクルは，近似的にはオットーサイクルとして扱うことができる場合が少なくない．結局，サバテサイクルでも理論熱効率を支配する主因子が圧縮比と比熱比であることに変わりはないため，本章では簡単化のためにもディーゼルエンジンの理論サイクルと理論熱効率が図1-9の(1)式で示されるとして扱っ

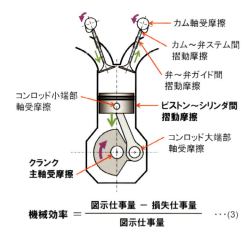

図1-11　エンジンで摩擦損失が生じる主要な箇所

ている．

1-1-4　エンジンの軸熱効率

　エンジンの実燃費を決定するのは実際にクランク軸から取り出せる仕事（これを**正味仕事**と称する）であり，この仕事エネルギと供給燃料エネルギとの比を**軸熱効率**と称する．まず最も基本となるエンジンの1気筒単位で考えると，シリンダ内ガスがピストンにした仕事すなわち図示仕事は，ピストンが**コンロッド**（Connecting Rod の略称．**連接棒**とも呼ぶ．図1-2参照）を介してクランク軸を回転させることにより動力として取り出される．この際，この動力伝達およびエンジン作動に関わる機構においては，図1-11に例示するように，軸受や往復運動部などの各箇所において摩擦による損失が生じる．したがって，実際には図示仕事からこれらの損失仕事を差し引いた動力のみをクランク軸から取り出すことができる．図1-11の(3)式に記すとおり，図示仕事量から損失仕事量を差し引いた**正味仕事量**と図示仕事量との比が**機械効率**であるので，軸熱効率は次の(4)式で表される．

　　軸熱効率 ＝ 図示熱効率 × 機械効率　　　　　　　　　　　　　　　　　　　　　　(4)

　なお，図1-11では基本となる1気筒単位について示したが，実際の多気筒エンジンではこれらのほかに，クランク軸からカム軸を駆動する装置や冷却水と潤滑油を圧送するための各ポンプ駆動部などにおいても，摩擦損失としてエネルギが消費される．また，実際にエンジンを自立運転させるために，冷却水や潤滑油を圧送するポンプ仕事自体にもエネルギが消費される．したがって，実エンジンではこれらのエネルギも含めたものが総損失仕事量になり，これらを総合して**機械損失**と称する．そして，(3)式の損失仕事量にこの機械損失量を代入したものが機

械効率となる．軸熱効率向上のためには，機械効率を最大化する，すなわち機械損失仕事量を
いかに低減するかが重要である．この機械損失仕事量を低減する具体策については，以後の2
章においていくつかの実例が挙げられているので，参照されたい．

　以上，**燃料消費率**（**燃費**と略称する）と表裏一体のエンジン熱効率について述べたが，エンジ
ンの動力性能を表す指標は**トルク**と**出力**である．1-1-1項で述べたとおり，シリンダ内のガス
圧力により押されたピストンがクランク機構によってクランク軸を回転させ，この回転力が動
力伝達機構を経てタイヤを回転させる．このように動力は回転運動として取り出されるので，
指標の1つとして，回転させる強さである回転力（モーメント）を示す「トルク」が用いられ，
単位Nmで表される．また，エンジンが単位時間当たりにする仕事量である「仕事率」を「出
力」と称する．「出力」は，「トルク」と「単位時間当たりのエンジン回転数」との積に比例す
るもので，単位kWで表される．
　なお，「トルク」の代わりに**平均有効圧力**という指標を用いることもある．「平均有効圧力」は，
トルクをエンジン排気量で除した値であり，圧力の単位MPaになるため，このように称される．
「平均有効圧力」により，エンジン排気量の異なるエンジン間のトルクの大小を比較すること
ができる．
　また，熱効率の場合と同様に，「燃費」「トルク」「出力」「平均有効圧力」のいずれにも「図
示」と「軸」の2種類の定義が存在する．すなわち，図示仕事に対応する**図示燃費**，**図示トル
ク**，**図示出力**，**図示平均有効圧力**と，正味仕事に対応する**軸燃費**，**軸トルク**，**軸出力**，**軸平均
有効圧力**がある．前者は，エンジン構造による機械損失などの影響を排除し，純粋に燃焼シス
テムの特性に関して考察する際に有用となる．

1-1-5　エンジンの熱勘定

　エンジンに供給された燃料の熱エネルギが何に使われたかの内訳を**エンジンの熱勘定**と称す
る．このエンジンの熱勘定として，自動車用ディーゼルエンジンの例を図1-12に棒グラフで
示す．この図は，1-1-3項および1-1-4項で述べてきた内容を整理・確認するうえでも有用で
ある．
　図1-12の棒グラフは熱勘定のおよその割合を示したものであり，高負荷時には供給された
燃料の燃焼熱エネルギの約40%が正味仕事となる．一方，低負荷時には20〜30%程度が正味
仕事になるに留まっている．つまり，通常の市街地で流れに乗って巡航するような軽負荷時に
は，大雑把に言って燃料エネルギは正味仕事，（冷却損失 ＋ 機械損失），排気損失のおのおのに
約30%が消費されることになる．機械損失エネルギは最終的には放熱により散逸するので，「広
義の冷却損失」に含めて考えることもできる．燃料エネルギに占める正味仕事の割合（すなわ
ち軸熱効率）が高負荷では大きく低負荷で小さい理由は，摩擦損失や油水ポンプの損失などの

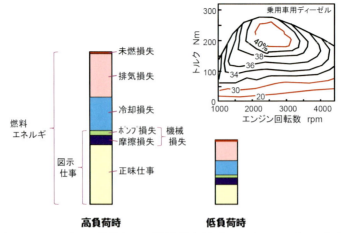

図1-12　エンジンの熱勘定の一例（自動車用ディーゼルエンジンの場合）

機械損失の絶対値はエンジン負荷への依存性が小さいため，高負荷時では低負荷時に比べて増大した燃料エネルギに占める機械損失割合が相対的に小さくなる，つまり機械効率が大きくなるためである．図1-12の右上図は，乗用車用ディーゼルエンジンを例に，縦軸にトルク，横軸にエンジン回転数をとってエンジン作動域を示したものである．また，この作動域中に等高線で示されるのが「等軸熱効率線」である．この図より，最高熱効率は中速の高負荷域で得られており，また低負荷域では軸熱効率は20～30%程度になることが見て取れる．つまり，エンジン熱勘定として前述した負荷依存性に対応している．

1-1-6　自動車用エンジンにおける熱効率（燃費）向上策

自動車の燃費すなわち熱効率を向上させるには，エンジン効率向上のほかにも車輌側の諸因子の改善（変速機などの駆動系損失低減，車輌の軽量化や空気抵抗低減など）も重要であるが，エンジンの軸熱効率を向上させることが最重要である．このエンジン自体の軸熱効率向上策としては，1-1-3項から1-1-4項で述べてきたとおり，図示熱効率と機械効率の最大化を図るため，圧縮比と比熱比の増大，および，図1-12の熱勘定棒グラフに要約される各種損失を低減することに尽きる．一方，自動車としての熱効率向上策にはエンジンの使い方という観点もあり，同じエンジンを用いたとしても，エンジン作動点の変更という手段により熱効率を改善することができる．この点を図1-13により説明する．この図は，図1-12の右上に示した乗用車用ディーゼルエンジンの作動域と等軸熱効率線の図に，さらに等出力線（双曲線状のオレンジ色の線群），および，代表的な2種類の変速機を用いた場合のエンジン作動点の一例（星印）を付記したものである．例えば，ある車が市街地をある速度で巡航するのに20kWの出力を要するとすると，従来から一般的なMT（Manual Transmission，手動変速機）やAT（Automatic

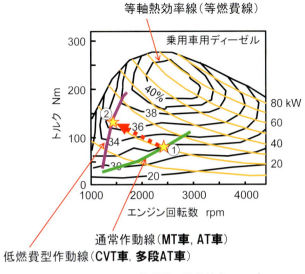

図 1-13　エンジン作動域と軸熱効率マップ

Transmission，流体コンバータ式自動変速機）を備える自動車ではエンジン作動点①で走行させることになる．一方，CVT（Continuously Variable Transmission，無段変速機）を備える自動車ではエンジン作動点②での走行が可能である．この例では，作動点①のエンジン軸熱効率は約 32％であるが，作動点②の軸熱効率は約 36.5％である．つまり，作動点を①から②にシフトさせるだけで軸熱効率すなわち燃費を 4.5 ポイント，約 14％改善できることになる．多段 AT でも CVT の作動点②に近い作動点をとることができる．近年，低燃費化のために CVT 車や多段 AT 車が商品化されている理由はこの作動点変更を実現するためである．また，近年では排気量を減少したエンジンに過給機を組み合わせる「エンジンの**ダウンサイジング**」が欧州車を中心に盛んに実用化されているが，これもエンジン作動点変更による燃費改善を狙った実例である．なお，ダウンサイジングについては，その燃費改善の要因は作動点変更のほかにもあり，重要な技術項目であるため，付録 8 に詳しく説明しているので参照されたい．

以上，1-1 節で述べてきたことを総合して結論としてまとめると，エンジンに関して熱効率（燃費）を向上させる方策は以下の 4 項目に集約される．
① エンジンの圧縮比を大きくする．
② 作動ガスの比熱比を大きくする．具体的には希薄混合気を燃焼させる（リーンバーン）．
③ 各種損失（摩擦損失，冷却損失，排気損失など）を減らす．
④ エンジン作動点を高熱効率側にシフトする．

燃費向上のために，2 章で述べる様々な技術開発が現実に進められ実用化されてきているが，それらの技術はすべて上記 4 項目のいずれかに該当するものである．

14   1章　ディーゼルエンジンの概要とその特徴

1-2　ガソリン，ディーゼル両エンジンの基本的特性

1-2-1　燃料の性状

　ガソリンエンジンおよびディーゼルエンジンの燃料は，それぞれガソリンおよび軽油である．これらの燃料の性状は，当然であるが，両エンジンの作動方法と密接に関わっているため，本項で整理しておく．両燃料の性状を図1-14に示す．左の表中に代表的な性状を記すとともに，右の図には両者の蒸留特性を示している．

　同表に示すとおり，軽油の方が密度および粘度ともに大きい．これは，軽油の方が分子量の大きな炭化水素群から構成されているからであり，平均分子式は，図1-6(p.6)で記したとおり，ガソリンが$C_{7.44}H_{13.76}$であり軽油は$C_{12.23}H_{23.29}$である．なお，この分子式は精製に供した原油性状などに依存し，相応に変化する．

　両者の蒸留特性はこの分子量の違いを反映しており，図1-14の右図からわかるとおり，ガソリンは約60℃から留出し始め，約170℃で留出が完了する極めて軽質な燃料である．一方で，軽油は約170℃から留出し始め，約370℃で留出が完了するより重質な燃料である．

　上記の各性状により両燃料は正反対の性質を有している．すなわち，ガソリンは吸気行程のような低温下でも蒸発するうえに，高温でも**自着火**（火花点火なしに自ら着火すること）は起こり難い．一方，軽油はピストン圧縮後のシリンダ内のような高温環境でのみ蒸発を完了させることができ，自着火しやすい．ガソリンエンジンとディーゼルエンジンの燃焼方式は，両燃料のこの正反対の性質を反映して，次項で記すものになっている．

1-2-2　燃焼システム

　両エンジンの燃焼方式については，1-1-1項において図1-4(p.4)および図1-5(p.5)を用いて概説したが，本項では改めてもう少し詳しく説明しておく．

　現在広く用いられる一般的なポート噴射ガソリンエンジンの燃焼システムでは，図1-15の左図のとおり，吸気ポート内に**絞り弁**（スロットルバルブ，Throttle Valve）と燃料噴射弁が，またシリンダヘッド中央部に**点火栓**（スパークプラグ，Spark Plug）が，それぞれ設置されている．吸気行程では，吸気ポート内を通過する空気流中にガソリンが噴射され，噴射されたガソリンは蒸発しながら空気と混合しつつシリンダ内に流入する．このように吸気行程で吸入された混合気は，圧縮行程で圧縮された後に点火栓の火花により点火され，環状の火炎面が形成される．この環状火炎面が放射状に広がる形で燃焼が進行し完了する．このように，予め燃料と空気とが十分に混合された後に燃焼が生じる形態を**予混合燃焼**と，そしてこのような混合気を**予混合気**とそれぞれ称する．また，混合気の濃度は，電子制御で燃料噴射量を精密に制御することで，

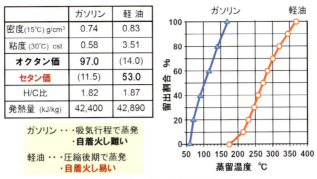

図 1-14 ガソリンと軽油の性状

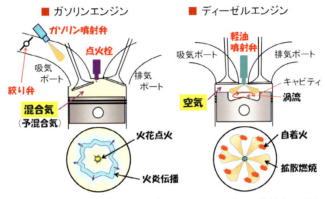

図 1-15 ガソリンエンジンとディーゼルエンジンの燃焼システム

特別な場合を除き常に理論燃空比に維持される．したがって，エンジンの出力は吸入する混合気の量を変えて調整することになる．つまり，要求されるエンジン出力が低い低負荷では，絞り弁を絞って流入する空気量を減少させる必要がある．絞り弁が全開になるのは，エンジンが最大出力(または最大トルク)を発生する場合だけである．なお，混合気の濃度を常に理論燃空比に維持する理由は，有害排出ガス成分を浄化する排気触媒(三元触媒)を機能させるためである．この点については後の 1-2-4 項で詳述する．

　ディーゼルエンジンの燃焼システムでは，図 1-15 右図のとおり，ピストン頂面に燃焼室となる窪み(これを**ピストンキャビティ**，Piston Cavity と称する)が形成され，シリンダヘッド中央部に燃料噴射弁が設置されている．負荷調節は噴射する燃料量を変化させて行うため吸気管路に絞り弁はなく，吸気行程では負荷に関わらず常に最大量の空気のみを吸入する．この吸入行程の際に，1-1-1 項でも述べたとおり，シリンダ内に強い旋回流(これを**スワール**，Swirl と称する)を発生させる．この旋回流は，後の 1-3-2 項において図 1-31(p.33)に例示する，特殊な形状・配置の吸気ポートにより発生させる．そしてこの旋回流動は，圧縮行程終盤にはピストンキャビティ内に押し込まれ増速されて，さらに高速の渦流になる．この強い渦流が存在する高温・高圧場に，燃料(軽油)が 700〜2,500 気圧程度の高圧で数〜十数本の噴霧として放射

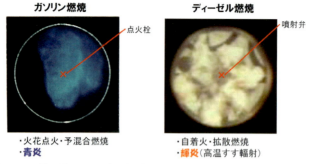

図1-16 ガソリンエンジンとディーゼルエンジンの燃焼状況の比較

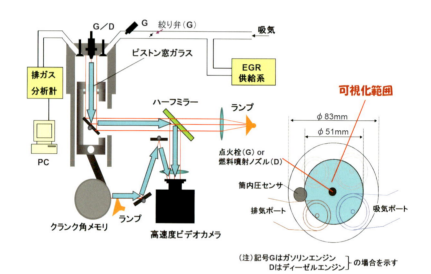

図1-17 シリンダ内燃焼の撮影装置の一例

状に噴射される．これらの燃料は，ほぼ瞬時(数ミリ秒)に蒸発および空気と混合し，自着火条件の整った多くの点でほぼ同時に自着火して燃焼が開始され，火炎が広がって燃焼を完了する．なお，このシリンダ内空気流動については，実際には渦流以外にもピストンキャビティの存在に起因する別の鉛直断面内流動もあり複雑であるが，このガス流動の詳細については後の1-3-1項および付録2にて詳述している．これらの複雑なガス流動は，燃料の蒸発と空気との混合，さらには燃焼を促進する作用がある．また，上記の説明からわかるとおり，ディーゼル燃焼は燃料と空気の混合と燃焼がほぼ同時に進行するもので，このような形態を**拡散燃焼**と称する．この理由は，燃料分子と酸化剤である酸素分子などが互いに拡散して出合いながら燃焼反応が進行するからである．

　参考のために，株式会社豊田中央研究所にて撮影された両エンジンでのシリンダ内燃焼の撮影例を図1-16に示す．この高速度撮影は，図1-17に示すとおり，延長ピストンに取り付けた窓ガラスを通して特殊な光学系の撮影装置を用いて実施されたものである．図1-16の両映像

表1-1　ガソリン，ディーゼル両エンジンの燃焼システム仕様の比較

	ガソリンエンジン （SI[*1] エンジン）	ディーゼルエンジン （CI[*2] エンジン）
燃料	**ガソリン**	**軽油**
燃焼形態	・理論（空燃比）混合気 ・**火花点火** ・予混合・火炎伝播燃焼 　（青炎燃焼）	・希薄混合気（筒内平均） ・**圧縮自着火** ・拡散燃焼（輝炎燃焼） 　（一部，予混合燃焼）
圧縮比	低い （8～11）	高い （15～23）
負荷制御	**吸気絞り** （混合気吸入量）	**燃料噴射**（筒内） （燃料噴射量）

＊1　SI：Spark-Ignition
＊2　CI：Compression-Ignition

よりわかるとおり，理論燃空比の予混合気を燃焼させるガソリンエンジンでは綺麗な青炎燃焼となる．これは，同様にガス燃料の予混合燃焼を用いるカセットコンロでの炎が綺麗な青炎であることに対応している．一方，燃料と空気が混合しながら燃焼するディーゼルエンジンの場合には，燃焼は高輝度のオレンジ色～白色の炎（これを**輝炎**と称す）として進行する．この理由は，多数の煤を生じながら燃焼するためで，火炎中に存在する多数の高温煤粒子の輻射によりオレンジ色～白色の高輝度炎となるのである．このようなオレンジ色の高輝度光を伴う拡散燃焼の身近な例としては，焚火の炎が挙げられる．焚火では，熱せられた木片から生じる炭化水素ガスと周囲の空気とで拡散燃焼が生じているのである．

　以上に概説した両エンジンの燃焼システムの概要を対比して表1-1に示しておく．

1-2-3　ディーゼルエンジンが高効率である要因

　ディーゼルエンジンは，一般的なガソリンエンジンに比べて，軸熱効率が20％程度高い．この要因を以下に説明する．
　第一の要因は，圧縮比の違いである．すなわち，ガソリンエンジンでは**ノッキング**（Knocking）という現象により圧縮比を高くできないことが要因に挙げられる．ガソリンエンジンでの正常な燃焼は，1-2-2項で述べたとおり，吸入された混合気が圧縮行程の終盤で点火栓により火花点火され，形成された環状の火炎面が放射状に広がる形で燃焼が進行し完了する．ところが，燃焼室内ガスの温度が高くなると，図1-18に示すように，ガソリンであっても，環状の火炎面が伝播中にその周辺部の未燃混合気内の多点で自着火が発生する．この未燃混合気は燃料と空気が十分に混合された理論空燃比の予混合気であるため，これらの各自着火部を起点として爆発的な燃焼（爆轟現象）が生じて衝撃波が発生し，この衝撃波がシリンダ内面で反射されて燃

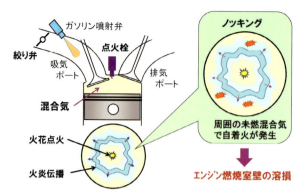

図1-18　ガソリンエンジンで生じるノッキング

焼室内を往復するような現象が生じる．この際にはドアをノックするような甲高い音が発生するため，この現象をノッキングと称している．この衝撃波が到達した燃焼室壁面では温度境界層が破壊され，燃焼室壁面を構成する金属部材が異常な高温にさらされて溶損する問題が生じる．圧縮比を高めるほど圧縮行程終了時の温度が高くなり，燃焼過程でのガス温度も高くなる．このため，高圧縮比になるとノッキングの問題が生じやすくなることから，ガソリンエンジンの圧縮比は通常8～10前後が上限となる．

　一方，ディーゼルエンジンは拡散燃焼であり，燃料と空気が混合してちょうど着火条件が整った複数の局所的な混合気塊で自着火し燃焼が始まるが，この段階で燃焼できる混合気量は限られている．その後さらに噴射される燃料は蒸発・混合を行いながら，またちょうど燃焼できる濃度の混合気となった部分から順次燃焼していくことになる．つまり，ディーゼルエンジンでは多点で自着火しても爆発的な燃焼に至ることはなく，ノッキングは生じない．したがって，ディーゼルエンジンには原理上の圧縮比の上限はない．ただし現実には，圧縮比を高めて圧縮圧力が過大になると，エンジン構造体強度を確保するためにエンジンのサイズや重量が過大になり，また軸受部などの摩擦損失や摩耗の増大など様々な問題が生じる．このような観点から，通常のディーゼルエンジンでは圧縮比15～23程度が実用範囲となる．つまり，ディーゼルエンジンではガソリンエンジンの場合の2倍程度まで圧縮比を高めることができるため，1-1-3項で述べたとおり，熱効率が高くなる．念のために補足しておくが，**ディーゼルノック**（Diesel Knock）という言葉が使われることがある．しかしこれは，ガソリンエンジンで生じる燃焼室壁の溶損に至るような真のノッキングではなく，「燃焼初期の熱発生が過剰に急峻になって燃焼騒音が大きくなる現象」（1-2-5項を参照）を指す用語である．このような場合も，カンカンというノッキングと似た音が発生するため，ディーゼルノックと称されるのである．

　ディーゼルエンジンがガソリンエンジンより高効率である第二の要因としては，シリンダ内ガスの比熱比の違いが挙げられる．一般にガソリンのような炭化水素燃料における予混合気の燃焼速度は，図1-19に示すように，混合気濃度が理論空燃比近傍（やや過濃側）で最大になり，

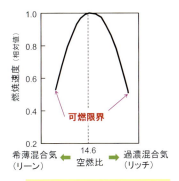

図 1-19　炭化水素燃料の燃焼速度と空燃比との関係

　過濃側でも希薄側でも理論空燃比から遠ざかるほど低下し，やがて燃焼が困難になる**可燃限界**に到達する．また，可燃限界に至る前でも燃焼速度が低くなりすぎると，燃焼が不安定になってサイクルごとの燃焼変動が過大になり，エンジンとして実用できなくなる．したがって，通常のガソリンエンジンの場合には，安定燃焼の確保と三元触媒による排気浄化を実現するために，理論混合気の燃焼を用いることとなる．また，リーンバーン燃焼を用いるエンジンの場合でも，燃焼の安定性を確保するため，その希薄混合気の空燃比は 21(当量比で 0.7)程度が実用限界である．

　一方，拡散燃焼を用いるディーゼルエンジンの場合には，低負荷時に燃料噴射量が少なくシリンダ内全体としては希薄度の高い混合気であっても，実際に燃焼するのは理論空燃比近傍の燃焼条件が整った多数の局所的な混合気塊であるため，安定して燃焼することができる．例えば，シリンダ内全体での平均空燃比では 130(当量比で 0.11)程度でも安定した燃焼が可能である．このように，ディーゼルエンジンでは，はるかに希薄な混合気での燃焼が可能，つまり比熱比の高いガスによる作動が可能であるため，1-1-3 項で述べたとおり，熱効率が高くなる．

　第三の要因として，両エンジンでは吸・排気行程における損失仕事量の違いが挙げられる．ガソリンエンジンの場合，前 1-2-2 項で述べたとおり，出力すなわち負荷の調節は吸入する混合気量を変化させて調節する．したがって，低負荷の場合には絞り弁を絞って流入する空気量を減少させる必要がある．吸気行程でピストンが下降してシリンダ内に激しく空気を吸入しようとしている際に絞り弁で吸気管断面積を縮小させるため，シリンダ内には大きな負圧が発生する．このため，図 1-20 の左図のように，吸・排気行程での PV 線図ループ内の面積が大きくなる．1-1-3 項で述べたとおり，このループは反時計回りで負の仕事を表すことから，このループ内面積の増加は損失仕事量の増大を意味している．そして，この損失を**ポンピング損失**(Pumping Loss)あるいは**絞り損失**と称している．なお念のために記すが，最大出力(または最大トルク)時には絞り弁は全開になるため，当然ながら上記に起因する損失は生じない．

　一方，ディーゼルエンジンの場合には，エンジン負荷は噴射する燃料量を変化させて調節す

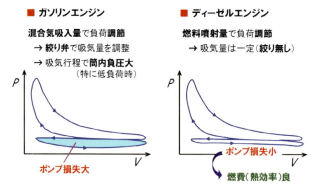

図1-20　ガソリン，ディーゼル両エンジンでの吸・排気行程の比較

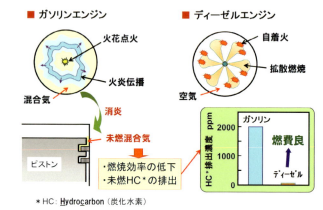

図1-21　ガソリン，ディーゼル両エンジンでの排出炭化水素量の比較

るため吸気管路に絞り弁は不要であり，負荷の高低に関わらず吸気行程で大きな負圧は発生しない．したがって，吸・排気行程でのPV線図ループ内の面積は常に小さい，すなわちポンプ損失仕事はすべての負荷範囲を通じて小さく維持される．

　以上のとおり，部分負荷域の特に低負荷域の運転において，ガソリンエンジンではポンプ損失が大きくなるため，ディーゼルエンジンに比べて熱効率が低くなる．乗用車では，通常の走行で使用頻度が高いのは部分負荷運転であるため，実用燃費で両者の燃費差が顕著に生じる大きな要因である．

　第四の要因としては，シリンダ内に未燃焼で残る燃料（これを**未燃燃料**と呼ぶ）の量に差があることが挙げられる．この点について図1-21を用いて説明する．上記のとおり，ガソリンエンジンでは燃料と空気の混合気を吸入して運転する．したがって，シリンダ内に吸入された混合気は，図1-21の左下図に示すピストンとシリンダライナの間の狭い空間内にも侵入する．この狭い空間内の混合気（**エンドガス**，End Gasと称する）は両壁面に熱を奪われ冷却されるため，この空間内では火炎伝播が継続できない．したがって，このエンドガス部の混合気は燃焼しないまま排気行程で炭化水素（**HC**：**H**ydrocarbonと称す）として排出されることになる．こ

のため，ガソリンエンジンでは，燃焼効率の低下（すなわち熱効率の低下），および排気中の有害成分の1つである未燃HCの増加が生じる．

　一方，ディーゼルエンジンの場合には，吸入するのは空気のみであり，また圧縮行程終盤で噴射された燃料も上記の隙間部に到達する前に燃焼室内空間中で燃焼を完了する．したがって，エンドガス部起源の未燃HCや燃焼効率の低下は生じない．このため，ディーゼルエンジンの熱効率が高くなる．なお参考までに，両エンジンでの排気特性の比較を一例として図1-21右下図に示す．エンジン本体からの排出ガスとしてのHC濃度では，一般的にガソリンエンジンはディーゼルエンジンの数十倍を排出することになる．しかし，現代のガソリンエンジンでは，このHCは排気管路中に設置した排気触媒によりほぼ完全に浄化されている．この触媒については，次の1-2-4項にて説明する．

　以上より，ディーゼルエンジンがガソリンエンジンに比べて熱効率が20%程度高い要因をまとめると，以下の4項目が挙げられる．

① ノッキングが生じないため，<u>圧縮比を高く設定できる</u>．
② 拡散燃焼であり大幅な希薄燃焼が可能で，作動ガスの<u>比熱比を高くできる</u>．
③ 負荷調整は燃料噴射量で行い，吸気絞りがないため，<u>ポンピング損失が小さい</u>．
④ 空気のみ吸入するため，<u>エンドガス部起源の未燃燃料が生じない</u>．

1-2-4　排 出 ガ ス

　図1-21に関して上述したとおり，エンジン本体からの排出ガスという観点からは，ガソリンエンジンはディーゼルエンジンの数十倍の未燃HCを排出している．これは一般に知られているガソリンエンジンはクリーンであるという認識と相容れない．このギャップを埋めているのが排気触媒である．

　現在最も広く用いられているポート噴射ガソリンエンジンでは，図1-22に示すとおり，**三元触媒**を用いた排気浄化システムが採用されている．三元触媒では，混合気濃度を正確に量論比（約14.6）とした燃焼ガスの場合に限り，主要な有害3成分である窒素酸化物（**NOx**：Nitrogen Oxides），炭化水素（HC）および一酸化炭素（**CO**：Carbon Monoxide）のすべてを同時にほぼ完全に浄化することができる．この場合，混合気濃度を正確に調整する必要があるため，排気管路中に設置した酸素濃度センサ（**O₂センサ**）や吸気管路中の流量センサなどの情報に基づき電子制御で燃料噴射弁から噴射する燃料量を決定する「精密空燃比制御」が用いられる．このような各種センサや電子燃料噴射システムなどの進歩と三元触媒の登場によって，現代のガソリンエンジンはクリーンとなっている．

　一方，ディーゼルエンジンの場合には，その作動原理上から希薄混合気とならざるをえず量論比に設定できないため，三元触媒が使えない．したがって，図1-23に一例を示すとおり，

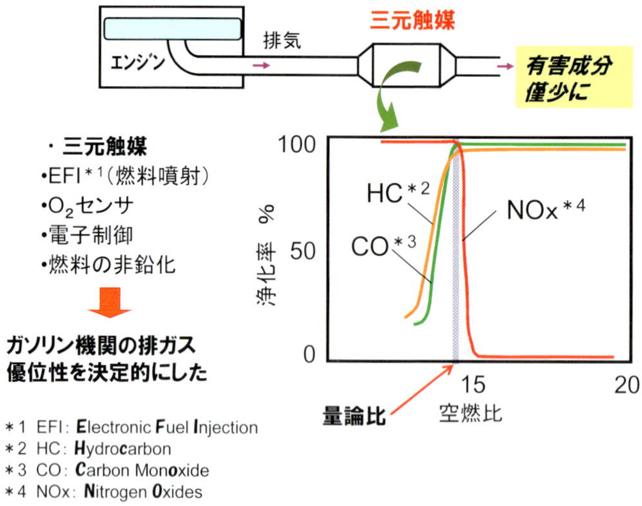

22　1章　ディーゼルエンジンの概要とその特徴

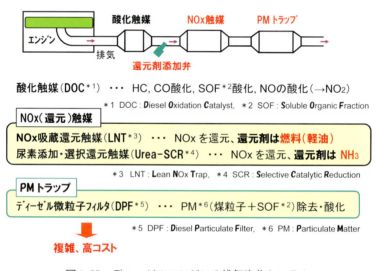

図1-22　ガソリンエンジンの排気浄化システム（三元触媒）

図1-23　ディーゼルエンジンの排気浄化システム

複雑な排気後処理システムを用いる必要がある．拡散燃焼を用いるディーゼルエンジンからの排出ガス中の有害成分としては，上述したNOx，HC，COに加えて，燃料の重質分が部分酸化した高沸点の**可溶性有機成分**（SOF : Soluble Organic Fraction），および煤粒子や揮発性成分が粒子化した**粒子状物質**（PM : Particulate Matter）が挙げられる．これらの成分を浄化するために複数の排気後処理要素を組み合わせている．具体的には，HCやCOおよびSOFなどの未燃成分を酸化する**酸化触媒**（DOC : Diesel Oxidation Catalyst），NOxを還元浄化するNOx触媒，およびPMを濾過して除去する**PMトラップ**である**ディーゼル微粒子フィルタ**（DPF : Diesel Particulate Filter）の組合せである．そしてNOx触媒としては，燃料（軽油）を還元剤とする**NOx吸蔵還元触媒**（LNT : Lean NOx TrapまたはNSC : NOx Storage Catalystと称する），

および尿素水を還元剤とする**尿素添加・選択還元触媒**(Urea-SCR：Urea-Selective Catalytic Reduction)の2種類が主に用いられている．また，この両者ともに還元剤を添加する必要があるため，触媒上流側の排気管路中に還元剤添加用の噴射弁の設置が必須となる．これらのディーゼル後処理要素については，後の1-3-6項にて詳述しているので，詳しくはそちらを参照されたい．

　上記のとおり，ガソリンエンジンでは三元触媒という切札によって比較的簡素な後処理構成で対処できるのに対して，ディーゼルエンジンでは複雑な後処理システムが必要となり車輌搭載スペースや装置コストの増大が問題となる．さらに，NOx触媒では還元剤を必要とし，LNTでは燃料を還元剤として使用するための燃費悪化が生じる．また，Urea-SCRでは尿素水を別途搭載し補給する必要があることから，メンテナンスの手間やランニングコストの増大，そしてさらに尿素供給インフラの問題もある．このように，排気浄化に関しては，熱効率の場合とは逆にディーゼルエンジンが不利になっている．

1-2-5　両エンジンの燃焼特性と振動・騒音

　自動車の振動・騒音の原因は，エンジン以外にも変速機，路面の凹凸や段差，および風などいくつか挙げられるが，一般に最も影響の大きい起振源はエンジンである．ガソリン，ディーゼル両エンジンの振動・騒音特性(**NV特性**とも称する．NV：Noise and Vibration)に深く関わるシリンダ内ガスの圧力(**筒内圧力**と称する)の履歴を，両エンジンについて模式的に図1-24に示す．両図において，横軸はクランク角度(すなわち時間)であり，縦軸はシリンダ内圧力に加えて**熱発生率**(単位時間当たりの熱発生量で，燃焼特性の指標となる)，さらにディーゼルエンジンでは**燃料噴射率**(単位時間当たりの燃料噴射量で，噴射ノズルの噴孔径と弁リフトおよび噴射圧力に依存する)に対応している．筒内圧力は，クランク角の進行とともに圧縮により上昇し，燃焼によりさらに上昇してピークを迎えた後に，膨張行程でピストンの下降に伴って低下するという履歴を辿る．参考までに付記すると，この圧力線図データに熱力学の第一法則と気体の状態方程式を適用することで熱発生率が算出されている．

　ガソリンエンジンでは図1-24の左図中に「点火」と記した時点で着火するが，ディーゼルエンジンでは噴射弁リフトの立上り時点(燃料噴射開始時)から時間遅れがあって熱発生率の立上り(自着火)が生じる．この噴射開始から着火までの時間を「**着火遅れ**」と称している．なお，両エンジンともに，一般に着火から燃焼完了まで(これを**燃焼期間**と称する)はクランク角で20°(低負荷時)〜45°(高負荷時)程度を要する．

　シリンダ内圧力の指標として重要になる「ピーク圧力」については，ガソリンエンジンに比べてディーゼルエンジンでは大幅に高くなる．この要因は，ディーゼルエンジンでは，圧縮比が高くガスの比熱比も高いため，圧縮行程終了時点での圧力(**圧縮圧力**と称する)がガソリンエンジンの場合より2〜2.5倍程度高いうえに，着火遅れ期間中に準備された可燃混合気が一気

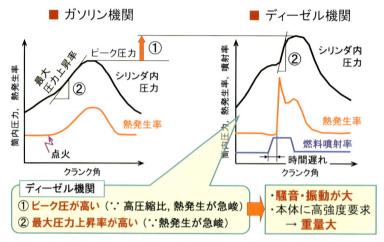

図1-24 ガソリン，ディーゼル両エンジンの燃焼特性と振動・騒音

に着火して生じる激しい燃焼による圧力上昇代も大きいことが挙げられる．この高いピーク圧力により，ディーゼルエンジンでは振動と騒音がともに大きくなるうえに，エンジン本体に高い強度が要求されることでエンジン重量が大きくなる．

シリンダ内圧力の指標としてもう1つ重要になるのが「**圧力上昇率**」(単位クランク角当たりの圧力上昇量)である．この圧力上昇率は，エンジンの燃焼形態の履歴に大きく依存するので，各エンジンの燃焼形態の履歴と関連づけて以下に概説する．

ガソリンエンジンでは，図1-15(p.15)にその概念図を示したとおり，シリンダ中心の点火栓近傍に生じた火炎核から円環状の火炎帯が形成され，これが放射状に拡大していく形態で燃焼が進行する．つまり，燃焼開始時には火炎核レベルの小さな発熱量から始まり，徐々に燃焼領域(環状火炎帯の直径)が大きくなるうえ，ピストン上昇と燃焼によるシリンダ内温度上昇に伴う燃焼速度の増大により発熱量が増大していき，その後は膨張行程に転じてピストン下降により温度が低下することで燃焼速度が低下して発熱量は減少しつつ燃焼を完了する．このような燃焼履歴に対応して，ガソリンエンジンの熱発生率は着火時から穏やかに上昇していきピークを迎えた後に穏やかに低下していく．この熱発生率の履歴に対応して，ガソリンエンジンのシリンダ内圧力上昇率は一般に小さな値に保たれる．

一方，ディーゼルエンジンでは，燃料噴射の開始後に急速に燃料噴霧が蒸発して可燃混合気を形成し，燃料噴射開始時からある時間遅れを経てこの可燃混合気が一気に燃焼する．しかも，このような可燃混合気はシリンダ内の各所に多数形成されているので，着火時から大きな発熱量となる．このため，熱発生率は着火直後に高いピークを持つ履歴となり，これに対応してシリンダ内圧力は着火後に急峻に立ち上がることになって，圧力上昇率が一般に大きくなる．この圧力の急激な上昇は，エンジン構造体に対する一種のハンマリングのような作用になるため，ディーゼルエンジンでは振動と騒音がともに大きくなる．この圧力上昇率の最大値である**最大圧力上昇率**は騒音との相関が高い．

1-2 ガソリン, ディーゼル両エンジンの基本的特性　25

　以上のとおり, ディーゼルエンジンでは, 燃焼形態およびその履歴に起因するシリンダ内圧力の特性, すなわち高いピーク圧力と高い圧力上昇率によって, 振動と騒音がともに大きくなる. 加えて, エンジン構造体に高強度が要求されることから, エンジン構成部品であるシリンダブロック, シリンダヘッド, ピストン, コンロッド, クランク軸など多くの部品を丈夫に作る必要があり, エンジンが重くなる. この課題の克服に向けては, 着火遅れ時間の短縮や, この着火遅れ期間中の可燃混合気量の生成抑制を図る工夫, および材料や設計の高度化による部品の軽量化など, 様々な取組みが図られ進化してきている. これらについては, 後の 1-3 節や 2 章にて紹介しているので参照されたい.

1-2-6　ま と め

　以上の 1-2 節で述べてきたディーゼルエンジンの基本的特性を, ガソリンエンジンと比較する形で総合的に要約すると, 以下のとおりである.

[1] ディーゼルエンジンはガソリンエンジンより 20% 程度高効率である. このディーゼルエンジンが高効率となる要因として, 以下の 4 項目が挙げられる.

①　ノッキングの問題がないため, 圧縮比を高く設定できる.

②　大幅な希薄燃焼が可能であり, 作動ガスの比熱比が高くなる.

③　負荷調節は絞り弁ではなく燃料噴射量の調節のみで行うため, 吸気行程でのポンピング損失が小さい.

④　空気のみを吸入し, 上死点近傍で噴射される燃料はエンドガス域に進入することなく燃焼を終えるため, エンドガス域由来の未燃燃料は生じずに燃焼効率が高くなる.

[2] 排出ガスについては以下のとおりである.

①　予混合の理論混合気で運転される一般的なポート噴射ガソリンエンジンでは, PM はほとんど排出されず, 主要有害 3 成分である HC, CO, NOx も三元触媒によりほぼ完全に浄化される. したがって, 簡素で低コストの排出ガス浄化装置で対応できる.

②　一方, 希薄混合気の拡散燃焼で運転されるディーゼルエンジンでは, 三元触媒が使えないうえに PM も排出される. このため, 排出ガス浄化装置として DOC, LNT（または Urea-SCR）, DPF などを組み合わせることとなり, 装置が複雑で大容量かつ高コストとなる問題がある.

[3] ディーゼルエンジンは, ガソリンエンジンに比べて, 圧縮比が高いうえ熱発生率が急峻に増大するために, シリンダ内圧力と圧力上昇率がともに高くなる. このため, 振動・騒音が大きくなるうえに, 高いエンジン構造強度を要求されることから, エンジン重量が大きくなる問題がある.

　以上も踏まえて, 両エンジンの課題と開発の経緯・動向を概念図としてまとめると図 1-25

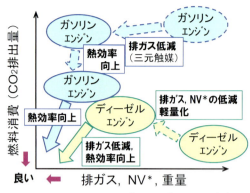

図 1-25　ガソリン，ディーゼル両エンジンの課題と開発動向

のようになる．縦軸は燃料消費量を，横軸は排出ガスや振動・騒音およびエンジン重量を表しており，両軸ともに原点に近いほど良好な特性となることを示している．

　ガソリンエンジンは，元は燃費と排気の両方に課題があったが，三元触媒の出現により排出ガスは一気に低減された．エンジン重量や振動・騒音の面では元々良好な特性を有していたので，残る課題は熱効率の向上(燃料消費量の低減)となり，主にこの点での開発が進められてきている．

　ディーゼルエンジンは，元々高い熱効率を有していたので，課題は排出ガスや振動・騒音およびエンジン重量の低減であり，燃焼システムの改善や排気浄化システムの開発が進められてきた．しかし，これらの改善策はエンジン熱効率を低下させる場合が多く，この技術開発の過程で実用上問題になる燃料消費量の増加を招く事態に至った．そのため，近年では本来の排出ガス，振動・騒音，そしてエンジン重量などの低減を進めつつ，同時に熱効率の回復・向上を進める取組みが行われている．

1-3 ディーゼルエンジン・システムとその進化

1-3-1 ディーゼル燃焼の基本

ディーゼル燃焼の概要については，1-1-1項，1-2-2項および1-2-5項で述べてきたが，本項ではもう少し踏み込んで詳しく説明する．

ディーゼル燃焼の基本として，まず燃料噴射の特性(噴射量，噴射圧力，噴射パターンなど)と，その結果として生じる燃焼の特性との関係を理解することが第一である．

既述のとおり，圧縮上死点付近で高温・高圧になったシリンダ内に噴射された燃料は，サブミリ秒オーダーで蒸発しつつ空気と混合し，可燃混合気を形成する．この混合気は，やはりサブミリ秒オーダーの時間経過後に着火し，燃焼を開始する．この噴射開始時から着火時までの時間，すなわち**着火遅れ**はサブミリ秒〜ミリ秒オーダーの時間となり，**物理的着火遅れと化学的着火遅れ**から成る．前者は燃料の蒸発および空気との混合に要する時間であり，燃料噴射特性やガス流動が大きく関わる．後者は燃料分子が熱分解し様々な反応過程を経て燃焼に至るまでの化学反応に要する時間であり，燃料が噴射される場の温度，圧力，ガス成分などに依存し，特に温度への依存性が高い．

以上を踏まえたうえで，図1-26により燃料噴射とディーゼル燃焼との関係を概説する．図1-26中の各グラフの定義は図1-24の場合と同様である．一般的なディーゼル燃焼システムを構成すると，図1-26の左図のように，着火遅れ期間中に噴射された燃料から生成されシリンダ内の各所で蓄積されていた可燃混合気が，着火後に一気に燃焼するため，着火直後から激しい熱発生が生じて，熱発生率は初期に高いピークを持つことになる．これにより，シリンダ内圧力は上死点近傍で急峻に立ち上がることになり，ピーク圧力および最大圧力上昇率がともに高くなる．この結果，1-2-5項でも述べたとおり，振動・騒音が高くなり，エンジン重量増大を招くことになる．なお，ディーゼル燃焼の熱発生率は，主に2つの熱発生形態から成っている．つまり，着火遅れ期間中に蓄積された可燃混合気が主に予混合的燃焼を行うことにより発現される熱発生形態(図1-26の斜線部に相当し，**予混合燃焼部**と称す)，および着火以後に噴射された燃料が蒸発・混合しつつ燃焼することによる熱発生形態(図1-26の斜線部以外に相当し，**拡散燃焼部**と称す)の両者の和が結果的にその場合の熱発生率パターンを発現させている．

この過大な初期の熱発生率ピークを低減させるには，上記から自明なように，着火遅れ期間中に蓄積される可燃混合気量を減少させる必要がある．このための代表的な方策は，図1-26右図に示すように，着火遅れを短縮させるか，あるいは初期噴射率を低減させる(噴射初期の燃料噴射量を減少させる)ことである．着火遅れの短縮には，燃料と空気の混合を促進させる(物理的着火遅れの短縮に対応)，あるいは場の温度・密度を上昇させる(化学的着火遅れの短縮に対応)ことが必要である．具体的な着火遅れ短縮策としては，燃焼システムの改良，あるいは

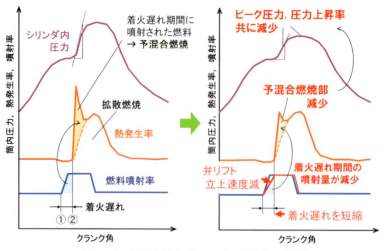

図1-26 燃料噴射とディーゼル燃焼との関係

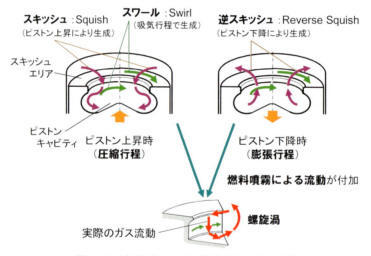

図1-27 直噴ディーゼル燃焼室内のガス流動

燃焼室周りからの熱損失低減や過給などが有効である．初期噴射率の低減には，噴射初期の噴射弁の立上り速度を減じる，あるいは噴射初期の噴射圧力を低減するなどが有効である．ただし，これらはすべて燃料噴射システムの機能として織り込む必要があり，高度な技術開発が要求される．また，上記の具体策は着火遅れ以外の項目（最大出力，排気特性など）と背反する結果をもたらす場合も少なくないため，慎重で注意深い諸元設定が必要である．なお，初期噴射率の低減により燃焼騒音が顕著に低減されることを示す実例が，4章4-1-3項（図4-11(p.143)）に紹介されているので，参照されたい．

ディーゼル燃焼の基本としては，もう1つ重要な項目がある．それは，シリンダ内に噴射された燃料をいかに燃焼室内に分布させて速やかに可燃混合気を形成させるかという燃料の空間

分配および混合気の質の制御である．この課題に対処する方策が，燃焼室内ガス流動および噴霧運動量の活用である．

ディーゼル燃焼システム（厳密には直噴（DI）ディーゼル燃焼システム）においては，燃焼室内に図1-27に示すような複雑で強いガス流動を生成して燃料と空気との混合を促進している．この流動の1成分は，**スワール**（Swirl）と称されるほぼシリンダ中心軸を中心とする旋回ガス流動（図1-27の緑色矢印で，ほぼ剛体渦と見なせる）で，次項1-3-2の図1-31（p.33）に例示する特殊な形状の吸気ポートにより吸気行程において生成させる．実際に燃料噴射・燃焼が生じる圧縮TDC近傍では事実上ピストンキャビティ内が主たる燃焼室になるが，スワールはキャビティに流入する際に角運動量保存により角速度が増加し，増速される．

もう1つの流動成分は，図1-27に紫色矢印で示す，圧縮行程時に生じる**スキッシュ**（Squish）と膨張行程時に生じる**逆スキッシュ**（Reverse Squish）である．TDCにおけるシリンダヘッド面とピストン頂面との隙間は極めて小さい（0.7mm程度）ため，ピストンが上昇しTDCに近づくと，シリンダヘッド面とピストン頂面に挟まれた環状の領域（**スキッシュエリア**と称する）に存在するガスが絞り出され，スキッシュが発生する．一方，ピストンがTDCから下降し始めると，スキッシュエリア空間は相対的に低圧になりガスを吸引する効果が生じ，逆スキッシュが発生する．

TDC前後に生成される実際の流動は，上記のスワールとスキッシュがキャビティ内で連成するうえ燃料噴霧による流動が加わることで，図1-27下図のような一種の螺旋渦流動となっている．なお，上記のガス流動については付録2にさらに詳しく説明してあるので，参照されたい．

上記のガス流動を利用することで，図1-28に示すように，燃料噴霧から生成した混合気と火炎を燃焼室内に一様に分布させる．換言すれば，燃料の燃焼に必要な空気量を燃焼室内で確保し，活用できるようにする．このプロセスを，最新の燃焼システムを例に採って，以下にもう少し詳しく説明する．燃料はシリンダ中心に設置された噴射ノズルの数～十数個の噴孔から放射状に噴射される（図1-28は6噴孔ノズルの例である）．ノズル噴孔から噴射される燃料の噴出速度は，例えば170m/s（噴射圧力80MPa，低中速・低負荷時）～270m/s（噴射圧力200MPa，高速・高負荷時）程度という大きな値である．しかし，噴出した燃料液柱は，空気とのせん断作用などにより速やかに小径の液滴群に分裂し，噴霧内に空気が導入される（すなわち燃料噴霧と周囲空気との運動量交換が起こる）ことによって噴霧幅（噴霧角として定義する）が広がると同時にその速度が低下していく．この一例として，噴霧先端到達距離と噴霧開始からの経過時間との関係[2]を図1-29に示すが，噴霧先端到達距離の時間微分（すなわち勾配）が噴霧速度を表しており，60μs付近での燃料液柱の崩壊，さらには液滴の分裂により噴霧速度が不連続的に減少していることがわかる．この運動量交換の結果として，噴霧速度はキャビティ側壁近傍では数十m/s程度となり，スワールやスキッシュの流速と同程度の値となる．換

30　1章　ディーゼルエンジンの概要とその特徴

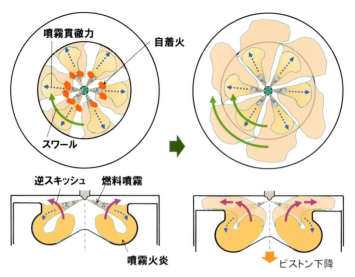

図1-28　直噴ディーゼル燃焼室内のガス流動と燃料噴霧に起因する火炎の発達状況

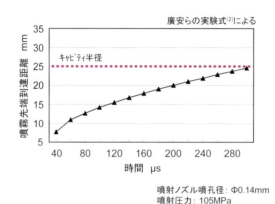

図1-29　燃料噴霧の到達距離と経過時間の関係

言すれば，そうなるように噴射圧力などを設定しているとも言えよう．

　図1-28に示すように，通常は燃料噴霧はキャビティ側壁到達前に着火し噴霧火炎となるが，この噴霧火炎はキャビティ側壁に衝突した後に，噴霧の貫徹力（およびTDC以前ではスキッシュによる効果）によって側壁を下り，キャビティ底面に沿って回りながらスワール下流方向に流される．その後，逆スキッシュの流動に乗ってキャビティからスキッシュエリアに流出していく．この一連の動きが，図1-27に示した螺旋渦に対応するものであり，この流動により燃焼室内全域の空気を効率良く利用することができる．このようにして，混合気と火炎を燃焼室内に広く分布させ，これらの燃焼に必要な空気量を火炎内に十分に取り込めるようにしているのである．

1-3 ディーゼルエンジン・システムとその進化 *31*

　最後に，ディーゼル燃焼に特有の基本的特性について触れておきたい．1-2-2項で述べたとおり，ガソリンエンジンでは低負荷から高負荷まで常に理論燃空比の混合気を吸入して燃焼させている．つまり，最大負荷時も理論混合気による燃焼形態となっている．これに対して，ディーゼルエンジンでは，前述のとおり，吸気行程では負荷に関わらず最大量の空気のみを吸入し，要求負荷に応じて燃料噴射量を変化させており，全域で希薄燃焼となっている．したがって，ディーゼルエンジンでは理論燃空比における燃焼形態はない．最大負荷時でも希薄燃焼となる理由としては，まず1-2-3項で図1-21(p.20)を用いて説明したとおり，ピストンとシリンダの隙間に入り込んだ空気は燃焼に寄与できず，このエンドガス域の空気量は必然的に余剰空気量となることが挙げられる．さらにまた，大量の燃料をシリンダ内に噴射する高負荷時に，理論燃空比に相当する全噴射燃料に対して，燃料−空気混合から燃焼完了までの過程をミリ秒オーダーで完全に遂行させることは現実には困難であることによる．つまり，拡散燃焼の場合には，残存する酸素が少ない燃焼期間の終盤に燃料が確実に酸素と出合い反応するためには，燃料の周囲に余分な空気が存在することが必要になるのである．

　ディーゼルエンジンの最大出力(および最大トルク)は，排気規制上の排出スモークの上限値に対応する燃料噴射量によって決定される．このときの燃料噴射量と吸入空気量に対する当量比を**スモーク限界当量比**と称する．例えば，エンジン回転数4,000rpmで最大出力を得る場合のスモーク限界当量比は，一般に0.7〜0.8程度の値となる．すなわち，理論燃空比よりも20〜30%の過剰な空気を吸入する必要があることを意味する．最新の技術を駆使した特別なディーゼル燃焼システムを用いれば，4章4-2節に示すように，0.85〜0.9程度のスモーク限界当量比を実現することも可能になりつつある．このスモーク限界当量比は，ディーゼルエンジンの**比出力**[*1]や**比トルク**の上限を決定するものであり，また過給システムの複雑化と高コスト化を避けるためにも重要である．スモーク限界当量比の増大が，ディーゼルエンジンを開発する各社の腕の見せどころと言うことができる．

　以上，本項ではディーゼル燃焼の基本的特性と燃焼システムを構成するうえで考慮すべき最も基本的事項のみを説明した．しかし，現代に要求される動力性能，静粛性，排気特性などをすべて満たすためには，細部にわたる注意点や解決すべき課題が数多くある．それらすべての項目を本書に記述することは事実上困難であるが，それらの一端は以後の2〜4章の各所に記されているので，それらの記述を通じてディーゼル燃焼の奥深さを感じていただければ幸いである．

＊1：比出力とは排気量1L当たりの出力で，単位はkW/Lを用いる．この指標により，排気量の異なる種々のエンジン間で出力性能を比較することができる．トルクについても同様に，比トルク(Nm/L)で比較することができる．

1-3-2 吸・排気システム

まずエンジン作動の基本となる吸・排気システムについて概要を説明する．具体的には，吸気および排気の配管系に組み込む技術要素に応じて様々な構成があるが，現代の最も基本的な構成例を図 1-30 に示す．

吸気系統としては，吸入された空気は，まずエアクリーナで塵を除去された後に過給機のコンプレッサで圧縮されて，圧力および温度が上昇する．その後，インタークーラで冷却されて適正な温度に戻された後に，エンジンのシリンダに吸入される．排気系統としては，エンジンから排出された排気は，過給機のタービンに流入し，過給機を駆動する．その後，排気浄化装置（1-3-6 項に詳述）に流入して有害な排ガス成分が除去され，マフラを経由して排出される．上記が基本的な構成である．

近年は，エンジンからの有害排ガス成分である NOx を低減するために **EGR**(Exhaust Gas Recirculation，**排気再循環**)が不可欠となっているが，この EGR には**高圧 EGR** と**低圧 EGR** の 2 タイプがある．前者は，エンジン排出直後の高温で高圧の排気を過給機コンプレッサ通過後の高圧の吸入空気中に導入するものであり，後者は過給機のタービンを通過して温度・圧力が低下した排気を過給機コンプレッサ前の低圧の吸気中に導くものである．具体的には，高圧 EGR を用いるエンジンでは，タービン流入前に排気の一部は高圧側 EGR ユニットに導かれて，EGR クーラで冷却された後に高圧の吸入空気中に導入される．また，低圧 EGR を用いる場合には，排気浄化装置を通過後の煤などが除去された排気の一部が低圧側 EGR ユニットに導かれて，EGR クーラで冷却された後に低圧の吸入空気中に導入される．なお言うまでもないが，これらの EGR は排気側圧力が吸気側圧力より高い場合のみ成立する．しかし，エンジンの作動条件によっては，上記の圧力差が不十分である場合や，あるいは吸気側圧力の方が高くなる場合がある．このような場合でも必要な EGR を成立させるために，流量制御弁（図 1-30 ではマフラ直前の排気管路に設置されている）を用いて排気流路を絞り排気側圧力を上昇させるか，あるいはベンチュリ等（図 1-30 では省略）を用いて EGR ガス導入部の吸気側圧力を低下させるなどにより，必要な圧力差を発生させる．図 1-30 で EGR ユニット内にある流量制御弁は EGR ガス流量を調節して，要求される **EGR 率**（「吸入 EGR ガスの質量／総吸入ガス質量」の比で定義する）に設定するためのものである．

ディーゼルエンジンの吸気システムには，必要十分な空気を高効率に吸入する機能のほかに，もう 1 つ重要な機能が求められる．それは，1-1-1 項，1-2-2 項，および 1-3-1 項でも述べたとおり，吸入行程においてシリンダ中心軸をほぼ中心とする強い旋回流動すなわち**吸入スワール**(Induction Swirl)を生成する機能である．この吸入スワールの生成には，吸気マニホールドから吸気弁までの間の管路形状，特に吸気ポート部の形状が大きく関与する．ディーゼルエンジンに用いられる典型的な吸気ポート形状とその配置の一例を図 1-31 の上段図に示す．スワ

1-3 ディーゼルエンジン・システムとその進化　33

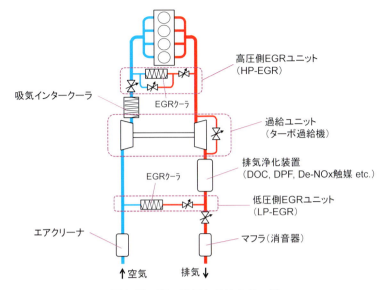

図1-30　吸・排気システムの一例

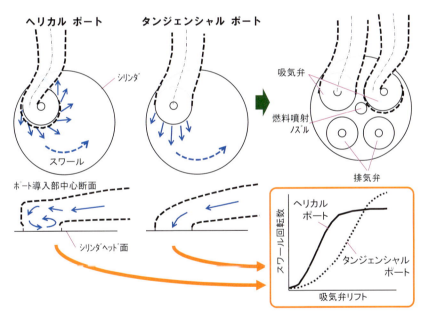

図1-31　スワールを生成する吸気ポート形状と配置の一例

ール生成ポートには，大別して**ヘリカルポート**(Helical Port，**螺旋ポート**)と**タンジェンシャルポート**(Tangential Port，**接線ポート**)がある．

　ヘリカルポートは，ポートの導入部を捻り，断面を幅方向に絞って流速を上げた後に，吸気弁部を渦巻形状として渦流を形成させて，その渦流をシリンダ内に放出するタイプである．この放出された渦流は，シリンダ内で大きな旋回流すなわちスワールに発達する．一方，タンジェンシャルポートでは，吸気ポートは弁部までほぼ直線的に形成され，弁部でポート上部壁を

34 1章 ディーゼルエンジンの概要とその特徴

下げて断面を絞り，流速を増大させつつシリンダヘッド面に対する流入角を小さく偏向させる．シリンダに対して接線方向に流入した空気流は，そのままシリンダ壁に沿う大きな旋回流となってスワールを形成する．両者いずれの場合も，吸気スワールの強さおよび質（剛体渦的特性，渦中心の位置など）は，ポート形状のみならず弁部のシリンダ断面内での位置，およびシリンダに対するポートの設定方向などにも影響される．上記のスワール生成原理からわかるとおり，タンジェンシャルポートでは特に「シリンダに対するポートの設定方向」の影響を強く受ける．

両ポートの吸気弁リフトに対するスワール強さは，図 1-31 の右下図に示すとおり，対照的である．つまり，ヘリカルポートでは低リフトから強いスワールが生成されるのに対し，タンジェンシャルポートでは高リフト域で強いスワールが生成される．近年の吸気 2 弁型のエンジンでは，上記の両ポートの特性を活かす形で組み合わせる図 1-31 の上段右図のような吸気ポートレイアウトを形成する場合がある．一方，そのエンジンの要求特性に応じて 2 つのヘリカルポートを組み合わせる場合もある．なお一般に，スワール強度を上げるポート形状は，吸入抵抗を増大させて**充填効率**[*2]を低下させる傾向がある．このため，定常流スワール評価実験（この詳細は専門書[(3)]を参照されたい）や 3 次元数値流体シミュレーションなどを駆使して，スワール比と充填効率の両立が図れる優れたポートの開発が続けられている．

1-3-3　燃料噴射システム

ディーゼルエンジンの燃料噴射システムは，図 1-32 の左図に示す**カム駆動ジャーク式噴射システム**（Cam-Driven Jerk Type Injection System）が広く用いられてきた．このシステムは，燃料を加圧して圧送するポンプ，バネ力と燃料圧力とのバランスに応じて開・閉弁する自動弁ノズルを備えたインジェクタ，そして両者をつなぐ噴射管（耐圧導管）から成るシステムである．詳細は付録 3 で説明しているが，このシステムでは，カムが燃料ポンプ・プランジャを押し燃料を圧送する圧縮 TDC 近傍でのみ燃料噴射が可能であり，最高噴射圧力は当時の最新式ポンプでも 140MPa 程度であった．また，図 1-33 の概念図に示すように，燃料噴射圧力はエンジン回転数や負荷（噴射燃料量）の増大につれて上昇する特性があった．つまり，低速時や低負荷時には高い噴射圧力は得られず，燃料噴霧の微粒化や**噴射率**（単位時間当たりの燃料噴射量）が不足するなどの制約があった．このため，例えば荷物満載で急坂を登るような低速・高負荷時には，大量の燃料をシリンダ内に噴射し燃焼させて出力を出す必要があるにも関わらず，低噴射圧力となるため，適切な噴霧や噴射率が得られず良好な燃焼が実現できない事態となる．これが，トルク不足や排出スモークの増大などの問題が生じる要因であった．

このような事態を打開する目的で，画期的な機能を有する**コモンレール噴射システム**

＊2：「吸入した乾燥新気の質量」／「標準大気状態で行程容積を占める乾燥新気の質量」という比で定義される．ここで，「新気」とは，前サイクルから筒内に残存する残留ガスを除いた，そのサイクルで新たに吸入した空気である．「標準大気状態」は，1 気圧（1,013hPa），20℃，相対湿度 60％である．

1-3 ディーゼルエンジン・システムとその進化　35

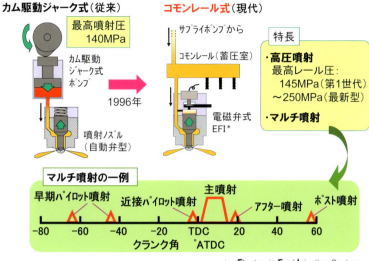

図1-32　燃料噴射システムの変遷と特徴

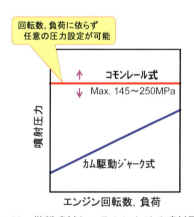

図1-33　燃料噴射システムにおける噴射圧力の特性

(Common-Rail Injection System)が開発され，1996年に日本電装株式会社(現，株式会社デンソー)により世界に先駆けて量産化された．詳細は付録3に記したが，このシステムは，図1-32の右図に示すとおり，サプライポンプにより目標圧力にまで加圧された高圧燃料を蓄えるコモンレール(一種の燃料蓄圧容器)を備えており，ここから各気筒に分配される高圧燃料を電子制御噴射弁で噴射する方式である．このため，エンジン回転数や負荷に関わらず瞬時に任意の噴射圧力(最新型では250MPa以下の任意圧力)に設定できる**噴射圧力設定の自在性**を有している．また，図1-32の下図に示すような，1サイクル中の任意の時期に任意の量の燃料(最少噴射量1mm^3/st程度)を複数回噴射(最新型では9回噴射)できる機能(**マルチ噴射**，Multiple Injectionと称する)を備えている．

　これらの機能の効果については以下のとおりである．前者の「噴射圧力設定の自在性」は，例えば「カム駆動ジャーク式噴射システム」の課題であった燃焼不良が生じる低速・高負荷時

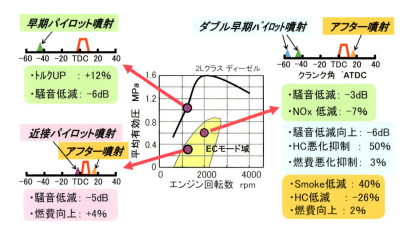

図 1-34 マルチ噴射パターンとその効果の一例

でも，要求される高い噴射圧力を可能にして適切な噴霧や噴射率を実現させ，良好な燃焼を実現することを可能にする．これにより，トルク不足や排出スモーク増大などの問題を解決できるのである．後者の「マルチ噴射」機能は，高度な噴射率制御の一種であり，様々な噴射パターンが運転条件に応じて用いられ，エンジン運転条件やその噴射パターンによって効果が異なる[8]．この一例を図1-34に示す．この例からもわかるとおり，排気有害物質の低減，振動・騒音の低減，および燃費改善のすべての面でマルチ噴射には顕著な効果がある．このマルチ噴射機能は，黒煙排出や不快な振動・騒音といった過去のディーゼルエンジンの悪いイメージを払拭し，ディーゼルエンジン本来の低燃費を損なうことなくガソリンエンジンを上回るトルク特性と，ガソリンエンジン車と遜色ない乗り心地とクリーンさを実現する原動力となっている．現代のディーゼル車は，乗用車から大型商用車に至るまで，ほとんどすべてがこのコモンレール噴射システムを採用している．この噴射システムの詳細や効果については付録3に詳しく説明してあるので，参照されたい．

1-3-4 ディーゼル燃焼システム

　ディーゼルエンジンの燃焼システムを考える場合，広義の意味では「燃焼システム」に加えて「燃料噴射システム」「吸・排気システム」や「過給システム」を含む系を指すことになるが，本項ではまさに「燃焼システム」に重心を置いて説明したい．ただし，「燃料噴射システム」は密接に関係し切り離せないため，本項でも関連する内容については記述した．

　ディーゼル燃焼システムは，最新の直噴ディーゼルエンジンの燃焼室構成を例に採った図1-15(p.15)右図に示したとおりで，ピストン頂面にピストンキャビティが形成され，シリンダヘッド中央部に燃料噴射弁が設置された構成になっている．燃焼システムにおいて燃焼性能を

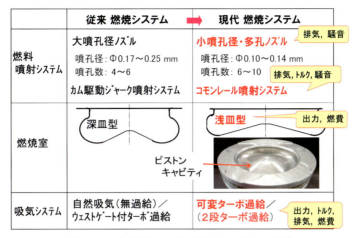

図 1-35　直噴ディーゼル燃焼システムの変遷

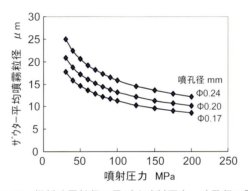

図 1-36　燃料噴霧粒径に及ぼす噴射圧力，噴孔径の影響

決定する主要な因子は，吸気行程で生成される「吸入スワール」などのガス流動を除けば，燃料噴射システムとりわけインジェクタとその先端に取り付けられる噴射ノズルの諸元，およびキャビティ形状である．この観点からは，自動車用の高速ディーゼルエンジンについては，その燃焼システムは大きく2種類に分けられる．これらは，燃料噴射システムがカム駆動ジャーク式システムからコモンレール式システムに置き換わった大きな変革に対応している．この2種類の燃焼システムの概要を図1-35に示す．

まず，図1-35左欄の「従来燃焼システム」について概説する．カム駆動ジャーク式噴射システムを用いていた時代では，1-3-3項（図1-32(p.35)）で述べたとおり，燃料噴射圧力は最高でも140MPa程度であり，噴射率の上限値が低かったことから，最大出力を得るために必要な燃料量を許される噴射期間（時間）内に噴射するには噴射ノズルの総噴孔面積を大きくする必要があった．また，この当時は，生産技術面から加工できるノズル噴孔径には下限があった．この両理由から，1噴孔当たりの噴孔径が大きく，噴孔の数は4～6程度となる噴射ノズルが用いられた．このように噴孔数が少なく隣接する噴霧間隔が広い場合には，図1-28(p.30)からも

38 1章 ディーゼルエンジンの概要とその特徴

わかるとおり，燃料噴霧から生じる混合気をキャビティ円周方向に広く分布させるために，強いスワールの流動が必要になる．また，図1-36に一例を示すが，燃料噴霧の液滴粒径は噴孔径と正の相関があり噴射圧力と負の相関があるため，大噴孔径ノズルで最大噴射圧力が限られる場合には微粒化が悪くなることから，燃料の蒸発および空気との混合を促進するためにも強いガス流動が必要で，スキッシュも強化する必要があった．この要求を満たすために，吸気ポートで生成させる吸入スワールを強化したうえで，キャビティ径を小さめに設定して，旋回流のキャビティ流入時における増速効果（角運動量保存による）を高めて，強い旋回渦をキャビティ内に生成させていた．また，キャビティ径を小さめに，すなわちスキッシュエリアを広く設定することで，強いスキッシュを得ていた．以上の理由から，従来燃焼システムでは図1-35の左欄のような噴射システムと燃焼室の諸元を採用していた．なお，キャビティ径を小さくする場合には，適正な圧縮比を維持する（キャビティ容積を維持する）ために必然的にキャビティ深さは大きくなる．このため，この従来燃焼システムのようなキャビティを**深皿型燃焼室**あるいは**深皿型キャビティ**と称している．

コモンレール噴射システムが登場すると，1-3-3項（図1-32(p.35)）でも記したとおり，燃料噴射圧力は最大で145MPa（初期型）〜250MPa（最新型）までの高い値に設定できるため，噴射ノズルの総噴孔面積を小さくできるうえ，この時代にはより小噴孔径で多数噴孔のノズル加工が可能になっていた．また前述のとおり，小噴孔径化すると，燃料噴霧の液滴粒径が小さくなる微粒化効果により，速やかな燃料蒸発や混合気形成が実現されて燃焼が促進され，また排気有害物質である煤の低減にもつながる．したがって「現代の燃焼システム」では，図1-35右欄に示すように，従来型燃焼システムに比べて，噴射ノズルの噴孔径は約1/2程度に，また噴孔数は約2倍程度に設定されることとなった．この噴孔数の増加は，隣接する噴霧間隔が狭くなることで，スワールを弱めても燃料蒸気をキャビティ円周方向に分布させうる効果もある．一般に，スワールやスキッシュなどのガス流動の強さを減少させることができれば，燃焼室壁面からの熱損失を低減できるため，熱効率（燃費）の向上にもつながる．

一方で，この噴射ノズルの小噴孔径化に際して，図1-37に示すような問題が生じた．図1-37の鳥瞰図は燃焼室内の噴霧1本分のセクターを切り出して表示したもので，緑色部が未燃混合気を，オレンジ色部が火炎領域をそれぞれ示している．この最左図に示す従来の深皿型キャビティと大噴孔径ノズルの組合せで成立していた燃焼性能に対し，深皿型キャビティに小噴孔径ノズルを組み合わせると，中央図のように最大出力が顕著に低下した．これは，排出スモーク（煤が主成分）の増加により，スモーク上限値で燃料噴射量が制限されたためである．この要因は，小噴孔径化によって燃料噴霧の運動量（単位時間当たりの噴出質量と噴出速度の積）が減少し噴霧貫徹力が弱くなる一方で，強いガス流動が維持されているため，強い逆スキッシュによって燃料蒸気はキャビティ底面域にまで進入できず，キャビティ内の空気を利用できなくなったことであった．この問題は，図1-37の右図に示す，キャビティ径を拡大した**浅皿型キャビティ**（圧縮比を維持するために必然的にキャビティが浅くなる）を用いることで逆スキッ

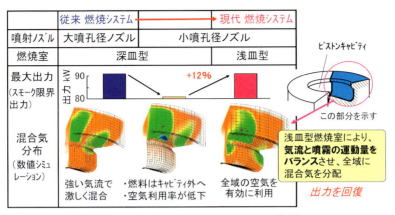

図 1-37 浅皿型燃焼室の作用と効果[46],[47]

シュを弱めて，再び燃料噴霧とガス流動との運動量バランスを回復させることで解決した．また，このキャビティ径の拡大は，上記のスワール強度を低減させることとも整合している．なお，この問題への対処については，上記の出力低下の回復のほかにも，実用域（軽・中負荷域）での排気有害物質の低減という観点での検討も必要であったが，これらの点をまとめて付録4に詳しく説明してあるので，参照されたい．

以上のことから，コモンレール噴射システムの登場によって燃焼システムの諸元は図1-35右欄のように大きく変化することとなり，現在に至っている．なお参考までに，現代の燃焼システムに採用された各諸元により改善される主な項目を図中の黄色の吹出し枠内に記した．

1-3-5 過給システム

過給とは，圧縮機によって吸入空気の圧力を増大させて，より多くの質量の空気をシリンダ内に送り込むことである．多くの空気をシリンダ内に吸入させることができれば，その空気質量の増加分に見合うだけより多くの燃料を供給し燃焼させることができる．その結果，ピストンはより大きな仕事をすることになり，同一エンジンサイズ（排気量）において，より高トルクかつ高出力を発揮させることができる．換言すれば，同じトルクや出力を得ようとする際には，より小さなエンジン（小排気量エンジン）を用いることができ，摩擦損失や熱損失の低減と軽量化につながるうえ，常用頻度の高い使用域をエンジン作動点の高効率域へシフトすることになるため，車輌ベースの実用燃費を顕著に改善することも可能になる．このより小排気量のエンジンを用いる手法は，既述のとおり，エンジンの**ダウンサイジング**と称され，近年盛んに用いられている．ダウンサイジングについては，重要な技術であるため付録8に詳述してあるので，参照されたい．

過給器には，大別して**機械式過給機**（メカニカル・スーパーチャージャ，Mechanical Supercharger）と**ターボ過給機**（ターボチャージャ，Turbocharger）がある．前者は，ベルトあ

40　1章　ディーゼルエンジンの概要とその特徴

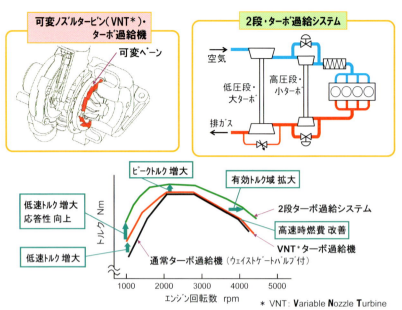

図1-38　ターボ過給機のVNT*化，2段過給システム化によるトルク増加効果

るいはギヤ列などによりクランク軸から直接動力を得て空気を圧縮するもので，応答性に優れ，発進・低速時からトルクの増大が得られる反面，エンジンの動力を使うため常に燃費の悪化を伴う．後者は，排気エネルギを用いて排気タービンを駆動し，このタービンと軸で直結されたラジアルコンプレッサ（Radial Compressor，遠心式圧縮機）の回転により空気を圧縮するものである．この場合には，捨てていた排気エネルギを回生して動力を得るため，機械式過給機のような燃費悪化がない利点がある反面，応答性に劣るうえ低速時のトルク増加効果が不十分となるなどの欠点があった．しかし，材料や設計法の進化によるタービンホイールの低慣性モーメント化や，タービンおよびコンプレッサのブレード形状の改良などにより欠点は大幅に改善されてきている．さらには，図1-38に示すようなターボ過給機の可変容量化や2段過給システム化によって，低速トルクの顕著な向上と高速域の有効トルク範囲拡大によるトルクのワイドバンド化，および応答性の改善などが実現されるに至っている．その結果，現在ではほとんどの過給エンジンがターボ過給機を用いている．上記のターボ過給機の進化について，本項では図1-38を用いて簡潔に触れるに留めるが，付録5には詳しく説明しているので参照されたい．

　可変容量化の典型例は，図1-38の左上図に示す，**可変ノズルタービン・ターボ過給機**である．これは，**VNTターボ過給機**（VNT：Variable Nozzle Turbine）または**VGTターボ過給機**（VGT：Variable Geometry Turbine）とも称する．この過給機では，排気タービンの排気流入部に設けた可変ベーンにより，排気の流入角と流入断面積を作動条件に応じて最適化するものである．これにより，中・高速でのトルクを維持または微増させつつ低速トルクを15%程度増大させ，高速燃費を5%程度向上する効果が得られる．**2段ターボ過給システム**では，用いるターボ過給機の仕様と数や，それらの配置と接続の仕方などに応じていくつかのタイプが存在し，その

効果の度合いも異なる．最も基本的な一例を図 1-38 右上図に示す．低圧段に大容量ターボ過
給機を，次の高圧段に小容量ターボ過給機を直列に配置し，エンジン作動条件に応じて各過給
機を単独で用いたり，両過給機を組み合わせて用いたりするものである．これにより，VNT
ターボ過給機におけるエンジントルクと比較しても，全域でトルクをさらに顕著に増大させる
ことができる．例えば，VNT ターボ過給機の場合と比べて，さらに最大トルクで 12％程度，
低速トルクは 25〜30％程度それぞれ増大し，高速側への有効トルク範囲も 20〜30％程度の拡
大が可能となり，高トルク化とトルクのワイドバンド化に大きな効果を発揮する．なお，前述
のとおり，VNT ターボ過給機や 2 段ターボ過給システムについては付録 5 に詳述してあるので，
参照されたい．

　次に，過給機を実エンジンへ適用する観点から要点を述べる．ガソリンエンジンの場合には，
前述したとおり，過給によりシリンダ内の圧力・温度が上昇するとノッキングが生じやすくな
るため，過給との相性は良くない．そのため，高出力を狙って過給する際にも過給圧を高くは
設定できず，またノッキングを回避するために圧縮比を低下させるなどの対処が必要であるこ
とから，応分の燃費悪化を伴う場合が多い．このため，ガソリンエンジンでは，過給を用いる
のは出力を重視するスポーツタイプの乗用車用エンジンなどに限られていた．しかし近年にな
って，対ノッキング性が改善された直噴ガソリンエンジンなどにおいては，ダウンサイジング
化のトレンドとも相まって，スポーツタイプ以外の乗用車用エンジンでも過給が用いられる場
合が増えつつある．

　一方，ディーゼルエンジンではノッキングの問題がないため，エンジン構造強度から規制さ
れる筒内圧力の上限値が制約にはなるものの，十分な過給圧の過給を用いることができる．デ
ィーゼル燃焼システムの変遷をまとめた図 1-35（p.37）下段欄に示すとおり，1990 年代前半ま
での従来ディーゼルエンジンは無過給（自然吸気）や可変機構のないターボ過給機を用いるタイ
プであった．したがって，無過給エンジンではガソリンエンジンに比べて出力の不足感があり，
また過給エンジンでも，前述したとおり応答性に劣るうえ低速時のトルク不足が避けられず，
十分な動力性能と良い運転感覚を得るには至らなかった．しかし，1990 年代中盤にコモン
レール噴射システムが実用化されるのと同期するかのように VNT ターボ過給機が実用化され，
さらに 2000 年代中盤には 2 段ターボ過給システムも実用できるようになり，ディーゼル車の
運転感覚がガソリン車を凌ぐほどになった．現代の自動車用ディーゼルエンジンでは，車種や
機種に関わらずほとんどすべてのエンジンで何らかのターボ過給システムを用いており，また
VNT ターボ過給機を採用する例も増えつつある．また，スポーツ車や高級乗用車では 2 段タ
ーボ過給システムが使われる場合が多くなっている．

1-3-6　排出ガス浄化システム

1-2-4 項で述べたとおり，必然的に希薄混合気の燃焼となるディーゼルエンジンでは排気浄

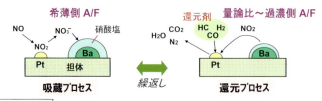

図 1-39 NOx 吸蔵還元触媒 (LNT[*2]) の概要

化の切札である三元触媒を用いることができず，図 1-23 (p.22) に示したように，各排気有害成分を浄化する複数の触媒やフィルタを用いて排気を浄化する必要がある．本項では，これらの排気浄化要素の代表的なものについてもう少し詳しく説明する．

　排気浄化触媒は，いずれの排気成分を対象にするものでも，細かいハニカム構造の触媒担体に貴金属 (白金：Pt, ロジウム：Rh, パラジウム：Pd など) や特殊な元素を担持したもので，それらの担持割合や担持形態などにより特有の機能を発現させるものである．

　酸化触媒 (DOC) は，前述のとおり，不完全燃焼の排気成分である未燃 HC, CO, SOF を酸化して浄化するものである．また DOC は，詳しくは後述するが，NOx 浄化用の Urea-SCR 触媒と組み合わせて使用される際には，低温時において一酸化窒素 (NO) の一部を二酸化窒素 (NO_2) に酸化して NO/NO_2 比を Urea-SCR が要求する所定の値に設定する役割も担うことになる．また，近年の排気浄化要求の高まりに対応して，寒冷時およびエンジン冷間時に NOx 浄化触媒が未暖機で触媒作用が十分に発現できない間，排出される NOx を一時的に吸着しておく機能を併せ持つタイプの DOC も実用されるに至っている．

　NOx 浄化触媒の一種である **NOx 吸蔵還元触媒 (LNT)** の機能や特徴は図 1-39 に示すとおりである．通常のディーゼル排気は希薄燃焼ガスであるが，この排気中の NOx は触媒上の吸蔵サイトに硝酸塩として吸蔵される．この吸蔵サイトが一杯になると，一時的に特殊な方法で排気を量論比〜過濃の燃焼ガスとし，吸蔵された NOx を N_2 などの無害なガスに還元する．特殊な方法とは，例えばポスト噴射 (図 1-32 (p.35) 参照) を用いる，あるいは DOC 前の排気管中に燃料を噴射する，などである．この LNT 触媒の場合は，還元剤は燃料 (軽油) であるため特殊な還元剤を別途持つ必要がなく，還元剤供給システムが小型，簡素，低コストとなるため小型車に好適である．ただし，応分の燃費悪化を伴うこと，燃料中のイオウ分による触媒被毒 (活性サイトの不活性化による浄化率の低下) の防止のため低イオウ軽油の使用が必須となること，

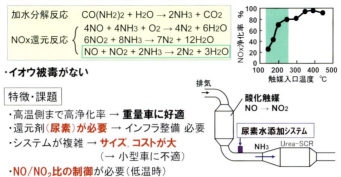

図1-40　尿素添加・選択還元触媒（Urea-SCR*）の概要

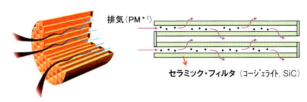

- 質量ベースのPM*1 **浄化率≧96%**
- 粒子数ベースのPM**浄化率≧99%**

課題
- 堆積したPMを酸化・除去する**DPF*2 再生 → 燃費悪化** を伴う
- DPF再生制御（PM堆積量検出,排気温度上昇）が必要
- 堆積した**灰分の除去メンテナンス** が必要

*1 PM : **P**articulate **M**atter
*2 DPF : **D**iesel **P**articulate **F**ilter

図1-41　ディーゼル微粒子フィルタ（DPF*2）の概要

および正確な空燃比制御とイオウ被毒回復制御が必須になること，などの技術課題への対処が必要になる．

　NOx浄化触媒には，ほかに**尿素添加・選択還元触媒**（Urea-SCR）があり，その機能や特徴を図1-40に示す．このシステムは，Urea-SCR触媒の上流側の排気管中に噴射した尿素水から熱分解によって生成するアンモニアを還元剤としてNOxを還元するものである．イオウ被毒を受け難く，極低温域を除く広い温度範囲で高浄化率であるため，エンジンからのNOx排出量が多い大型車や重量車に好適である．一方で，燃料以外に還元剤である尿素水を供給する別のシステム（タンク，配管，噴射弁，混合器など）が必要であるため，その車載スペースが必要となるうえ高コストになる．また，還元剤としては規格に適合する尿素水の使用が必須であるため，その供給インフラの問題もある．このため，一般に小型車には不適である．なお，前述したとおり，低温域（図1-40の右上図中に青緑色で示す温度帯）でNOx浄化率を確保するために，一酸化窒素（NO）の一部を二酸化窒素（NO₂）に酸化してNO/NO₂比を所定の値に設定する必要

44   1章　ディーゼルエンジンの概要とその特徴

があり，このための制御技術も必要になる．

ディーゼル微粒子フィルタ（DPF）の構造，機能，特徴などを図1-41に示す．多孔質セラミック製のフィルタにより排気中の微粒子（PM）を濾し取ることで浄化するものである．ディーゼル排気中のPMは広い粒子径分布を有しており，微粒子数の観点では粒子径30nm程度以下の主に揮発性物質が粒子化した極微小粒子（**ナノ粒子**とも称する）の寄与度が大きい．一方，微粒子重量の観点では粒子径100nm程度以上の主に炭素状粒子の寄与度が大きい．健康影響の観点からは，PMは粒子数ベースと質量ベースの両面から確実に低減されねばならない．幸い，DPFを用いることで，一般的にはディーゼル排出PMは粒子数ベースで99％以上が，また質量ベースで96％以上が除去されて，ほぼ完全に浄化される．ただし課題としては，PMが蓄積されたフィルタを定期的に再生する，すなわち堆積されたPMを燃焼させて除去する必要がある．このために消費される燃料により応分の燃費悪化を伴ううえに，このフィルタ再生時にはフィルタの溶損防止とPMの完全燃焼を両立させる制御技術も必要となる．また，排気中に存在する潤滑油由来の灰分は燃焼せずに残るため，堆積した灰分の除去メンテナンスが必要になる場合もある．

　排気浄化システムは，車種や車格に応じて，上述した排気浄化要素を適宜組み合わせたものになっている．また，使用する要素数やそれら要素の配置順もエンジンの排気特性や用途に応じて様々であり，図1-23（p.22）は単に排気浄化システムの一例を示したにすぎない．さらに，上述した主要な排気浄化要素のほかにも，例えばUrea-SCRを用いる際には，触媒をすり抜けるアンモニアを浄化するために，排気管路の最終段に**スイーパ触媒**（Sweeper Catalyst，酸化触媒の一種）を配置する場合もある．小型車では主にDOC，LNT，DPFの組合せが，また大型車や高級乗用車ではDOC，Urea-SCR，DPFの組合せを基本とした構成がおのおの用いられる場合が多い．さらに，近い将来の極めて厳しい**WLTP**（Worldwide Harmonized Light Vehicles Test Procedure）や**RDE**（Real Driving Emissions）などの排気規制（付録14に詳述）への対応として，NOx浄化に対してLNTとUrea-SCRの両方を組み合わせて用いる場合もある．なお，いずれの排気浄化システムを用いる場合でも，エンジン自体からの有害排出物をまず極力低減させることが必須かつ前提となることは言うまでもない．

2章

自動車用ディーゼルエンジンの技術トレンド

　自動車用ディーゼルエンジンには，その典型的な用途であるトラックやバス等の大型車や商用車用の中〜大型のディーゼルエンジンから，SUVやセダン等の乗用車用の小型で高速のディーゼルエンジンまで種々の機種がある．これらを技術開発の観点から見ると，新技術は乗用車用ディーゼルエンジンにおいてまず実用化され，その後に大型車や商用車へ普及してきた場合が多い．この要因としては，乗用車用ディーゼルエンジンは，高速運転されるうえに大きな比出力（排気量1L当たりの出力），比トルク（排気量1L当たりのトルク）を発生させねばならないうえに低振動・低騒音が要求され，しかも排気規制でもより厳しい規制値が先行して適用されるために，新技術の早期の取込みが必要であったことが挙げられよう．また，その反面，耐久・信頼性への要求は大型・商用エンジンよりも相対的に緩やかなため，新技術を取り込みやすかった面も要因であろう．したがって本章では，自動車用ディーゼルエンジンの進歩や新要素技術の開発動向を振り返るうえで，乗用車用ディーゼルエンジンに焦点を当てる形で説明する．

2-1 乗用車用ディーゼルエンジンの歴史概観

　1892年にディーゼル(Rudolf C. K. Diesel)により発明されたディーゼルエンジンは，燃料噴射用の空気圧縮機の大型化やエンジン振動などの問題の克服に歳月を要し，1936年になって初めてメルセデス・ベンツ260型エンジン(水冷4気筒，排気量2.55L，出力45HP/3,000rpm)で乗用車用に実用化された．この実用化に際しては，無気式でガバナを有する燃料噴射装置の開発が鍵であった．一方，日本初の乗用車用ディーゼルエンジンは，1959年に市販されたトヨペット・クラウンに搭載された当時世界最小のC型エンジン(水冷直列4気筒，排気量1.49L，出力40HP/4,000rpm)であった．その後，各社から種々のディーゼル乗用車が続々と市販された．例えば日本でも，1962年のいすゞ・ベレル，1964年の日産・セドリックを筆頭にラインナップ化が進み，1980年代には三菱，マツダからも市場投入され，1983年にはダイハツ・シャレードに搭載の世界最小ディーゼルエンジン(直列3気筒・排気量1L)も出現した．この時点では日本市場でもディーゼル乗用車の販売比率は5％を超えていた．

　しかし，1980年代末以降，ディーゼル乗用車を取り巻く情勢は日本と欧州で大きく異なることになる．欧州では，その長い航続距離(すなわち低燃費)による高経済性(旅程途中の給油が不要なため，地元の割安なスタンドで給油した燃料で全行程を走破できる)，低CO_2排出という好環境イメージ，そして低速から高トルクを発生する力強い動力性能などにより，ディーゼル車のシェアは増加を続けてきた(図2-1)．蛇足であるが，日本ではディーゼル車が高い動力性能を持ち，「走り」が優れるという認識を持つ方は少ないが，1990年代以降の技術革新(次の2-2節以降で詳述する)により乗用車用ディーゼルエンジンは低速から高速まで高いトルクを発揮し，振動・騒音もガソリン車と遜色ないレベルに至っていることがシェアを急増させた背景にある．

　一方，日本における状況は対照的で，ディーゼル乗用車のシェアは減少し続けてきた．その背景となる当時の状況は以下のとおりである．1989年の自動車税制改正(排気量別での課税化)，1996年の特定石油製品輸入暫定措置法の廃止(ガソリンと軽油の価格差縮小)によりディーゼル車の経済的優位性が低下した．さらに，当時はトラックなどの大型車から大量に排出される黒煙(この要因には，燃料噴射量制限の不正な解除や整備不良などが少なからず含まれると思われる)に悩まされていた市民感情の高まりもあり，2000年に尼崎公害訴訟で排ガス中のPMによる健康被害が認定されて道路行政の見直しを迫られ，2001年に自動車NOx・PM法が制定された．また「ディーゼルNO作戦」による都条例規制も始まった．これらにより，ディーゼル乗用車は東京など大都市圏から姿を消すことになり，日本におけるディーゼル乗用車は壊滅状態が続いた．しかし近年，高性能な環境対応車が日本のマツダや欧州メーカ各社から活発に市場投入され，ようやく2013年以降に復活の兆しが見えつつある(図2-1)．

　ただし，今後については，2015年に米国で発覚したフォルクスワーゲン(以後VWと記す)

図 2-1 ディーゼル乗用車の販売シェアの推移[90]

のディーゼル乗用車における排気浄化不正事件に端を発し，ディーゼル車に対する好環境イメージや信頼性が大きく損なわれたことで，欧州においても電動化つまり電気自動車やガソリンエンジン搭載のハイブリッド車への移行が進みつつある．さらに一部の国の都市部では，将来的にガソリンエンジンやディーゼルエンジンを含むすべてのエンジン（内燃機関）搭載乗用車の販売を禁止し，電気自動車のみとする方針案が示されるに至っている．一部の自動車メーカによる不正に端を発し，急速に「反ディーゼル車」の風潮が生じてきた状況下で，欧州におけるディーゼル乗用車のシェアは，今後は従来とは逆に低下していき，一時的には大きく低下することも予想される．ただし，全世界に視点を置くと，自動車用動力源ではエンジン（電動化要素との組合せを含む）が主流である状況は当分続き，特にSUVなどの多目的乗用車や商用車，および大型車では，高トルクと優れた低燃費性および高い信頼・耐久性を有するディーゼルエンジンが主流であり続けると予見される．

2-2　乗用車用直噴(DI)ディーゼルエンジンの技術開発トレンド

　乗用車用ディーゼルエンジンでは1980年代中盤まで，予燃焼室式や渦流室式といった**副室式(間接噴射式またはIDIとも称す．IDI：Indirect Injection)**の燃焼システムが用いられた．この燃焼システム構成の概要を図2-2の左図に示す．この左図では，副室付近の構造を拡大して示すために，シリンダ中心線から副室側半分のみを図示している．当時，この副室式燃焼システムがもっぱら用いられた理由は，以下のとおりである．副室式では，圧縮行程において主室から連絡孔を通って副室に流入し旋回する強いガス流動によって，副室内に噴射された燃料噴霧から比較的良好な燃料-空気混合気が得られる．そして着火後は，副室内の圧力上昇によって副室から主室に噴出する高速の火炎噴流により，燃え残った燃料と空気との混合・燃焼が主室内で促進される．このため，当時の簡素で低噴射圧の噴射システムでも高速運転ができたことが採用された主要因である．しかし一方で，副室自体および主室と副室をつなぐ連絡孔の存在による燃焼室壁の表面積増加，および激しいガス流動に伴う熱伝達率の増大などにより，熱損失が大きくなって燃費が悪かった．また，副室周辺部材に対する熱負荷が大きいために出力の増大にも限度があった．しかも，副室から主室(シリンダ)に噴出する火炎噴流が対向するシリンダ壁面に激しく衝突して冷却されることで，火炎の一部は燃焼途上で消炎する．このため，生成した煤や燃料の部分酸化物の一部が未酸化の状態で残り，PM生成につながる宿命があり，排出ガス面でも将来の厳しい規制への対応性に根本的な問題があった．

　このようにIDIディーゼルエンジンに限界が見え始めたちょうどその頃，1980年代後半以降に，周辺要素技術の進化，つまりコンパクトで乗用車用に好適な分配式燃料噴射ポンプの高噴射圧力化や，小型ターボ過給機の高度化が進展した．これを受けて，乗用車用の小型・高速ディーゼルエンジンにおいても，燃焼システムは，燃料をシリンダ内に直接噴射して燃費が良く，IDI方式が抱える上記のような問題がない**直接噴射式**(1章でも記したとおり，**直噴**または**DI**と略記する．DI：Direct Injection)が急速に普及していった．このDI燃焼システム構成の概要の一例を図2-2の右図に示す．上述した燃焼システムのIDIからDIへの改変によって，乗用車用ディーゼルエンジンの高性能化，低燃費化への扉が開かれ，その後の飛躍的な技術的進歩の土台が築かれた．

　参考までに述べると，トラック，バス等の大型車や商用車用のディーゼルエンジンでは，乗用車用エンジンより一足早くDI燃焼システムへの移行が進んでいた．この要因としては，大型車や商用車用ディーゼルエンジンでは，より燃費改善が重視されDI化への要望が強かったことと，振動・騒音低減への要求は相対的に緩やかであり，シリンダ径が大きいため始動性や冷間性能の問題でも相対的に有利であったこと，また乗用車用で要求されるほどには燃料噴射システムの小型化が必要なかったなど，直噴化するうえでの技術的課題が相対的に少なかった点が挙げられよう．

50   2章　自動車用ディーゼルエンジンの技術トレンド

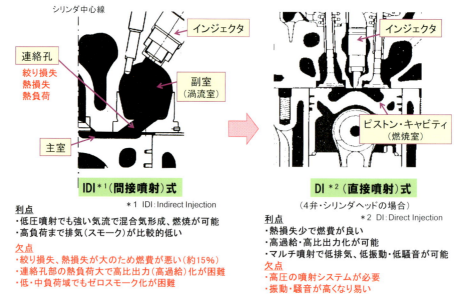

図2-2　ディーゼル燃焼システムの改変

　上記の技術開発史からわかるとおり，1980年代後期から現代に至る高性能な自動車用ディーゼルエンジンはすべてこのDI燃焼システムがベースとなっている．したがって本節では，「乗用車用DIディーゼルエンジン」において，新技術が早く導入される傾向があった「排気量2～3L前後のエンジン」を中心にして，それらが初めて登場する1980年代後半から性能面で飛躍的な進歩を遂げた現代までの約30年間の技術開発トレンドの概要を，著者の専門分野である燃焼システムに軸足を置く形で，年代順に紹介する．最新のDIディーゼル燃焼システムとその主要な要素技術については1章1-3節でその基本的な概要を紹介したが，そのシステムを構成する最新の要素技術の具体例や，それらが出現するに至った経緯を知ることは今後の技術開発の動向を考えるうえでも有用であると考えられる．このため，本章では技術開発トレンドを振り返ることにする．

　説明は，上述した約30年間の技術トレンドの要点をまとめた図2-3-A(巻末・折込み)および図2-3-Bに基づいて，各時代の新技術を先導した主要なエンジンや特筆すべきエンジン，およびその実現に向けて鍵となった代表的な要素技術について概観する形で進める．これらの個々の内容は本節の各項に記述した．そして，この鍵となった主要な技術要素の具体的内容と技術的意味などの詳細は，後の付録の各項にて解説するものとした．
　なお，図2-3-Aを参照する際に必要と思われる点を以下に列挙しておく．
　・図は上段から，関連する主要な法規制(排気，燃費)，各時代において技術面で先駆的であった代表的なエンジンとその燃焼システムに関する主要情報，燃料噴射システム，排気後

処理，エンジン構造と潤滑・冷却および熱マネージメントに関わる新技術項目，補機類・その他についての代表的項目を示す．

・用語については，発進時の加速性や登坂性に重要な低速トルク特性の指標として「**低速トルク比**」を本書では「1,500rpm 時のトルク／ピークトルク」で定義した．

・記号については，三角記号の位置が該当するエンジンあるいは要素の量産化時期を示す．白抜き三角記号は，厳密には本章で対象とする排気量 2～3L 前後の乗用車用ディーゼルエンジンとは異なるエンジンであるが，特筆に値する技術項目を有するため敢えて記したエンジンである．

・エンジン形式については，最も一般的な直列 4 気筒の場合は記載を省略し，4 気筒以外の直列エンジンは例えば「In5」(直列 5 気筒の意味，Inline 5 Cylinders)のごとく，また V 型エンジンの場合は「V6」(V 型 6 気筒の意味)のごとくに記した．

・その他の様々な記号も使用されているが，エンジン技術分野に従事される方に一般的に知られているものについては説明を省略する．なお，専門外の方々のために，その他の各記号については各項目の説明時にできるだけ解説を付すようにした．

また，図 2-3-A と図 2-3-B に記したエンジン，および本 2-2 節中で紹介した種々のエンジンに関する仕様や，データの基になったエンジン詳細情報は，本書巻末の資料「主要エンジンの諸元表」：表 A-1(p.232)～表 E-2(p.244)にまとめてある．これらの表中には，上記情報に加えて各エンジン情報を抽出した参考文献も付記した．また，表 A-1～表 E-2 に記載のないエンジンに関しての項目や，特に出典を明記しておくことが望ましいと判断した項目については，「参考文献」欄にその文献の詳細情報をリストアップしてある．それぞれ必要に応じて参照されたい．

2-2-1　乗用車用 DI ディーゼルエンジンの出現(1980 年代後半)

世界初の乗用車用 DI ディーゼルエンジンは，1988 年にフィアット(以後 Fiat と記述する)により量産化され，CROMA に搭載されて Tdi と称されたエンジン(4 気筒，排気量 1.9L，比出力 35kW/L，比トルク 103Nm/L，低速トルク比 55％，最高熱効率 40.5％)で，この時点で既に高い熱効率が実現されている[4]．この翌 1989 年には，フォルクスワーゲン(以後 VW と記述する)から，本書巻末の表 A-1(p.232)に示す，Audi 搭載用のエンジン(5 気筒，排気量 2.5L，比出力 42kW/L，比トルク 118Nm/L，低速トルク比 70％，最高熱効率 41％)が量産化されている[5]．これらのエンジンは，2 弁(吸・排気各 1 弁)，深皿型燃焼室，分配型燃料噴射ポンプ(カム駆動ジャーク式噴射システム)から成るこの時代の典型的な燃焼システムを有していた．性能面では，最高熱効率こそ 40％を超えていたが，発進時の加速性や登坂性に関わる低速トルク比は低い値である．なお，上記に列挙した技術項目については，1 章 1-3-3 項および 1-3-4 項，

52　2 章　自動車用ディーゼルエンジンの技術トレンド

そして 2-2-2 項以降の該当箇所で説明しているので，参照されたい．

　これ以後は他社も続々と燃焼システムの DI 化を図ることになるが，その時期については各社各様で，ダイムラーベンツ（以後 **Benz** と記述する）や BMW などは慎重派であり，図 2-3-A（巻末・折込み）に示すとおり，DI 化は 1990 年代後半になってからである．この要因としては，高速までの十分な動力性能，低騒音・低振動，低排気（排気有害物質の低減）などの要求レベルを満たすためには，高性能な燃料噴射システム（具体的には，高応答な噴射特性，高噴射圧力，良好な噴霧微粒化など）が必要であり，また IDI よりも低い圧縮比の下で良好な始動性や冷間運転性（燃焼安定性，未燃成分排気の抑制）を実現するには種々の要素技術の開発や設計上の工夫が必要であったことから，それら要素技術の高度化の進展度合いを見極めつつ慎重に DI 化を進めたためと推測される．

2-2-2　本格的な DI 燃焼システムの開発（1990 年代）

　1990 年代は，DI ディーゼルエンジンを高性能化すべく技術開発が本格化した時代と位置づけられる．

　先陣を切って量産化された前述の DI ディーゼルエンジンでは，低速トルク比は Fiat エンジンで 55%，VW エンジンでも 70% に留まり，発進時の加速性や登坂性という観点での動力性能は十分ではなかった．VW は，この課題を改善し，将来まで通用するエンジンシリーズの基本となる DI ディーゼルエンジンを 4 年後の 1993 年に量産化している．本書巻末の表 A-1（p.232）に示す，このエンジン（4 気筒，排気量 1.9L，比出力 35kW/L，比トルク 106Nm/L，低速トルク比 90%，最高熱効率 42.4%）は，いわゆる「TDI エンジンシリーズ」と称される，**モジュール化**エンジン群の最初のエンジンである．低速から極めて高いトルクを発揮しており，発進加速性や登坂性に優れる特性にしている．また，当時は排気規制が緩やかであった点は差し引くとしても，既にこの時点で乗用車用ディーゼルエンジンでは現代でもトップクラスの熱効率である 42.4% を実現している．ここで，上記の「**モジュール化**」とは，エンジンのシリンダ内径，ストローク，**シリンダピッチ**（隣接するシリンダ中心間の距離）といったエンジンの基本諸元を固定し，異なるエンジン機種間でこれらの値を共通化することである．このエンジンのモジュール化については付録 9 で詳述しているので，参照されたい．

　「TDI シリーズ」のエンジン群の一例を図 2-3-A（巻末・折込み）中に青字で TDI と記して明示したが，このシリーズエンジンは，その後もモジュール化機種として続々と量産化されていることが見て取れる．例えば，表 A-1（p.232）にも示すとおり，この 2 年後の 1995 年には，廉価なエントリー機種として無過給（NA : Natural Aspiration）の SDI エンジン（4 気筒，排気量 1.9L，比出力 24.8kW/L，比トルク 66Nm/L，低速トルク比 98%，最高熱効率 37.6%），および Audi 用に出力アップし低速トルクを高めた TDI エンジン（4 気筒，排気量 1.9L，比出力 42.7kW/L，比トルク 124Nm/L，低速トルク比 97%，最高熱効率 42.4%）が市場投入されている．

2-2　乗用車用直噴(DI)ディーゼルエンジンの技術開発トレンド　*53*

特に後者については，既にこの時期から過給に**可変ノズルタービン・ターボ過給機(VNT ター
ボ過給機)** を用い，低速から高速まで幅広い範囲でより高いトルク特性を与える工夫をしている．

　なお，「VNT ターボ過給機」とは，1 章 1-3-5 項で紹介したとおり，排気タービンの排気流
入部に設けた可変ベーンにより，排気の流入角・流入断面積を作動条件に応じて最適化するも
のである．これにより，中・高速でのトルクを維持しつつ低速トルクを 15%程度増大させる
効果が得られる．詳しくは付録 5(付図 5-3，付図 5-4，付図 5-5)を参照されたい．

　1997 年には，本書巻末の表 B(p.234)中に示す，Audi 用の V 型エンジン(6 気筒，排気量
2.5L，比出力 44kW/L，比トルク 124Nm/L，低速トルク比 100%，最高熱効率 41%)が現れて
いる．このエンジンでは，吸気 2 弁と排気 2 弁という構成の**4 弁シリンダヘッド**を VW グル
ープで初めて採用し，さらに**二重構造の排気マニホールド**や**空調の電気ヒータ化**といった**熱マ
ネージメント**への具体的な取組みを早くもこの時期から実施している点が注目される．排気マ
ニホールドの二重構造化は，始動直後や冷間時の排ガス温度の保持に優れ触媒入りガス温度を
高める作用があり，触媒の早期活性化が図られて排気低減に効果がある．また，排ガスからの
熱損失低減による過給機タービン流入ガスのエンタルピ減少の抑制により，エンジンの性能や
効率の向上にもつながる．空調の電気ヒータ化は，車室暖房のために要求されるエンジンの負
荷上昇分をなくすことで，燃費改善の効果を有する．また，低速トルク比を 100%にまで高め
ており，高級車としての運転性を高めた意図がうかがえる．なお，上述したシリンダヘッドの
4 弁化は，吸・排気効率や燃焼効率の向上による動力性能や燃費の向上，および排気低減に寄
与する技術であり，この技術的内容については付録 10 に詳述しているので，参照されたい．

　同時期の 1998 年には，本書巻末の表 C-1(p.236)に示す，BMW で初の DI 燃焼システムを
採用したエンジン(4 気筒，排気量 2L，比出力 51kW/L，比トルク 144Nm/L，低速トルク比
89%，最高熱効率 41.3%)が量産化されている．この初の DI 化エンジンは，いきなり 4 弁シ
リンダヘッドを採用しており，この時期では傑出した高い比出力と比トルクを発揮している．
また，**中空二重構造のエンジンブロック**としており，高出力に耐える剛性を確保しつつ軽量化
を図る具体的な工夫をこの時期から実施している．

　1990 年代後半になると，各社でシリンダヘッドの 4 弁化が進展し，出力と排気の両立を図
るようになる．この時期のトップランナーであるエンジンの動力性能は，図 2-3-A(巻末・折込
み)および図 2-3-B に示すとおり，おおむね比出力 50kW/L，比トルク 145Nm/L に達している．

2-2-3　コモンレール DI 燃焼システムの開発(1990 年代末～2000 年代中盤)

　ディーゼルエンジンの技術開発史において，最も重要かつその後の発展に大きな寄与を果た
した要素技術として「**コモンレール燃料噴射システム**[6],[7]」が挙げられよう．1 章 1-3-3 項で

述べたとおり，この噴射システムは，1980年代後半から開発が進められ，1996年に日本電装株式会社（現，株式会社デンソー）により世界に先駆けて量産化された画期的な機能を有するものである．この噴射システムの構成や機能の詳細は，従来型噴射システムである「カム駆動ジャーク式噴射システム」と対比する形で，付録3に詳しく解説している．したがって，ここでは要点のみ記述したうえで話を進める．

　従来の「カム駆動ジャーク式噴射システム」では，カム駆動の燃料ポンプで燃料を圧送する圧縮TDC近傍でのみ燃料噴射が可能で（図1-32（p.35）の左上図参照），燃料噴射圧力はエンジン回転数と負荷（噴射燃料量）の増加とともに増大する特性があった（図1-33（p.35）参照）．つまり，低速時や噴射燃料量が少ない低負荷時には高い噴射圧力は得られず，燃料噴霧の微粒化や噴射率などに制約があった．

　一方，コモンレール噴射システムでは，サプライポンプで加圧された高圧燃料を蓄えるコモンレール（一種の燃料蓄圧容器）から各気筒に分配される燃料を電子制御噴射弁で噴射する方式である[7]ため（付図3-1（p.170）参照），エンジン回転数や負荷に関わらず瞬時に任意の噴射圧力に設定でき，また，1サイクル中の任意の時期に任意の量の燃料を複数回噴射できる**マルチ噴射**機能（図1-32（p.35）下段図を参照）を備えている．

　1章1-3-3項で説明したとおり，前者の機能すなわち**噴射圧力設定の自在性**は，従来噴射系での課題であった低速・高負荷時のトルク不足や排気悪化（特にスモーク増加）の問題を解決するうえ，小噴孔径ノズルの使用を可能にすることで全域の排気，燃焼騒音，燃費などを改善する効果がある．

　後者の**マルチ噴射**機能は高度な噴射率制御の一種で，様々な噴射パターンが運転条件に応じて用いられ，その効果はエンジン作動点や噴射パターンによって異なる（図1-34（p.36）参照）．この詳細は付録3に記したが，排気，振動・騒音，および燃費のすべてにおいて顕著な改善効果がある[8]．

　上述した画期的機能を有するコモンレール噴射システムの出現に呼応する形で，1990年代後半になると，図2-3-A（巻末・折込み）および図2-3-Bにおいて**CR**（Common Railの略）という記号で示すコモンレール噴射システムを搭載するDIディーゼルエンジン（以後，**コモンレールDIディーゼルエンジン**と称する）が次々と量産化されて広く普及していく．世界初のコモンレールDIディーゼルエンジンは，1996年に量産化された日野自動車株式会社のトラック用J08C型エンジン（排気量8L，比出力19.8kW/L）であるが[9]，乗用車用では翌1997年にFiatから量産化されたJTDエンジン2機種である．この2機種は，4気筒エンジン（排気量1.9L，比出力40kW/L，比トルク134Nm/L，低速トルク比78%，最高熱効率40%），および5気筒エンジン（排気量2.4L，比出力42kW/L，比トルク127Nm/L，低速トルク比83%，最高熱効率40%）である[10],[11]．この時点の第1世代コモンレール噴射システムでは可能なマルチ噴射の回数はまだ2回であったが，当時からこのマルチ噴射を積極的に活用している．

オープンデッキ構造
(Open-Deck Structure)　　　　　**クローズドデッキ構造**
(Closed-Deck Structure)

図2-4　シリンダブロックの構造[10]

その翌年の1998年には，Benzが初めてDI燃焼システムを採用したうえ，いきなりコモンレール噴射システムを用いたエンジン2機種を量産化している．これらはCDIエンジンと称され，本書巻末の表E-1(p.242)に示すとおり，Aクラス用の普及版エンジン(4気筒，排気量1.7L，比出力39kW/L，比トルク107Nm/L，低速トルク比95％，最高熱効率40.1％)，およびCクラス用の高性能版エンジン(4気筒，排気量2.2L，比出力43kW/L，比トルク140Nm/L，低速トルク比90％，最高熱効率41.4％)である．注目点は，初の燃焼システムのDI化において早々に，4弁化，**浅皿型燃焼室**という最新の要素技術を採用していること，さらにAクラス用1.7Lエンジンでは**オープンデッキAl**(アルミニウム合金)シリンダブロックという当時としては挑戦的な技術をこの時代に用いていることである．

この当時において上記の新技術が意味する点を以下に概説しておく．4弁化については，2-2-2項で触れたとおりで，その詳細は付録10に解説している．

オープンデッキAlシリンダブロックの意味する点については，ここで説明しておく．シリンダブロックの構造には，図2-4に示すとおり，**クローズドデッキ**構造(Closed-Deck Structure)と**オープンデッキ**構造(Open-Deck Structure)の2種類がある．前者は，シリンダブロック上面が壁で閉じていて，シリンダやブロック外郭構造体などがこの壁でつながっている構造のことで，高い剛性が得られる特長がある．一方，後者では，ブロック上面を塞ぐ壁はなく，シリンダやブロック外壁の構造体などが独立している．このため，ブロック上面からも鋳物作成時の鋳型(中子)を抜くことができるなど生産コストを低くできるメリットがある反面，**筒内圧力**(シリンダ内のガス圧力)が高い場合にはシリンダ変形によるオイル消費量増大やブロック剛性の不足による騒音発生など種々の問題が生じやすい[12]．ディーゼルエンジンでは筒内圧力が高いため，現在でも大多数のエンジンでは高剛性なクローズドデッキ構造を用いている．また，エンジンブロックの材質についても，当時はほぼすべてのディーゼルエンジンで，また現在でも少なからぬエンジンで，高強度な鋳鉄を使用している．それに対し，Benzの1.7Lエンジンでは，この時点でエンジンブロックにアルミニウム合金を使用(軽量化に貢献)し，しかもオープンデッキ化している点が注目に値する．ただし，このBenzエンジン2機種の中では，出力レベルの低い1.7LエンジンでのみオープンデッキAlシリンダブロックが採用され

56   2章   自動車用ディーゼルエンジンの技術トレンド

ており，高出力版 2.2L エンジンのシリンダブロックはクローズドデッキ構造の鋳鉄製である．

また，この Benz CDI エンジンのもう 1 つの注目点である**浅皿型燃焼室**の効果や採用に至る背景については，1 章 1-3-4 項で概説し，また付録 4 で詳しく説明しているので，ここでは要点のみ述べるに留める．

コモンレール噴射システムの登場に伴い，図 1-35（p.37）に示すごとく，DI ディーゼル燃焼システムは大きく変化した．つまり，燃料噴射ノズルは小噴孔径化かつ多噴孔化し，燃焼室形状は強いガス流動を引き起こす小キャビティ径の「深皿型燃焼室」からガス流動を抑制する大キャビティ径の「浅皿型燃焼室」へと変遷した．この変遷の背景と要因は付録 4（付図 4-1（p.174））にて詳述したとおりである．深皿型燃焼室と大噴孔径ノズルを組み合わせる従来燃焼システムでは，大噴孔径ゆえの噴霧微粒化不足や過濃混合気生成によるスモーク増加などの問題があり，来るべき排気規制への対応が困難になっていた．一方，噴射ノズルの小噴孔径化・多噴孔化は，微粒化の改善や燃料分配の均一化などにより煤（すなわちスモーク，PM）の低減に効果があるうえ，低ガス流動化が可能で熱損失を低減できることから燃費向上にもつながるため，当時では必須の技術項目になりつつあった．しかし，この小噴孔径ノズルを深皿型燃焼室と組み合わせると，スモークの増大により最大出力が低下する問題が生じた．この要因は，噴霧とガス流動の運動量バランスの崩れによるもので，「浅皿型燃焼室と小噴孔径ノズルとの組合せ」がこの解決策であった．以上が，図 1-35（p.37）に示した DI 燃焼システムの変遷要因の要約である．

実際に，この 1990 年代後半から現在に至る過程で，各メーカから量産化されたディーゼルエンジンは総じて「燃焼室形状の浅皿化」「噴射ノズルの小噴孔径化・多噴孔数化」を伴うコモンレール DI 燃焼システムに収斂してきている．Benz が初の燃焼システム DI 化に際して，いきなりコモンレール DI ディーゼルエンジンを量産化したうえ，これらの主要な技術項目を採用するトレンドの先鞭を切っていた点に留意したい．

Benz がコモンレール DI ディーゼルエンジンを量産化した翌年の 1999 年には，BMW も，本書巻末の表 C-1（p.236）に示す，直列 6 気筒のコモンレール DI ディーゼルエンジン（排気量 3L，比出力 46kW/L，比トルク 140Nm/L，最高熱効率 41.1%）を市場投入している．ただし，このエンジンでは従来の深皿型燃焼室を踏襲している．また 2-2-2 項で例示したとおり，この前年の 1998 年に量産化した BMW 初の DI 化ディーゼルエンジン（4 気筒版）は従来の分配式噴射ポンプ VP44 を用いたカム駆動ジャーク式噴射システムを用いていた．つまり，ほぼ同時期に量産化されたモジュールエンジン 2 機種の噴射システムが異なるわけである．この点と，上述したコモンレール DI 化にも関わらず依然として深皿型燃焼室を用いている点から，この時代の初期では燃焼システムの選択がいまだ模索中の段階にあったことがうかがえる．

BMW，Benz ともに，上記の列型エンジンに引き続き，1999〜2000 年には高級車用の V8 コ

モンレール DI ディーゼルエンジンを市場投入している．具体的なエンジン諸元は，本書巻末の表 C-1(p.236)と表 E-1(p.242)におのおの示すとおり，BMW エンジン(90° V 型 8 気筒，排気量 3.9L，比出力 46kW/L，比トルク 144Nm/L，低速トルク比 88%，最高熱効率 40.3%)，および Benz エンジン(75° V 型 8 気筒，排気量 3.9L，比出力 46kW/L，比トルク 140Nm/L，低速トルク比 94%，最高熱効率 41.4%)である．BMW はこのエンジンでもなお深皿型燃焼室を用いている．

　このコモンレール DI 化のトレンドに対して，VW グループでは Audi の V 型エンジンでのみコモンレール DI 化を進めている．巻末の表 B(p.234)に示すとおり，1999 年に Audi から量産化された V8 コモンレール DI ディーゼルエンジン(90° V 型 8 気筒，排気量 3.3L，比出力 50kW/L，比トルク 144Nm/L，低速トルク比 97%，最高熱効率 40.7%)は，若干浅皿化した燃焼室を用いており，高い動力性能を有している．VW グループのその他の列型 TDI エンジン群においては，次の 2-2-4 項で述べるとおり，こだわりを持って「カム駆動ジャーク式噴射システム」の一種である**ユニットインジェクタ**を用いたエンジンを展開している．これに対して，上記のとおり，高級車用 V 型エンジンでは直ちにコモンレール DI 化を図っている．この理由は，コモンレール DI エンジンの持つ低騒音・低振動という観点での高い商品性を認め，コモンレール化が高級車には必要と判断したためであろう．

　上記のとおり，この時代の初期には燃焼室の選択についても，いまだ各社各様である．この要因としては，上述した浅皿型燃焼室の効果とそのメカニズム[13]がこの時点では未解明で広く認識されていなかったこと，およびこの時期の排気規制はいまだ相対的に緩かったために深皿型燃焼室でも，比出力があまり高くない場合には，排気と出力の両立が何とか達成できたことなどが挙げられよう．

　この時代の終盤になると，コモンレール DI 燃焼システムも本来の姿に収斂してくる．例えば，本書巻末の表 C-1(p.236)に示すとおり，2002 年には**可変スワール機構**を持つ BMW コモンレール DI エンジン(6 気筒，排気量 3L，比出力 53.5kW/L，比トルク 167Nm/L，最高熱効率 41.1%)が量産化されている．このエンジンでは，BMW も浅皿型燃焼室を用いるようになっている．可変スワール機構とは，吸気ポート内に設けた可動フラップの角度を変えるなどにより，エンジン作動条件に応じて吸入スワール強度(スワール比)を変化させるものである．また，2003〜04 年には，表 B(p.234)に示すとおり，Audi から V8 エンジン(V 型 8 気筒，排気量 3.9L，比出力 51kW/L，比トルク 165Nm/L，低速トルク比 92%，最高熱効率 40.7%)や V6 エンジン(V 型 6 気筒，排気量 3L，比出力 58kW/L，比トルク 152Nm/L，低速トルク比 100%，最高熱効率 41.3%)が市場投入されている．これらのエンジンでは，**ピエゾ・コモンレールインジェクタ**や**電動連続可変スワール機構**が用いられている．ピエゾ・コモンレールインジェクタでは，噴射ノズルの針弁開閉に従来の電磁弁ではなくピエゾ(圧電式)アクチュエータを用い

58 2章 自動車用ディーゼルエンジンの技術トレンド

ることで，針弁開閉速度が速く良好な噴射切れや高噴射率化が実現できる．これにより，出力
増大や排気低減などの効果が得られる．

　なお，この時期の終盤である 2002 年に排気浄化の観点で特筆すべきエンジンおよび後処理
システムが実用化されているので，記しておきたい．これは，トヨタ自動車が開発したもので，
コモンレール DI エンジンと後処理システムとして**ディーゼル PM & NOx 浄化システム**（DPNR：
Diesel PM and NOx Reduction System の略）にディーゼル酸化触媒（DOC）を付加したものを組
み合わせたエンジンシステムであった．このシステムは，2005 年から始まる当時としては厳
しい次世代 Euro4 排気規制値の約 1/2 レベルの排気を先取りして実現する実力を有していた [14]．
　このエンジン（直列 4 気筒，排気量 2L，比出力 41kW/L，比トルク 125Nm/L）は，第 2 世代
のコモンレール噴射システムを採用して最高噴射圧 180MPa と 5 回マルチ噴射を活用し，本格
的な浅皿型燃焼室に小噴孔径（ϕ 0.115mm）で多噴孔数（7 孔）のノズルを組み合わせた時代を先
取りするものであった．また，この後処理システム DPNR とは，PM を除去するディーゼル
微粒子フィルタ（**DPF**）に NOx を浄化する NOx 吸蔵還元触媒（LNT）を担持したものである．
機能的には，DPF と LNT を組み合わせて一体化したものであった．DOC，DPF，LNT につ
いては 1 章 1-3-6 項で説明しているので，参照されたい．ここでは概説のみ記述するが，排気
中の PM は DPF に捕集され質量ベースで 96% 以上，粒子数ベースで 99% 以上が除去される．
LNT では，通常の希薄混合気燃焼における排出 NOx を触媒上に吸蔵しておき，この吸蔵サイ
トが飽和状態になると特殊な制御（ポスト噴射，DOC 前の排気管中への燃料添加など）により
排気 A/F を量論比〜過濃側に遷移させて触媒上の吸蔵 NOx を還元する．このプロセスの繰返
しにより NOx を浄化する．排気中の未燃炭化水素（HC），燃料の部分酸化物，および一酸化炭
素（CO）等の不完全燃焼成分は DOC で酸化し浄化する．
　これ以前のエンジンにおける排気浄化は，後処理としては DOC のみを用いて上述の不完全
燃焼成分および PM の一部を酸化すると同時に，燃料噴射時期の遅延や**排気再循環**（EGR）に
より筒内の燃焼温度を下げ，NOx を低減する方式であった．しかし，この方式による PM，
NOx の低減効果には限度があり，Euro4 以降の排気規制をクリアすることはコンパクト車を
除いては困難であった．このような状況下で実用化された上記のエンジン–後処理システムは，
時代を先取りし，排気低減のための基本的な構成を示したもので，これ以降の多くのエンジン
で DOC，DPF，LNT を組み合わせた同様の排気浄化方式が採用されている．

　上述のとおり，この時期以降は各社のほとんどすべてのエンジンで次々とコモンレール DI
燃焼システムへの移行が行われた．しかし，そのトレンドの中でも，VW は TDI エンジンシ
リーズである主力の列型モジュールエンジン群において，コモンレール噴射システムではなく
ユニットインジェクタを採用し続けていた．この点について次項で触れておきたい．

2-2-4　ユニットインジェクタ DI 燃焼システム（1990 年代末〜2000 年代中盤）

　コモンレール DI 化の流れに従わず 2000 年代中盤まで孤高の道を歩んだ VW の TDI ディーゼルエンジン群について記しておく．2-2-2 項で述べた VW の 1.9L エンジン（1995 年に量産化）の系統となるモジュールエンジンとして，本書巻末の表 A-1（p.232）に示すとおり，1998 年に 3 気筒 DI ディーゼルエンジン（排気量 1.4L，比出力 39kW/L，比トルク 137Nm/L，低速トルク比 75%，最高熱効率 40.3%）が，続いて 2000 年に 4 気筒 DI ディーゼルエンジン（排気量 1.9L，比出力 58kW/L，比トルク 169Nm/L，低速トルク比 81%，最高熱効率 42.2%）がそれぞれ量産化されている．これらのエンジンでは，燃料噴射システムとして**ユニットインジェクタ**（図 2-3-A（巻末・折込み）や表 A-1（p.232）では記号 **UI** で示す．UI：Unit Injector）が用いられていることが特筆すべき点である．

　ユニットインジェクタについては付録 11 で詳述しているので，本項では概略のみ説明するが，この燃料噴射システムは従来の「カム駆動ジャーク式噴射システム」の一種である．しかし，その構成・構造は大きく異なっており，燃料を圧送するジャーク式噴射ポンプとインジェクタが一体になっている（一例を付図 11-1（p.202）に示す）．つまり，両者をつなぐ長い噴射管（高圧燃料を輸送する 50〜100cm 程度の管）がないため，高圧化の阻害要因である管路中の圧力波や噴射管の変形・振動などによる噴射特性への悪影響が大幅に低減される．このため，ユニットインジェクタでは極めて高い圧力での噴射が可能になるという特長がある．実際，コモンレール噴射システムの最高噴射圧が 145MPa 程度であった 1990 年代後半において，VW のユニットインジェクタは最高噴射圧 205MPa を実現していた．一方で，「カム駆動ジャーク式噴射システム」ゆえの，噴射圧がエンジン回転数と負荷（噴射量）に依存し，噴射は圧縮 TDC 近傍でのみ可能という制約は，当然ながら有している．

　コモンレール噴射システムとユニットインジェクタのいずれを採用するかの判断は，この当時においては，「最高噴射圧の高さ」を重視するか，あるいは「噴射圧設定の自在性」と「マルチ噴射機能」を重視するかの選択であったと言えよう．一般論として，前者は最大出力・最大トルクの増大に有利となり，後者は振動・騒音の低減や排気低減などに有利である．事実，前者を重視した VW のユニットインジェクタ DI ディーゼルエンジンは，Audi 用の 4 気筒版で，比出力 58kW/L，比トルク 169Nm/L という当時では傑出した性能を発揮している．ただ一方で，低速域では噴射圧が低くなるため，低速トルク比は 81% に留まっている．

　上記の 2 機種以降も，VW の TDI エンジンシリーズではユニットインジェクタ DI 方式が継続され，本書巻末の表 A-1（p.232）に示すとおり，2002〜03 年には SUV 用エンジン（5 気筒，排気量 2.5L，比出力 52kW/L，比トルク 163Nm/L，低速トルク比 81%，最高熱効率 42.2%），および TDI エンジンシリーズで最初の 4 弁シリンダヘッドを持つエンジン（4 気筒，排気量 2L，比出力 52kW/L，比トルク 163Nm/L，低速トルク比 92%，最高熱効率 43%）が市場投入

60   2章　自動車用ディーゼルエンジンの技術トレンド

されている.

　1990年代後半以降では既に主流になっていた「4弁シリンダヘッド」をこの時点でようやく採用するに至った理由は，噴射ポンプとインジェクタが一体となるユニットインジェクタは必然的に直径が大きくなり，4弁構造を採れなかったためである．この対策としてVWは細径化を図った第2世代のユニットインジェクタUI-P2を開発し，上記4気筒エンジンに搭載した．これによりTDIエンジンシリーズで初めて4弁化が実現され，燃焼改善による低速トルク比の増大と，当時のチャンピオンデータとなる極めて高い最高熱効率43%が実現されている.

　しかし，ここまでユニットインジェクタDIディーゼル路線を進めたVWであったが，これ以降のTDIエンジンではコモンレール噴射システムに変更している．この理由は，当時の極めて厳しくなる排気規制への対応と低騒音・低振動という商品性の向上にはユニットインジェクタでは限界があると判断したためであろう．このユニットインジェクタを用い続けた開発方針は，技術の大きなトレンドを見誤った例とも言えようが，独自の燃焼システム・コンセプトと技術開発に強いこだわりを持ち続けた開発者達のロマンと熱情を感じさせる面もある.

2-2-5　燃焼システムの高性能化（2000年代中盤〜2000年代末）

　この時期には，NOxとPMをともに以前の規制値の1/2以下とする厳しいEuro4排気規制が施行された．一般に厳しい排気対策を講じると出力や熱効率といった動力性能面は低下しがちである．これに対して，この時期には，過給システム，エンジン構造，潤滑・冷却システムのすべての面で革新が図られ，**高過給化**，**エネルギ／熱マネージメント**，**低摩擦化**，**部品のモジュール化**などを本格的に推進することで，厳しい排気規制をクリアしつつ着実に動力性能を向上させたエンジンが出現している.

　高過給化の具体例としては，**2段ターボ過給システム**（この詳細は付録5-4に解説している）を用いて高い比出力と**ワイドバンドなトルク特性**（広いエンジン回転数範囲で高いトルクを持つこと．この詳細は付録6に記す）を実現するエンジンがその典型である．この一例としては，2004年に量産化された，本書巻末の表C-1（p.236）に示す，BMWコモンレールDIエンジン（6気筒，排気量3L，比出力67kW/L，比トルク187Nm/L，低速トルク比93%）がその代表である．この時期のトップランナーの動力性能は，図2-3-Aおよび図2-3-B（巻末・折込み）に示すとおり，比出力65kW/L程度，比トルク185Nm/L程度に達している．なお，本書巻末の表E-1（p.242）に示す，2008年のBenzコモンレールDIエンジン（4気筒，排気量2.14L，比出力70kW/L，比トルク233Nm/L，低速トルク比93%）ではこの時点としては破格の高い比トルクを実現しており，この比トルク値は次世代2013年頃のトップランナーに匹敵する値である．なお，「2段ターボ過給システム」については1章1-3-5項でその概要を，また付録5-4でその詳細を説明しているので，ここでは最小限の説明に留める．このシステムでは，低圧段に大

容量ターボ過給機を，また高圧段に小容量ターボ過給機を直列に配置し接続しており（付図5-7（p.181）下段図），これらの過給機を作動域に応じて適宜組み合わせる（組合せ方の一例が付図5-7右上図）ことにより，全域でVNTターボ過給機による1段過給をさらに上回る高トルク化が図れる（例えば，図1-38（p.40）下段図）．特に，低速トルクの増大と高速側への高トルク値の伸延効果は大きく，トルク特性の顕著なワイドバンド化が実現されて，優れた動力性能が得られる．

一方，2007年には，1段ターボ過給ながら高い比出力を持つBMWエンジン（4気筒，排気量2L，比出力65kW/L，比トルク175Nm/L，低速トルク比85％）も量産化されている．このエンジンでは前述した「VNTターボ過給機」（付図5-3（p.179））を用い，さらに吸・排気管路系を適正化（圧損低減，応答性向上など）することで，1段ターボ過給ながら高い比出力値と高い低速トルク比の両立を達成している．

なお，この高過給化に伴う最高筒内圧力の上昇に対しては，圧縮比を低減させて筒内圧力をその上限値以下に抑制している．実際に，圧縮比のトレンドをまとめた図2-3-B（巻末・折込み）の中段図に示されるとおり，この時期に顕著な圧縮比の低下が進行していることがわかる．また，この低圧縮比化に伴う始動性や冷間時の運転性・排気特性の悪化などに対しては，マルチ噴射の高度化（噴射回数の増加，正確な噴射率設定など）およびエネルギ／熱マネージメント（以下に具体例を記す）により対応している．

エンジン構造面からは，この高比出力化に伴う応力・熱負荷の増大に対応すべく，シリンダヘッドの冷却では**クロスフロー・2段水冷ジャケット化**（後に説明），シリンダブロックについては鋳鉄製ブロックで材料変更（例えば鋳鉄GG25からGG27へ）が，またアルミニウム合金製ブロックでは鋼製部材での補強が実施されている．

またこの時期には，高過給化の進展と同時にエンジンの**ダウンサイジング**が図られ始めている．具体例としては，2-2-3項で挙げた1990年代終盤に登場したプレミアム車用の排気量4LクラスのV型8気筒エンジンは2004年以降にはすべて姿を消し，排気量3LのV型6気筒エンジン，例えばAudiエンジン（比出力58kW/L，比トルク152Nm/L，低速トルク比100％）やBenzエンジン（比出力55kW/L，比トルク171Nm/L，低速トルク比94％）など，あるいは直列6気筒エンジン，例えば上述した2段ターボ過給システムを持つBMWエンジン（比出力67kW/L，比トルク187Nm/L，低速トルク比93％）に置換されているなどである．

なお，シリンダヘッドの「**クロスフロー・2段水冷ジャケット化**」について概説する．クロスフロー化とは，冷却水の流れ方向を，従来は例えば1番気筒から4番気筒へと向かう縦流れであったものを各気筒で横断する横流れに変更するものである．これにより，各気筒の冷却性が均一化されて高熱負荷時の冷却不足や気筒間温度差による亀裂発生などの問題を防止できる利点がある．また，2段ジャケット化とは，図2-5に一例を示すとおり，シリンダヘッドの下段側（つまり触火面側）と上段側の水冷ジャケット経路をおのおの独立させる構造である[15]．

図 2-5 シリンダヘッド水冷ジャケットの上・下 2 系統化の一例[15]

図 2-6 シリンダヘッド水冷ジャケットの上・下 2 層化による冷却性改善の一例[16]

熱負荷の厳しいシリンダヘッド触火面側の下段水冷ジャケットでは冷却水量(つまり流速)を増大させ,比出力増大に伴い熱的に厳しくなる弁間やインジェクタ周辺の冷却性を向上させる.これにより,図 2-6 に一例を示すとおり,シリンダヘッド温度の低下と均一化が達成されている[16]. 一方,上段水冷ジャケットの流量は減少させることができ,過冷却抑制による熱損失の低減と,総じて冷却水量の減少によりポンプ駆動損失も低減できる利点がある. この「2 段水冷ジャケット化」の場合には,ヘッド鋳造時に水冷ジャケットを形成する中子を 2 ピース化したうえ精度良く設定する必要があるなど生産技術面で難しい点があるが,生産技術の向上により実用可能になっている.

また,エンジンの**ダウンサイジング**とは,1 章 1-3-5 項および付録 8 で説明したが,エンジ

2-2 乗用車用直噴(DI)ディーゼルエンジンの技術開発トレンド　63

図2-7　エネルギ／熱マネージメントの一例[16]

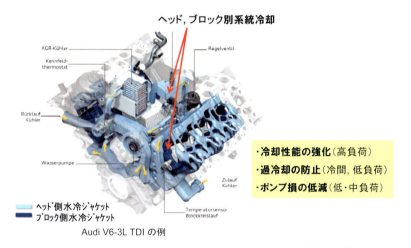

図2-8　シリンダヘッドとブロックの冷却水路の別系統化[17]

ンの排気量を減少させる，つまりエンジンを小型・軽量化しながら，高過給化によって出力・トルクを元の大排気量エンジンの値と同等に維持またはさらに増大させることである．このダウンサイジングでは，エンジンが小型・軽量になるため摩擦損失や熱損失が低減されること，および常用作動点が高負荷側にシフトしてより高熱効率域で運転されることになるため，実用燃費の向上に効果がある．また，エンジン構造体の小型化によりエンジンの熱容量も小さくなるため，冷間時のエンジン暖気時間が短縮されることから，冷間時の燃費向上と排気有害成分の低減にも効果がある．

「エネルギ／熱マネージメント」については，二重断熱排気マニホールド，ヘッド・ブロッ

64   2章　自動車用ディーゼルエンジンの技術トレンド

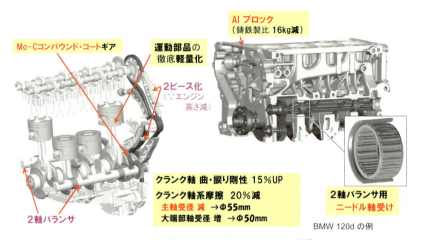

図2-9　摩擦損失低減と軽量化の方策例[18]

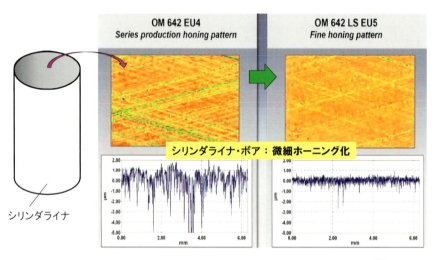

図2-10　微細ホーニングによるシリンダライナ・ボア面の平滑化[16]

ク分離冷却，冷却水ポンプ／オイルポンプ吐出量の可変化，オイルジェット流量の可変化，切替式EGRクーラなどが実用化されている．一例を図2-7に示す．図中の各項目は，地味ではあるが，冷却水とオイルの温度・流量をエンジン作動条件に応じてきめ細かく最適化することで，損失（摩擦損失，熱損失）の低減と同時に，冷間時にエンジン暖機を早めることで排気改善にも有効である[16]．また，これらは，エンジンを高出力化しながら実用燃費を改善することに寄与している．

なお，**ヘッド・ブロック分離冷却**とは，図2-8に一例[17]を挙げるが，シリンダヘッドとシリンダブロックの冷却水経路をおのおの独立させる構造である．これにより，運転条件に応じたおのおのの最適な水温，流量に設定することができ，冷却性の確保と同時に過冷却の防止，および摩擦損失やポンプ損失の低減に有効である．

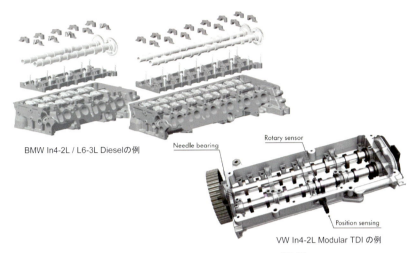

図 2-11　カム軸駆動部モジュール[19],[20]

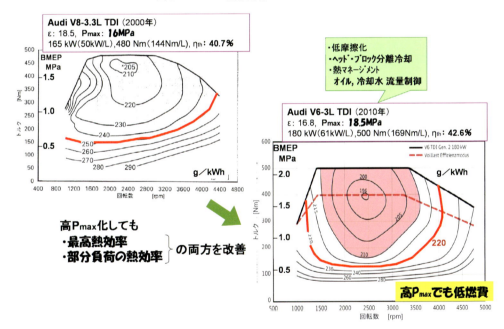

図 2-12　エンジン熱効率の推移

　低摩擦化については，上記の「エネルギ／熱マネージメント」で挙げた項目に加えて，図 2-9 に一例[18]を示すとおり，平軸受けから**ボール軸受けやローラ（ニードル）軸受けへの置換え**，歯車などに低摩擦特性を有する**モリブデン系コーティングの実施**，設計や材質改善によるクランク主軸部の**軸径低減**，および図 2-10 に示すシリンダライナ・ボアの**微細ホーニング**[16]など，キメ細かい対策を採用して実用燃費の改善を図っている．

　部品のモジュール化では，図 2-11 のようにカム軸受部をシリンダヘッド本体から分離して別ユニット化した**カム軸駆動モジュール**[19],[20]や，**オイルポンプ／真空ポンプ一体ユニット化**

66   2章　自動車用ディーゼルエンジンの技術トレンド

などにより，部品の共通化とコンパクト・軽量化を進めている．

　なお，上記の「エネルギ／熱マネージメント」や「低摩擦化」の効果と考えられる一例[21]を図2-12に示す．この図は，Audi V型エンジンの新・旧タイプ，すなわち2000年のエンジン（V型8気筒，排気量3.3L，比出力50kW/L，比トルク144Nm/L，低速トルク比97%，最高熱効率40.7%）と2010年のエンジン（V型6気筒，排気量3L，比出力61kW/L，比トルク169Nm/L，低速トルク比100%，最高熱効率42.6%）を比較したものである．この10年間で，排気量を約1割低減しながら，比出力は50kW/Lから61kW/Lへと22%，また比トルクは144Nm/Lから169Nm/Lへと17.4%，それぞれ増大している．そして，これに伴い，最高筒内圧力Pmaxは16MPaから18.5MPaへと15.6%増大しているにも関わらず，燃費率は最高熱効率点で205g/kWh（熱効率40.7%）から196g/kWh（42.6%）へと4.4%，部分負荷点（例えば軸平均有効圧力BMEP = 0.5MPa付近）で250g/kWhから220g/kWhへと約12%，それぞれ改善している．この燃費低減要因としては，厳密には，8気筒から6気筒へ減筒すると同時に排気量を3.3Lから3Lへと9.1%減少させる「ダウンサイジングの効果」も含まれるが，部分負荷での燃費率の改善代が特に大きいことから，「エネルギ／熱マネージメント」「低フリクション化」の効果が発揮されているものと考えられる．換言すると，高性能化（比出力・比トルク増大）と実用燃費低減の両立には，「エネルギ／熱マネージメント」「低摩擦化」などの損失低減アイテムを着実に実用化していくことが重要であることを本例は示している．

2-2-6　エンジン開発の二極化：プレミアム版と普及版（2010年前後～現在）

　2010年前後から現在の間は，**プレミアム版エンジン**に位置づけられる高過給による高性能・ダウンサイジングエンジンと，**普及版エンジン**としての低燃費・低コストエンジンという，狙いが明確な2種類のエンジン群に向かう「開発の二極化」が進展してきた時期と捉えられよう．また，前項で述べた「エネルギ／熱マネージメント」「低摩擦化」「部品のモジュール化」などに「軽量化」を加えたさらなる取組みが行われている．

　この時代になると，**プレミアム版エンジン**では，複数ターボ過給機による多段過給が適用され，高過給化がさらに進んで「比出力・比トルクの増加」がますます進展するとともに，より一層の「トルクカーブのワイドバンド化」が図られている．これらの例としてまず筆頭に挙げるべきは，本書巻末の表C-1（p.236）に示す，BMWから量産化された2012年の3ターボ過給機による2段過給を用いたエンジン（直列6気筒，排気量3L，比出力93.6kW/L，比トルク247Nm/L，低速トルク比88%）である．過給システムなどの詳細は付録5-4に記すが，このエンジンでは，傑出した高比出力，高比トルクの発生とワイドバンドなトルク特性，そして高いアクセル応答性を実現するために，前機種の高圧段の小容量ターボ過給機をさらに可変容量化・

小容量化した VNT ターボ過給機 2 台に置き換え，これら 2 台を並列配置したユニットを低圧段・大ターボ過給機と直列に接続した過給システムを用いている（付図 5-9（p.184）参照）．これら 3 台の過給機をエンジン運転条件に応じて種々に組み合わせて最適な過給状態を実現している．なお，このエンジンの発展型として，さらに高い応答性を実現するため低圧段の大容量ターボ過給機も相応に容量低減した VNT ターボ過給機 2 基に置き換えて並列配置した 4 基のターボ過給機による 2 段過給システム（付図 5-10（p.185）の左図参照）を用いた，表 C-2（p.239）に示す，フラッグシップエンジン（直列 6 気筒，排気量 3L，比出力 98.2kW/L，比トルク 254Nm/L，低速トルク比 88％）も 2016 年に量産化されている．なお，蛇足ながら補足しておくが，上記のエンジンでは低速トルク比の値がやや小さいが，これらのエンジンの場合にはトルクの絶対値が極めて大きいため，この低速トルク比で十分良好な運転性が確保される．

　上記のフラッグシップ型より簡素な構成として，本書巻末の表 C-1 に示す，2011 年に量産化された BMW の 2 ターボ過給機・2 段過給で高圧段を VNT ターボ過給機とした直列 4 気筒エンジン（排気量 2L，比出力 80kW/L，比トルク 226Nm/L，低速トルク比 98％）や，2 段過給の高圧段を電動 VNT ターボ過給機とした直列 6 気筒エンジン（排気量 3L，比出力 77kW/L，比トルク 211Nm/L，低速トルク比 100％）もプレミアム版エンジンの例に挙げられる．

　VW グループでは，2011 年に量産化された，2 ターボ過給機・2 段過給で高圧段を VNT ターボ過給機とした，本書巻末の表 B（p.234）に示す，Audi 用 V6 エンジン（排気量 3L，比出力 78kW/L，比トルク 219Nm/L，低速トルク比 100％）がまず例として挙げられる．そしてその後 2014 年にも，表 A-2（p.238）に示す，2 段過給（高圧段は電動 VNT ターボ過給機）の Passat 用エンジン（4 気筒，排気量 2L，比出力 89kW/L，比トルク 254Nm/L，低速トルク比 93％）が量産化されている．

　Benz では，2-2-5 項で述べたとおり，2008 年に先駆的に量産化された 2 ターボ過給機・2 段過給を用いたエンジン（4 気筒，排気量 2.14L，比出力 70kW/L，比トルク 233Nm/L，低速トルク比 93％）がこのプレミアム版カテゴリーに属する．

　Volvo では，複数あったエンジン機種を新モジュールエンジンに集約したが[22]，その高性能版として 2014 年に XC90 用エンジン（4 気筒，排気量 2L，比出力 86kW/L，比トルク 244Nm/L，低速トルク比 94％）を量産化している[23]．このエンジンは，当然ながら 2 ターボ過給機・2 段過給（高圧段は VNT ターボ過給機）を有し，最新の i-ART コモンレール噴射システム（i-ART：intelligent Accuracy Refinement Technology，付録 3 を参照）を採用している．この噴射システムにより，経年変化などの影響を排して高精度なマルチ噴射特性を常に実現することで，高比出力・高比トルクと低排気・低燃焼騒音の両立を図っている．

　なお参考までに補記しておくと，この複数ターボ過給機を用いるプレミアム版エンジンは，欧州より数年遅れて日本でも量産化されている．その一例は，ホンダが欧州向けに開発したダウンサイジングエンジン（4 気筒，排気量 1.6L，比出力 74kW/L，比トルク 219Nm/L，低速ト

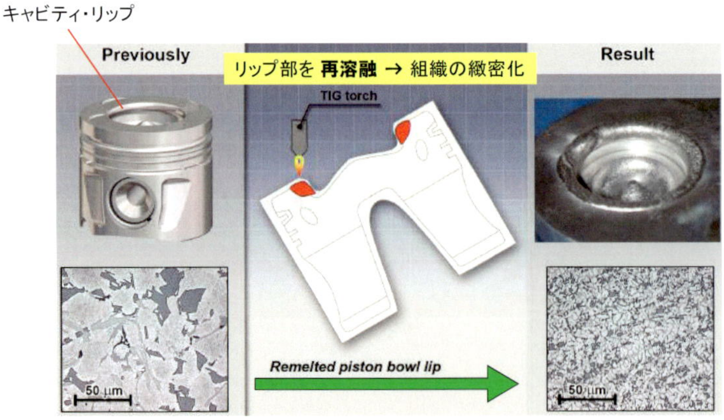

図 2-13　ピストンキャビティのリップ部再溶融化による組織の変化[16]

ルク比 84％）である [24]．このエンジンは，後述する普及版エンジンとエンジン本体の基本部は共通とするモジュール化エンジンである．高比出力で高比トルクのエンジンながら，シリンダヘッド側の剛性を高めることでシリンダブロック構造をオープンデッキとしている点が大きな特徴であり [25]，この点も普及版エンジンと共通である．

このカテゴリーのエンジンの動力性能は，上記の例および図 2-3-B（巻末・折込み）からわかるとおり，比出力 70〜100kW/L 程度，比トルク 200〜250Nm/L 程度のレベルに達している．なお，この高比出力・高比トルク化の鍵である 2 段ターボ過給システムには上記のとおり種々のバリエーションがあり，付録 5 でまとめて詳述しているので，参照されたい．

このカテゴリーのエンジン群では，高熱負荷・高応力対策として冷却システムやエンジン構造に種々の工夫や先駆的・革新的な項目が採用されている．例えば，2-2-5 項でも述べたシリンダヘッド水冷ジャケットの上・下 2 段化（図 2-5（p.62），図 2-6（p.62））[15],[16]，燃焼室部材で最も熱負荷が厳しいピストンのキャビティ・リップ部の再溶融化による部材組織の緻密化（図 2-13）[16]，および軽量化に必須なアルミニウム合金製シリンダブロックを高比出力エンジンに適用する際の対処として，図 2-14 に示すようなシリンダヘッドからエンジンブロックの主軸受キャップ部までを通して締結するアンカー・タイボルトの使用，クランクケースの鋼製補強板，主軸受キャップの補強板の取付けなどが挙げられる [26]．

また，この比出力・比トルクの一層の向上により，エンジンのダウンサイジングがさらに進展している．具体的には，4 気筒，排気量 2L クラスエンジンで，一世代前の 6 気筒，3L クラスエンジン並みの出力・トルクを実現している．

　普及版エンジンとしては，4 気筒で排気量 1.6L のエンジンが各社で新規開発された例が多い．まず，欧州勢の新シリーズエンジンの例を挙げる．VW，BMW ともに，前述してきた主力エ

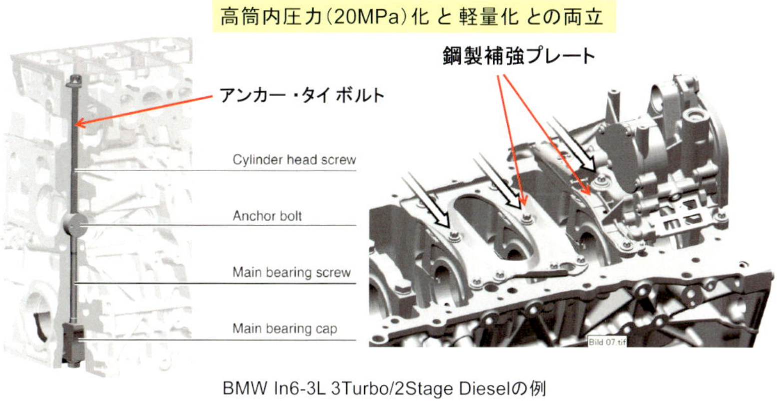

2-2 乗用車用直噴(DI)ディーゼルエンジンの技術開発トレンド **69**

高筒内圧力(20MPa)化 と 軽量化 との両立

鋼製補強プレート

アンカー・タイボルト

Cylinder head screw

Anchor bolt

Main bearing screw

Main bearing cap

BMW In6-3L 3Turbo/2Stage Dieselの例

図2-14 アルミニウム合金製エンジンブロックにおける強度確保策の一例[26]

ンジン群では1気筒当たり排気量0.5Lでモジュール化していた例が多かったが、この新エンジンでは0.4L／気筒の新モジュールを開発・量産化している。具体例としては、本書巻末の表D(p.240)に示すとおり、2009年にVWから3機種の4気筒、排気量1.6Lモジュールエンジン群(比出力34/41/48kW/L、比トルク122/144/156Nm/L、低速トルク比100%)と2010年に3気筒、排気量1.2Lエンジン(比出力46kW/L、比トルク150Nm/L、低速トルク比88%)が量産化されている。またBMWからも、表Dに示す、4気筒、排気量1.6Lエンジンとして2010年版エンジン(比出力51kW/L、比トルク169Nm/L、低速トルク比90%)および2012年版エンジン(比出力53kW/L、比トルク163Nm/L)が量産化されている。ほかにも、ルノー(Renault)からは、1.9Lエンジンをダウンサイジングした4気筒・排気量1.6Lのエンジン(比出力60kW/L、比トルク200Nm/L、低速トルク比88%)が2010年に量産化されている[27]。なお上記のとおり、VW・4気筒エンジンでは、3種類の出力設定(34kW/L、41kW/L、48kW/L)を設けて新モジュールエンジンの多機種への展開を図っている。

日本ではホンダから、前述したプレミアム版エンジンとエンジン本体の基本部を共有する普及版エンジン(4気筒、排気量1.6L、比出力55kW/L、比トルク188Nm/L、低速トルク比90%)が量産化されている[28]。なお、前述のとおり、このエンジンのシリンダブロックはオープンデッキ構造であり、地味ではあるが、軽量化のための様々な構造面での工夫や、熱マネージメントに関する種々の工夫などを積極的に織り込んでいる。

このカテゴリーのエンジンは、1段ターボ過給を用い、比出力と比トルクのレベルはおおむね50kW/Lと160Nm/L前後の抑制した動力性能とすることで、低燃費、軽量、低コストの同時実現を目指している。具体的には、厳しい排気規制への対応や低騒音化を図る過程で起こりやすい燃費悪化を抑制する、あるいは積極的に低燃費化を実現するため「エネルギ／熱マネージメント」「低摩擦化」「部品のモジュール化」「軽量化」などでさらに踏み込んだ取組みを行っている。一例として、「エネルギ／熱マネージメント」では、図2-7(p.63)で例示した地味で

70　2章　自動車用ディーゼルエンジンの技術トレンド

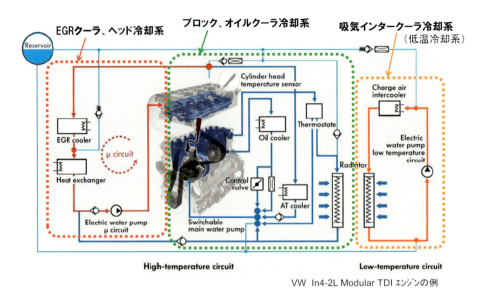

図 2-15　冷却システムの複数系統化の一例[29]

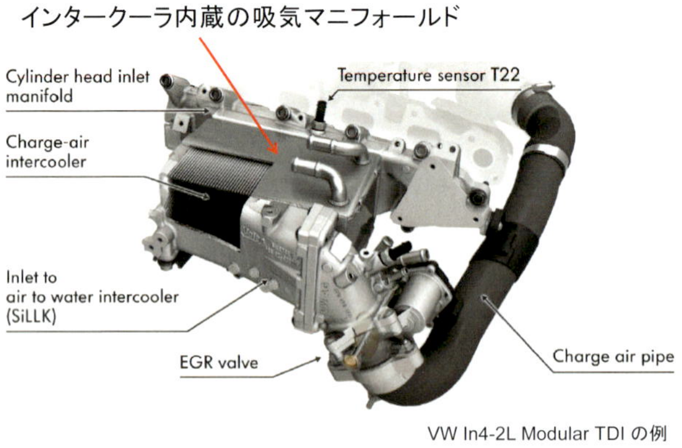

図 2-16　吸気モジュールの一例[29]

　きめ細かい取組みからさらに踏み込んで，図 2-15 に示すように冷却システムを冷媒の要求温度レベルに応じて複数系統化している[29]．「部品のモジュール化」でも，例えば吸気系統について図 2-16 のように吸気マニホールドとインタークーラを一体化するなどにより，構成要素の共通化やコンパクト化・軽量化を図っている[29]．

　動力性能については，最大トルクを発生するエンジン回転数幅はプレミアム版と比べると狭く，高速での伸び感に物足りなさがある．ただし，低速トルク比はプレミアム版エンジンと同様に 90～100%を確保して，低速からトルクを急峻に立ち上げており，この車格でも俊敏な発進加速感を重視し，市街地走行での良好な運転性を確保している．

　一方，「普及版エンジン」に関する上記トレンドの後に，新たなトレンドが生起している．

これは，上記の4気筒，1.6Lエンジン群を見直す動きである．この具体例は，本書巻末の表C-2(p.239)に示す．2014年に市場投入されたBMWの3気筒エンジン(排気量1.5L，比出力57kW/L，比トルク181Nm/L，低速トルク比93%，熱効率40.7%)である．シリンダボア径とストロークを従来の主力モジュールエンジンと同じ値0.5L/気筒に戻し3気筒化することで，先の別モジュール化した1.6Lエンジンを上回るダウンサイジングを図っている．しかも，比出力・比トルクをともにさらに7%程度増大させ，絶対出力・絶対トルクでは1.6Lエンジンと同等以上を実現している．前述の4気筒，1.6Lエンジンは普及版エンジンとして，シリンダボアとストロークをともに縮小して新設定したエンジンであったが，生産設備の制約からシリンダピッチは従来エンジンと同じ91mmであった．このため，シリンダボア間隔が13mm(従来モジュールエンジンでは7mm)と冗長になり，エンジンの軽量化・コンパクト化という時代の要求に背反する根本的な問題を内包していた．この素性の悪さもあって，4気筒，1.6L新モジュールエンジンの市場投入からわずか4年後に，シリンダボアとストロークを元の主力モジュールエンジンの値に戻して気筒数を減少した3気筒，1.5Lエンジンを再度開発して量産化したものと推察される．

なお，プレミアム版と普及版という両タイプのエンジン群について，乗用車の運転フィーリングに直結するトルクカーブ特性という観点から，付録6にまとめて記述した．適宜参照されたい．

2-2-7 素性を磨いた最新エンジン(2015年前後〜現在)

前2-2-6項でプレミアム版エンジンと普及版エンジンという開発の二極化が進展したことを述べた．しかし2015年前後になると，エンジン本体と周辺要素の基本的な素性およびその構成や配置を磨き上げることで，プレミアム版エンジンの範疇に入る高い動力性能を普及版エンジンレベルの比較的簡素な構成で実現したエンジンが登場するようになった．つまり，「プレミアム版と普及版の両立型」と言えるエンジンである．

この典型例は，本書巻末資料の表E-2(p.244)に示す．BenzのEクラス乗用車に搭載されて2015年に市場投入されたOM654エンジン(4気筒，排気量2L，比出力72kW/L，比トルク205Nm/L，低速トルク比95%)である．このエンジンは，1段ターボ過給機(電動VNT)ながら，2段ターボ過給エンジンに匹敵する高い比出力と比トルク，および「ワイドバンドなトルク特性」を実現し(図2-17参照)，しかも高い応答性を有している[30]．この優れた特性は，①吸・排気経路の徹底した最短化と圧損低減，②インタークーラ冷却強化による吸気密度増大(吸気体積低減)，ならびに③ターボ過給機の小径化やボール軸受化などによる低慣性モーメント化(応答性向上)(図2-18，図2-19参照)[30],[31]，④クランク軸・オフセットの増大による吸気期間延長，そして⑤吸・排気弁の鋭角設定(図2-20参照)など[31]，構造設計面を含む総合的な工夫により

72　2章　自動車用ディーゼルエンジンの技術トレンド

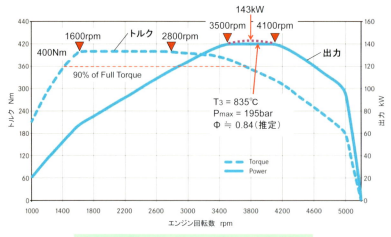

図2-17　Benz OM654 エンジンの出力，トルク特性[30]

図2-18　Benz OM654 エンジンの吸気系統の構成・特徴[31]

実現されている．また，**スチールピストン**の採用，ピストンキャビティの**段付リップ**化，コーティングによるシリンダボアの**ライナレス化**などの新技術や種々の工夫を織り込むことで，高出力化と低燃費化の両立も図られている[30],[31]．つまり，エンジン本体および周辺要素の素性を徹底して磨くことで「プレミアム版と普及版の両立」を達成している．図2-3-B（巻末・折込み）にも本エンジンをプロットしてあるが，比出力値はプレミアム版の範疇に位置することがわかる．

　また，本エンジンは排気低減の観点でも優れた特性を有している．上記の吸・排気経路の改善とターボ過給機の低慣性化，ボール軸受化などによる吸・排気の応答性向上と，後処理要素

2-2　乗用車用直噴(DI)ディーゼルエンジンの技術開発トレンド　73

図 2-19　Benz OM654 エンジンの排気系統の構成・特徴[30],[31]

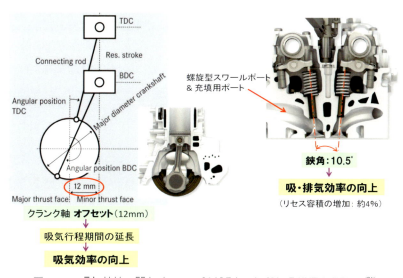

図 2-20　吸気特性に関わる Benz OM654 エンジンの構造上の項目[31]

をエンジン側面に近接・集中配置するなどの構成(図 2-19 参照)，および各要素の制御ユニット群を中央パワートレーン制御ユニットで統括する汎用性が高く高応答な協調制御などにより，欧州における破格に厳しい RDE 排気規制(付録 14 で詳述)を十分にクリアする性能も有している[30],[31],[32].

ほかの例としては，本書巻末の表 C-2(p.239)に示す，2014 年に量産化された BMW エンジン(4 気筒，排気量 2L，比出力 70kW/L，比トルク 200Nm/L，低速トルク比 94％)が挙げられる．このエンジンも，VNT ターボ過給機(ボール軸受使用)の 1 段過給で上記の Benz エンジンと同

74　2章　自動車用ディーゼルエンジンの技術トレンド

等の比出力・比トルク値を実現している．ただし，最大トルクの発生範囲は1,750～2,500rpm
とBenz OM654より約38%狭く，「トルクのワイドバンド化」の観点では少々物足りない．排
気レベルも，この時点では，RDE規制をクリアするまでには至っていない．それでも，この
エンジンもプレミアム版エンジンに準ずる高い動力性能を普及版エンジンレベルの簡素な構成
で実現したものと言えよう．

2-2-8　ダウンサイジングに一線を画すエンジン（2011年～現在）

　2-2-5項から前2-2-7項において記したとおり，2000年代の中盤以降，エンジンの高過給化
と相まってエンジンのダウンサイジングが世界の趨勢となり，低燃費化・コンパクト化が図ら
れてきた．この流れは，プレミアム版エンジンと普及版エンジンの区別なく両者に共通するも
のである．このトレンドに一線を画して，排気量や気筒数は変えず（ダウンサイジングせず）に
低燃費化と実用性能向上の両立を追求した普及版エンジンが量産化されている．これがマツダ
のSKYACTIVディーゼルエンジンである．

　この代表例が，2010年に量産化されたSKYACTIV-D 2.2Lエンジン（4気筒，排気量2.2L，比
出力59kW/L，比トルク192Nm/L，低速トルク比86%，圧縮比14.0）である[33]．このエンジン
の最大の特徴は，主に以下の3点である．

① 2ターボ過給機・2段過給を用いながら，比出力や比トルクはベースエンジンと同等で
普及版エンジン並みに留まる．その代わりに，
② NOx浄化触媒を用いずに，当時の厳しい排気規制をクリアしている．
③ 技術トレンドから大きく外れる低い圧縮比を採用して最大筒内圧を極めて低い値
（13.5MPa以下）に抑えている．

　図2-21は，技術トレンドデータを示す前掲の図2-3-B（巻末・折込み）中にこのエンジンに
対応する点を2.2Lと併記した赤丸で示したものであるが，比出力と圧縮比の両者ともに2段
過給エンジンのトレンドから大きく外れていることが見て取れよう．このような仕様を選択し
た理由は，著者の推察を含むが，図2-22のシステム・コンセプトから理解できる．実用燃費（特
に低・中負荷域の燃費）低減のため，図示熱効率向上と摩擦損失低減を狙い，等容度アップ（PV
線図で時間損失の低減に対応）と運動部品の軽量化をそれぞれ図るものとし，このために必要
となる圧縮圧力の低減（燃焼による圧力上昇代の確保のため）と最大筒内圧P_{max}の低減を，大幅
な低圧縮比化により実現している．また，エンジンシステムのコスト増加を抑制するために，
NOx浄化触媒を用いずに排気規制をクリアすることを選択した．このため，エンジン排出
NOxの大幅な低減を実現する必要があり，中・高負荷域におけるエンジン排出NOxの低減の
切札である**高過給・高EGR率の燃焼**を活用している．この「高過給・高EGR率の燃焼」に
ついては付録7に詳述するが，中・高負荷域で必要な酸素量を確保しながら十分なEGR率を
設定可能にするために高過給とし，この高過給による筒内ガスの高密度化に対抗するために，

2-2 乗用車用直噴(DI)ディーゼルエンジンの技術開発トレンド　75

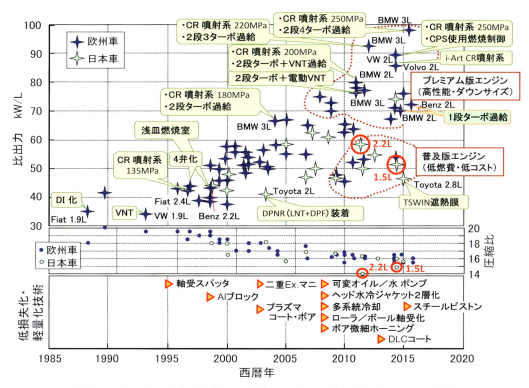

図 2-21　技術トレンドにおけるマツダ SKYACTIV-D 2.2L, 1.5L の位置づけ

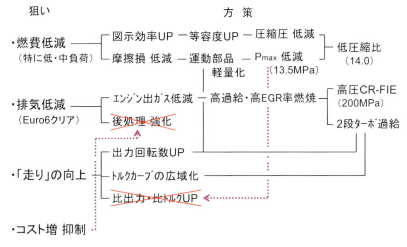

図 2-22　マツダ SKYACTIV-D 2.2L のシステム・コンセプト

さらに高圧の燃料噴射を行うものである．この高過給を実現するために2ターボ過給機・2段過給を用い，また高圧噴射を可能にするため2010年当時の最高噴射圧200MPaのコモンレール噴射システムを採用したと考えられる．最高筒内圧を13.5MPaという低い値に抑えたため，比出力・比トルクは必然的に制限され，元のエンジン並に留まっている．ただし，2ターボ過

76   2章　自動車用ディーゼルエンジンの技術トレンド

給機・2段過給による最大トルク範囲の拡大(トルクカーブのワイドバンド化)と最大出力回転数の上昇(高速化)というメリットは引き出しており，実用上の良好な運転感覚を実現している．ただし，2-2-6項に記したプレミアム版エンジンのような高い低速トルク比や広い最大トルク範囲は得られていない．なお，14.0という極めて低い圧縮比としたことで生じるエンジン始動や冷間運転性の諸問題には，①8回の多数マルチ噴射，②両ターボ過給機バイパスによる吸気経路最短化と排気温度低下の抑制による触媒の早期活性化，③可変排気弁を用いた高温既燃ガスのシリンダ内再吸入による筒内ガス温度の上昇など種々の工夫により対処している．

SKYACTIV-D シリーズでは1.5Lエンジン(4気筒，排気量1.5L，比出力51kW/L，比トルク180Nm/L，低速トルク比93%，圧縮比14.8)も量産化されている [34]．このエンジンでは，コンパクト車用でコスト制約が厳しいため，2ターボ過給機・2段過給や可変排気弁などの高コスト要素は採用していない．その代わり，①1段VNTターボ過給機に回転速度センサを付加して常に過給機の限界一杯まで過給できるようにし，②吸気冷却用インタークーラを吸気マニホールド内臓の水冷式として，吸気経路の最短化を図って吸気の応答性を向上させ，③マルチ噴射の回数をさらに増して，その効果を一層引き出している．また，NOx低減に有効なEGRについては，④従来の高圧EGR経路に加えて低圧EGR経路(図1-30(p.33)を参照)も併用するなどの対策により，やはりNOx浄化触媒なしで排気規制をクリアしている．総じて，この1.5Lエンジンでは，2.2Lエンジンのような高コストな技術要素を使わずに排気低減を達成している．この要因は，コンパクト車では，エンジン排気量が小さく，排気の絶対流量が少ないうえに，エンジンへの負荷(中・高負荷の使用頻度)が大型車よりも相対的に低く，エンジン排出NOxの絶対量が少ないため，テールパイプ排出NOxの低減は大型車よりも相対的に容易であることによる．なお，このエンジンの位置づけは，図2-21(p.75)の技術トレンドデータ中に1.5Lと併記した赤丸で示したが，比出力は同種のエンジン群トレンド並みである．圧縮比は最新トレンドの15.0よりわずかに低い14.8であり，2.2Lエンジンのような極端な低圧縮比14.0ではない．

上記のSKYACTIVエンジンのNOx後処理レス・コンセプトであるが，欧州のRDE排気規制(付録14を参照)に対しては，NOx浄化触媒なしで排気規制をクリアすることは困難と考えられるため，このエンジンシステムの今後の展開が注目される．

2-2-9　革新的な遮熱技術を採用したエンジン(2015年～現在)

2-2-5項以降で述べたとおり，2000年以降は廃棄熱の抑制や回収などにより熱損失を低減すると同時に，その熱を有効に利用して熱効率の向上(燃費改善)につなげようとする技術項目が多々採用されてきた．このエネルギ／熱マネージメントの取組みは，エンジン(内燃機関)において現状からさらに大幅な熱効率向上を図ることができる数少ない項目の1つであるため，今

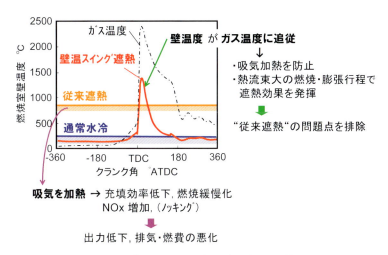

図 2-23 「壁温スイング遮熱」の概要と効果

後はますます重要な開発要素となる．エンジンにおける根源的な熱損失低減策は，シリンダ内の燃焼で発生した熱エネルギをできるだけ有効なピストン仕事に変換するため，燃焼室を構成するシリンダヘッド面，ピストン頂面およびシリンダライナ面からの熱損失を可能な限り低減することである．

この熱損失低減の目的で 1980 年代後半から 1990 年代前半にかけて世界中で取り組まれた「断熱エンジン／遮熱エンジン」の開発では，燃焼室壁面の構成部品をセラミック製やセラミック溶射品とし，燃焼室壁面を高温化して燃焼ガスと壁表面との温度差を減少させて，熱損失低減を図ろうとした．しかし，図 2-23 のオレンジ色線（従来遮熱）で示されるように，燃焼室壁面がサイクル中で常に高温になるため，①吸気加熱による吸気質量減少に伴う出力低下，②燃焼の緩慢化によるサイクル効率低下と煤の増大，さらに③燃焼温度の上昇による NOx 増大など，種々の弊害が生じた．このため，当時の「断熱エンジン／遮熱エンジン」は実用化に至らなかった．

上記課題を克服するものとして，図 2-23 に示す「**壁温スイング遮熱**」技術が開発・提案された[35],[36]．これは，燃焼室壁表面に低熱伝導率で低熱容量の薄膜を形成することで，燃焼室壁表面の温度を筒内ガスの温度変化にミリ秒オーダーの応答性で追従させるものである．これにより，上記の「断熱エンジン／遮熱エンジン」が抱えた問題点を克服し，熱損失低減による効率向上が実現される．これらの詳細は付録 12 に詳述しているので，参照されたい．

この「壁温スイング遮熱」を世界初でピストン頂面に実用化したエンジンが，2015 年にトヨタ自動車から量産化された．それは，普及版エンジンの範疇に入る，SUV（多目的乗用車）に搭載の ESTEC-GD エンジン（4 気筒，排気量 2.8L，比出力 47kW/L，比トルク 163Nm/L，低速トルク比 94％，圧縮比 15.6，熱効率 44％）である[37]．この技術は TSWIN(Thermo-Swing

Wall Insulation Technology）と称され，筒内ガス流動を抑制しながら燃焼を成立させる「**低流動燃焼システム**」と相まって，最大熱効率44%という現時点でクラス最高の熱効率を実現することに寄与している．ただし，上記の例では遮熱膜はピストン頂面にのみ形成されており，この遮熱技術の開発は現時点ではいまだ部分的適用の萌芽段階にある．したがって，今後さらに高性能な遮熱膜と最適な燃焼システムの開発・組合せにより全面的適用を可能にし，より大きな熱損失低減効果を引き出す開発が望まれる．

2-3 今後の展望

　以上が，今日に至るまでの技術トレンドとその開発上で鍵となった代表的な要素技術の概要である．2015年にVWが排気浄化対策で不正を行って以来，より実路走行を反映する厳格な排気規制方法への変更の動きが急速に進展している．この代表が，欧州のRDE排気規制である．詳細は付録14に記したが，この規制では，環境条件として外気温－7℃から35℃まで，高度も1,300mまでの厳しい条件下で，実路走行における急加速や登坂なども含む任意の走行スタイルでの排気を規制値以下に抑えることが求められる．したがって，このための技術開発，ならびに排気対策要素の高度化・複雑化が進むことによるコスト増大への対処が大きな課題となっている．この観点からも，2-2-7項で述べた，エンジン本体と周辺機器を含む<u>エンジンシステムの基本的な素性を徹底的に磨き</u>，「高い動力性能を有しながら燃費・排気に対する社会的要求を満たす性能を，普及版エンジンレベルのできるだけ簡素な構成で実現するエンジン」という開発のコンセプトが今後の1つの鍵になると考えられる．また，2-2-9項および付録12で述べた「スイング遮熱」のような新たな技術項目を含む<u>「エネルギ／熱マネージメント」の革新技術の創出・実用化</u>，ならびにそれら技術項目のエンジンシステム全体をにらんだ組合せ方とその使い方が2つ目の鍵になると思われる．そして，付録14で述べたが，RDE排気規制クリアに必須となる<u>高応答・高精度な制御システムをハードとソフトの両面から実現すること</u>が3つ目の鍵になると考えられる．ただし，このような技術開発には高度な技術開発力と多分野の融合による総合力が求められることから，今後はディーゼルエンジン開発会社の淘汰と集約が進むものと予想される．

3章

ディーゼル燃焼システムに関する研究・開発の例

　本章では，2章で記した各世代のディーゼル燃焼システムの開発過程において，株式会社豊田中央研究所にて，課題ごとに丹念に計測・解析した結果と，そこから導かれた開発指針の事例をまず2例紹介する．また，各時代のディーゼル燃焼システムの課題解決のために，過去に蓄積した知見に基づいて新たな概念や手法を創出した事例についてもいくつか紹介する．本章は，専門性が強い内容になるが，燃焼室内の諸現象の計測方法やディーゼル燃焼がどのようなものかを具体的に読者の方々に感じ取っていただくうえで有用と考え，ここに例示するものである．

3-1 高圧燃料噴射が燃焼・排気に及ぼす影響の解析

　2章2-2節でも述べたように，ディーゼルエンジンの燃焼システムがIDI（副室式）からDI（直噴式）に移行した際には，このDIディーゼルエンジンを自動車に適用するうえで高圧燃料噴射の活用法が最重要な鍵となる項目であった．その理由は，DIディーゼル燃焼システムでは，IDIのように強いガス流動は活用できないために，良好な混合気を速やかに形成するには多数のより小さな噴孔径のノズルから高圧で燃料を噴射する必要があったからである．この高圧噴射の活用法について具体的に明らかにすべきことは，DIディーゼル燃焼方式において，①燃料噴射圧力が燃焼と排気の特性に及ぼす影響と，②それらに対する改善効果およびその作用のメカニズム，そして③燃料噴射装置（以降 FIE と称す．FIE：Fuel Injection Equipment）と燃焼システムの主要構成要素が持つべき必要諸元などであった．またちょうどこの頃，1章1-3-3項や付録3で述べたとおり，高い噴射圧力と高機能を有するコモンレール式 FIE が実用可能になり始めていた．ただし，このコモンレール式 FIE は，一種の蓄圧式噴射系であり，従来のジャーク式 FIE では不可能であった中・低速時や低負荷時においても高圧噴射が可能であること（噴射圧力設定の自在性），また噴射期間中の噴射圧力履歴も，従来のジャーク式 FIE の「圧力漸増型」とは異なり「圧力がほぼ一定」となる特性を有する．したがって，これらの特性の影響や効果も同時に明らかにする必要があった．

　上記の要請に応えて，従来型のジャーク式 FIE や新開発のコモンレール式 FIE を用いて，「噴射圧力と噴射率の影響や効果」を明らかにする研究を実施した．この研究では，図3-1に示す特殊な可視化用単気筒 DI ディーゼルエンジンを開発し用いた[38]．このエンジンでは，特殊な吸・排気弁構造にすることで，キャビティ内とスキッシュエリアの両方を同時に，しかもシリンダ内燃焼室の約1/2の広い領域（図3-1の右図）で観察できる．また，エンジンに近接配置の高速度カメラ撮影系で直接撮影することができる．この近接撮影系ゆえの短い光路長により，筒内への入射光や筒内からの放射光の強度が高くなるため，比較的微弱な信号光も捉えることができる．このため，輝炎とならない予混合燃焼火炎を可視化する目的で燃料中に添加した「オレイン酸銅」の炎色反応（緑色放射光）も捉えられている．解析結果の一例[38],[39]を図3-2および図3-3に示す．図3-2は，従来のジャーク式 FIE である分配式燃料噴射ポンプ（VEポンプ）と蓄圧式のコモンレール FIE について，排気特性および燃焼特性（着火遅れ，燃焼期間，輝炎存続期間）を示している．また参考までに，各 FIE の噴射率の一例を左上図に示した．**HPIE**（High Pressure Injection Equipment，高圧噴射装置）と記したものがコモンレール式 FIE であり，「-S」と「-L」は初期噴射率の異なる2タイプ（-Sは標準型，-Lが初期噴射率の抑制型）を示している．なお，上記の諸「燃焼特性値」は基本的に**指圧線図解析**（シリンダ内圧力計測値に基づく解析，**指圧解析**とも略称する）から得ているが，「輝炎存続期間」だけは燃焼可視化結果から求めている．図3-3は，コモンレール式 FIE を用いて実施した燃焼可視化解析の結果で，低噴射圧力

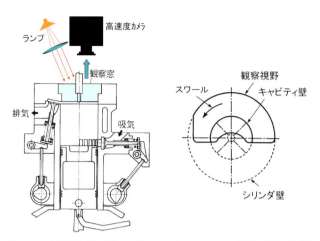

図 3-1 可視化単気筒 DI ディーゼルエンジン(直接撮影型)[38]

(35MPa)と高噴射圧力(95MPa)の両場合について，火炎発達と煤生成の状況，および火炎温度の一例を示したものである．この比較においては，両者で排出 NOx 量が同一になるように燃料噴射時期を調整している．火炎写真は，着火後の代表的な撮影コマを時系列に示しており，**ATDC**(After Top Dead Center)は圧縮上死点後のクランク角度を意味している．火炎温度は，撮影した火炎画像に**二色法**を適用して求めたものである．二色法というのは，後述する図 3-24(p.107)のような撮影系において，図 3-15(p.98)の左上図に示すカメラを用いて撮影した「青色」と「赤色」の二波長の画像情報を解析することで，火炎領域内の「温度分布」と煤濃度にほぼ対応する「KL 値」の分布を同時に求める方法である[40]．

図 3-2 と図 3-3 の結果から以下のことがわかる．

[1] 噴射率の違いに関わらず，噴射圧力の増大に応じてスモーク(煤)が顕著に低減される．しかし，この時点の燃焼システムでは，その効果は噴射圧力 100MPa で飽和する(図 3-2)．

[2] 噴射圧力の増大につれて，スモーク低減の要因でもある以下の現象が生じている．

① 着火遅れが短縮され(図 3-2)，着火位置がノズル近傍(低噴射圧時)からピストンキャビティ壁近傍(高噴射圧時)に移動する(図 3-3)．前者の場合には，燃料噴霧が即座にノズル近傍から火炎に覆われて噴霧内への空気導入が阻害される(この場合は導入されるのは既燃ガスとなる)状況が生じる．これに対し，後者の場合には，噴霧内への空気導入が確保されるようになる．このことは燃焼写真からも見て取れ，低噴射圧(35MPa)時には各噴霧に対応する火炎中に黒褐色の領域が生じている．この「黒褐色領域」は，高濃度の煤が可視化ガラス窓面で冷却され輝度を失った結果生じるもので，火炎中に高濃度煤が生成していることを示している．つまり，この高濃度煤の生成は，噴霧内への空気導入不足による過濃混合気状態で燃焼することが主要因である．一方，高圧噴射(95MPa)時には，そのような黒褐色領域は火炎中にまったく見られず，十分な空気導入が確保されて良好な燃焼が

3-1 高圧燃料噴射が燃焼・排気に及ぼす影響の解析　85

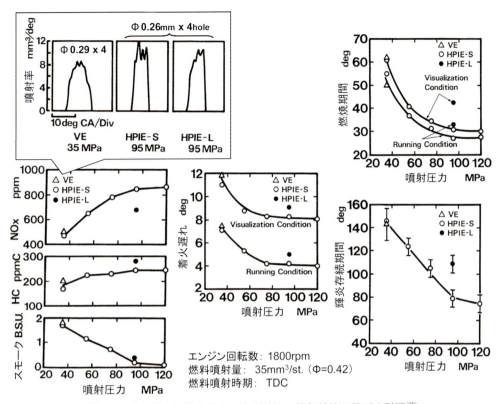

図 3-2　噴射圧力が燃焼特性，火炎状況，排気特性に及ぼす影響[38]

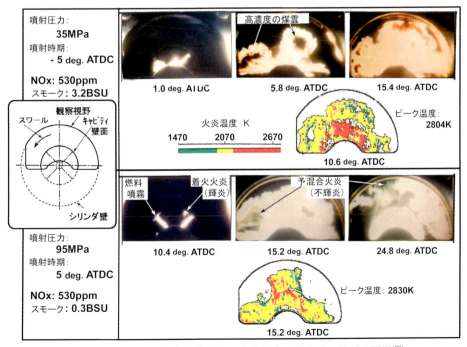

図 3-3　噴射圧力が火炎発達状況，火炎温度，煤生成に及ぼす影響[39]

行われていることがわかる(図 3-3).

② 高圧噴射時には,輝炎(拡散火炎)が減少して,本実験では緑色火炎として観察される,不輝炎(予混合火炎)が現れる(図 3-3).これは,上記の空気導入の促進に加えて,高圧噴射の大きな噴霧運動量により燃料と空気の混合作用が増大した結果である.

③ 上記の混合促進効果などにより,燃焼期間と輝炎存続期間はいずれも短縮される(図 3-2).ただし,この効果は,上記のスモーク低減効果と同様に,噴射圧力 100MPa 程度で飽和する.

[3] この当時の燃焼システムでは,100MPa 程度まで,噴射圧力の増大に伴い NOx 排出量が増加する(図 3-2).この NOx の増加は,ピーク火炎温度の上昇ではなく,燃焼期間中の総高温火炎領域(例えば,2,170K 以上の領域)の拡大による(参考文献[41]に詳述).また,初期噴射率の抑制により,燃焼初期の熱発生が抑えられて筒内ガス温度も低下するため,NOx 排出量が 20% 程度低減される(図 3-2).

上記の内容は,従来からの指圧解析による燃焼特性値に加えて,独自の筒内可視化解析の手法を組み合わせることで初めて明らかになった知見であり,当時は知られていなかったものである.これらの知見は,当時の自動車用 DI ディーゼルエンジンの開発に活かされている.

3-2 マルチ噴射パターンの燃焼・排気に及ぼす影響とその最適化

次世代の画期的な噴射システムとして当時期待されたコモンレール FIE は，上記の高圧噴射機能に加えて，1章1-3-3項や付録3で述べたとおり，マルチ噴射と称される「主噴射前後の任意の時期に任意の量の燃料噴射が複数回できる」機能を持つため究極の噴射率制御が可能となる，従来の噴射系にはない優れた特性を持っていた．そのため当時は，この噴射系による燃焼・排気特性の大きな改善が期待され，この噴射系の適切な仕様設定や使い方を急ぎ明らかにする必要があった．しかし，コモンレール FIE の開発段階においては当惑させられる予想外の問題が種々発生した．例えば，マルチ噴射を適用すると，その噴射量や噴射時期に応じて排気特性が悪化する場合が少なからず生じる結果となった．このため，この排気特性の悪化要因などを解明して，コモンレール FIE の目指すべき設計諸元や期待される効果を引き出す活用法を明らかにする必要があった．

マルチ噴射には，図1-32(p.35)に示したとおり，主噴射の前に微少量の燃料を噴射する「パイロット噴射」，主噴射直後に噴射する「アフター噴射」，膨張行程で噴射する「ポスト噴射」など，目的に応じた種々の噴射パターンがある．またパイロット噴射にも，主噴射の直前に噴射する「近接パイロット噴射」と，主噴射のかなり前に噴射する「早期パイロット噴射」がある．そのため，当時要望された上記の解析においては，これら種々のマルチ噴射の各項目について問題発生の要因を解明する必要があった．これらの解析について，代表的な例を以下の3-2-1項から3-2-3項で紹介する．

3-2-1 近接パイロット噴射

近接パイロット噴射とは，厳密な定義はないが，図3-4にも示すとおり，主噴射以前の20°CA 程度の範囲以内で噴射するものである．この近接パイロット噴射は，従来のジャーク式 FIE でも，特殊な機構を組み込めば主噴射直前の決まった時期に1回の噴射を行うことはできた．そのため近接パイロット噴射には従来からある程度の経験があること，および，技術開発史を要約した図2-3-A(巻末・折込み)にも示すとおり，開発初期のコモンレール式 FIE では可能なマルチ噴射回数は2回に限られていたこともあり，初期の開発段階ではまずこの近接パイロット噴射の活用が志向された．コモンレール式 FIE では，従来のジャーク式 FIE とは異なり，近接パイロット噴射の噴射時期(つまり主噴射との噴射間隔)や噴射量を自由に設定できる．したがって，これらの自由度を活かして最大の効果(燃焼騒音の低減や燃費の改善など)を引き出すことが開発課題であった．パイロット噴射による影響とその効果の一例を図3-4に示す．この例では，主噴射時期は 0°ATDC(上死点)に固定し，パイロット噴射時期を変化させた場合の，排気と燃費および燃焼騒音への影響を示している．前述のとおり，パイロット噴射と主噴射の

88　3章　ディーゼル燃焼システムに関する研究・開発の例

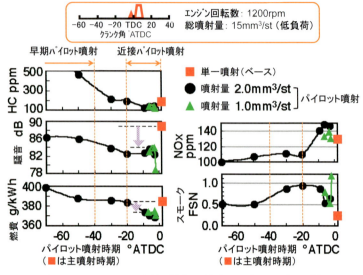

図3-4　パイロット噴射が排気, 燃費, 騒音に及ぼす影響

間隔がおおむね20°CA以内（図で0°〜−20°ATDCの範囲）を近接パイロット噴射とすると，近接パイロット噴射により燃焼騒音が顕著に低減し，併せて燃費が改善されることがわかる．一方で，パイロット噴射の時期や噴射量に応じてスモークが大幅に増大する問題が生じている．また，パイロット噴射量が多いとNOxも増大してしまう問題が起こっている．これらの問題に対して，その要因を解析して現象を解明し，解決策を見出した例を以下に示す．

図3-5は，図3-1に示した可視化単気筒エンジンと光学系を用いて，近接パイロット噴射を行った場合の燃焼状況を高速度撮影したものである[42]．図中の左側列は，噴孔径φ0.26mm×4孔ノズルを用い，パイロット噴射の量3mm³/st（「/st」は1ストローク（1噴射）当たりの意味）と時期−12.5°ATDC（すなわち上死点前12.5°CA）の設定で，また主噴射は量32 mm³/st（総噴射量35−パイロット噴射量3＝32 mm³/st）と時期0.0°ATDC（すなわち上死点）でそれぞれ燃料を噴射した場合である．同様に，中央列はφ0.18mm×5孔ノズルを用いパイロット噴射の量2mm³/stと時期0.0°ATDC，および主噴射の量33 mm³/stと時期5.0°ATDC（上死点後5.0°CA）でそれぞれ燃料を噴射した場合である．また，右側列はφ0.18mm×5孔ノズルを用いパイロット噴射の量2mm³/stと時期5.0°ATDC，および主噴射の量33 mm³/stと時期10.0°ATDCでそれぞれ燃料を噴射した場合である．また，排出スモーク値はBSU単位（BSU：Bosch Smoke Unit）で表示してある．この3ケースの条件を要約すると，左側列は，ノズル噴孔径が大きく，パイロット噴射量が多く，そしてパイロット噴射と主噴射の噴射間隔が大きい場合である．これに対して中央列は，ノズル噴孔径を縮小し，パイロット噴射量を減じ，噴射間隔を短縮した場合である．右側列は，中央列と同様の条件で，パイロット噴射および主噴射の両噴射時期を5.0°CA遅らせた（間隔は維持している）場合である．この図の結果より，以下の点がわかる．

　①　スモーク排出量の多い左側列と右側列の場合には，主噴射の前に形成されるパイロット

3-2 マルチ噴射パターンの燃焼・排気に及ぼす影響とその最適化　89

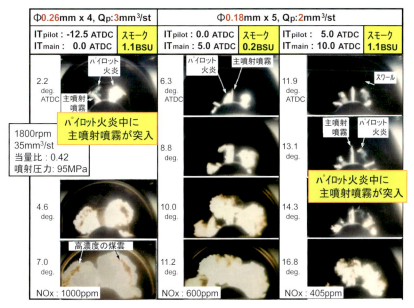

図3-5　近接パイロット噴射が燃焼と排出スモークに及ぼす影響[42]

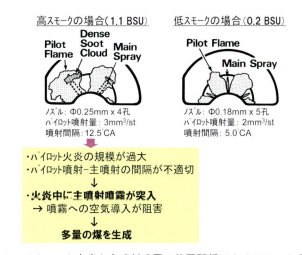

図3-6　パイロット火炎と主噴射噴霧の位置関係によるスモーク変化[42]

火炎がスワールにより下流側の主噴射噴霧の位置に流されており，これにより主噴射噴霧はパイロット火炎中に突入する形となって，即座にノズル近傍から火炎に包まれる．このため，主噴射噴霧への空気導入が阻害されて大量の煤が生成され，排出スモークが増大している．この状況をまとめて図3-6に示す．このような状況は，両噴射の間隔が不適切でパイロット噴射量が過多の場合(左側列)，および両噴射の時期を遅延しすぎて着火遅れが過大になる場合(右側列)に生じることになる．加えて，極少量の燃料を噴射するパイロット噴射では，ノズル針弁のリフト量が極めて小さい(数十μmのオーダー)ためにシート

90　3章　ディーゼル燃焼システムに関する研究・開発の例

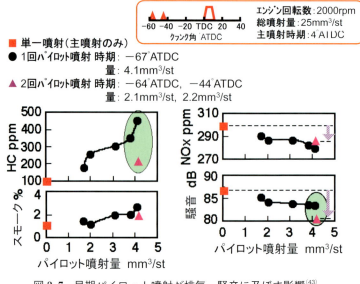

図3-7　早期パイロット噴射が排気，騒音に及ぼす影響[43]

チョーク（ノズルシート部での絞り効果）が生じて，ノズル噴孔部での実際の噴射圧力がコモンレール設定圧力よりも低下する．このために，パイロット噴霧の微粒化が阻害されて，スモーク生成につながっている．この微粒化不足による液滴径増大の問題は，ノズル噴孔径が大きい場合により顕著になるため，左側列ではこの影響も関与していると考えられる．

② 図3-4でも示したように，過剰なパイロット噴射量の場合（図3-5左側列）は，過大なパイロット火炎が形成されることでNOx生成源が増大するうえに，主噴射燃料の燃焼が加速されるために燃焼ガス温度が高くなって，NOx生成量が増大し，排出NOx値が高くなる．

③ 結論として，近接パイロット噴射時に排気悪化を防止するには，スワール流動の強さと各運転条件における着火遅れに見合った適切に短い噴射間隔と必要最少のパイロット噴射の量，および小噴孔径ノズルの使用が必須となる．これらの因子を適切に設定することで，各パイロット火炎は適切に小さな規模で各主噴射噴霧のスワール下流側に位置することになり，各主噴射噴霧が火炎に包まれることなくスワール上流側から主噴射噴霧への空気導入が確保されて，図3-5中央列のように高濃度の煤生成は生じず，低排出スモークとなる．

ここで示した適切な両噴射の間隔やパイロット噴射の量は，この当時の燃焼システムにおける最適値として活用された．ただし，現在の最新の燃焼システムにおいては，1章や2章でも述べたとおり，より小噴孔径で多噴孔数の噴射ノズルからより高圧の燃料噴射が行われるようになり，近接パイロット噴射に関する上記の状況に変化もある．この点については，4章4-1-2項において詳述しているので，参照されたい．

なお，ここで排出スモークの単位について補足説明しておく．図3-4，図3-5，および次項で紹介する図3-7などでは，スモークの単位としてFSN，BSU，そして%がそれぞれ用いられている．FSNはFilter Smoke Numberの略であり，BSUは前述のとおりBosch Smoke Unitの略，そして%は正確にはJIS%のことである．これらの単位相互の換算は，⊿1.0BSU = ⊿10JIS%および0.0 JIS% ≒ 5.0 FSNの関係がある．この関係からわかるとおり，BSUは高濃度のスモーク値を表すのに適し，JIS%やFSNは低濃度スモーク値の表示に適している．近年，排出されるスモーク値が低減されるようになり，低濃度スモークを最も厳密に表示できるFSNが主に使用される傾向がある．

3-2-2　早期パイロット噴射

早期パイロット噴射とは，図3-4に示すとおり，TDC付近で噴射する主噴射よりもかなり以前の，およそ−40°ATDC（上死点前40°CA）以前の早い時期に噴射するものであり，コモンレール式FIEでのみ可能な機能である．この早期パイロット噴射による排気と騒音への影響の一例を図3-7に示す[43]．早期パイロット噴射は，近接パイロット噴射と同様に燃焼騒音を低下させ，また排出NOxも低減するポテンシャルを持ちながら，スモーク増加はわずかである．また全負荷時においては，図3-8に示すとおり，パイロット噴射と主噴射の間隔を約50°CAまで拡大（早期パイロット噴射化）すると，図のD点付近のように，低速時の最大トルク（排出スモーク上限値で規定される）が増大する効果も得られる．このように早期パイロット噴射は多くのメリットを生むが，一方で，図3-4(p.88)および図3-7に示すように，基本となる1回早期パイロット噴射の場合には，実用頻度の高い部分負荷域で排出HCが大幅に増加し，これに伴う燃費の悪化や燃焼騒音低減効果の減弱，さらにはパイロット噴射燃料がシリンダ壁面に衝突・付着することによる潤滑油の燃料希釈の問題があった．早期パイロット噴射の場合に燃料の壁面付着が生じる要因は，−40°ATDC以前のような早い時期ではシリンダ内ガスの圧力（すなわち密度）と温度が低いために，燃料噴霧の貫徹力が過大となり飛翔距離が長くなるうえ，蒸発速度が低く燃料が液滴のままで壁面まで到達する状況が起こりやすいからである（燃料の壁面付着については，以下に詳しく述べる）．予備的な調査実験の結果，排出HCの増加や燃費の悪化も，結局は燃料の壁面付着に起因しており，噴射した燃料の一部が正常に燃焼できないことが主原因と推察された．したがって，燃料付着を防止することが最も根源的な問題解決の方策になると考えられた．

上記の課題に対して，図3-9に示すような，当時の最新式DIディーゼルエンジンと同等の諸元を持つ4弁シリンダヘッドと浅皿型燃焼室を有する単気筒可視化エンジンを開発し，また燃料の壁面付着状況の観察および付着量計測が可能な手法と装置も併せて考案して，総合的に取り組んだ[43]．壁面付着の解析法について概説しておくと，シリンダ壁面への燃料付着状況を可視化する際には，図3-9右上図のようなガラス窓のスペーサをシリンダヘッドとシリンダブ

92　3章　ディーゼル燃焼システムに関する研究・開発の例

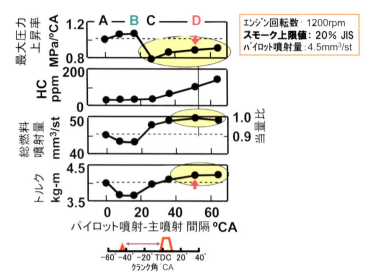

図3-8　早期パイロット噴射が最大トルクに及ぼす影響

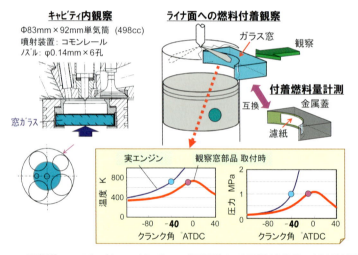

図3-9　可視化エンジン(シャドウグラフ撮影型)と壁面燃料付着の解析装置[43]

ロックの間に挿入した．この場合は，上死点時容積が拡大して圧縮比が大幅に低下するが，このスペーサ挿入時に上死点時の圧力と温度が元の正規のエンジンの−40°ATDC(早期パイロット噴射の時期)での圧力，温度と同等になるようにスペーサの厚さを設定している．これにより，早期パイロット噴射時のシリンダ内条件で，噴霧1本分の燃料付着状況を観察することができる．また，燃料付着量を計測する際には，濾紙を取り付けた金属製スペーサをガラス窓の代わりに挿入して，所定のサイクル数だけ噴射を行い，エンジン停止後に濾紙に付着した燃料重量を計測して，噴霧1本分に対応する付着量を求めた．この場合には，シリンダ内のガス温度は−40°ATDCに対応する温度までは上昇するために，付着した燃料(軽油)の軽質成分は蒸発し

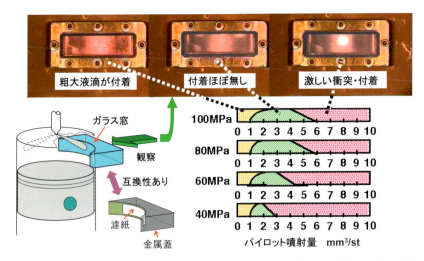

(回転数：1200rpm，充填効率：105％，吸気温度：27℃，パイロット噴射時期：40 BTDC)

図 3-10　パイロット噴射の量と噴射圧力がシリンダ壁への燃料付着に及ぼす影響[43]

て失われている．しかし，重質分は付着した状態で維持されており，元の燃料と壁面付着燃料の両ガスクロマトグラフ分布の比較から軽質分の蒸発量が正確に推定できるため，この軽質分を含めた本来の燃料付着量を算出することができる．この方法により，付着燃料量も同定した．
上記の取組みの結果，以下の点が明らかになった[8],[43]．

① シリンダ壁面への燃料付着は，事前の推測では，パイロット噴射の量が少なく圧力が低いほど噴霧貫徹力が低下して減少すると考えられた．しかし実際には，燃料の壁面付着は，図 3-10 に示すとおり，適切な噴射量と適切な噴射圧力の条件でのみ防止できる結果となった．

② この理由は以下のとおりである．噴射量が過多な場合には，燃料噴霧の貫徹力が衰えにくく，燃料液滴の密集による噴霧内温度の低下で燃料液滴の蒸発も遅れるため，予想どおり多量の燃料がシリンダ壁に到達し付着する．一方，噴射量が過少な場合には，ノズル針弁のリフトが極めて小さくなるため，前述した**シートチョーク**(ノズルシート部の絞り効果)によりシート部下流側のノズル噴孔内の実噴射圧力がコモンレール設定圧力より大幅に低くなって，燃料噴霧の微粒化が進まず，粗大燃料液滴が噴霧内に存在することになる．この粗大燃料液滴は，蒸発が遅く，空気との運動量交換が進まないので，大きな貫徹力すなわち大きな飛翔速度を維持する．このために，予想に反して，少なからぬ燃料付着が生じることになる．したがって，両者の中間の適切な噴射量の場合にのみ，上記の両場合の問題を回避することができ，燃料の壁面付着が防止できることが判明した．

また，噴射圧力の影響については以下のとおりである．過低な噴射圧力設定の場合には，図 1-36 (p.37) でも示すとおり，噴霧の微粒化不足により生成される粗大液滴群が上記のとおり壁面に到達する．また，過高な噴射圧力設定の場合には，微少噴射量を実現する際に

94   3章　ディーゼル燃焼システムに関する研究・開発の例

はわずかなノズルリフトしか許されないために，ノズル針弁リフトが過剰に小さくなって上記のシートチョークの弊害が増大し，問題がさらに大きくなる．以上の要因により，いずれの場合にも燃料付着が生じることになる．したがって，両者の中間の適切な噴射圧力においてのみ燃料の壁面付着が防止できることになる．

③　前述した早期パイロット噴射のメリットを十分に引き出すためには，エンジン運転条件に応じた適切なパイロット噴射量が存在する．この適量のパイロット噴射量に対して，上記の壁面付着防止の観点からはより少量の噴射量が要求される場合がある．このような場合には，早期パイロット噴射を複数回に分割して噴射する**マルチ早期パイロット噴射**が有効である．複数回に分割する一例として，2回に分割して噴射する**早期ダブルパイロット噴射**の例を図 3-7 (p.90) に紫色▲印で例示した．両パイロット噴射の間隔は 20°CA で，各噴射の量は元の単発パイロット噴射量の約 1/2 にそれぞれ設定するものである．この早期ダブルパイロット噴射により，排出 HC と燃費の悪化が効果的に抑制でき，燃焼騒音もさらに低減される．これらの効果は以下の要因により得られる．図 3-11 に一例を示すように，早期ダブルパイロット噴射により燃料の壁面付着量が顕著に減少することで，図 3-12 に示すとおりパイロット噴射燃料の燃焼量（すなわち燃焼割合）が増大する．これは，図 3-7 に示した壁面付着燃料に起因する HC 排出量の大幅低減と対応している．また，総噴射燃料の燃焼効率が向上して燃費悪化も低減される．さらに，パイロット噴射燃料の燃焼割合が増大することで主噴射開始時のシリンダ内ガス温度が上昇するため，主噴射燃料の着火遅れが短縮されて主燃焼初期の過大な熱発生が抑制される．このため燃焼騒音も低減される．

なお，パイロット噴射の分割を行うようになった背景には，図 2-3-A（巻末・折込み）に示すとおり，コモンレール FIE で可能なマルチ噴射回数が第 1 世代の 2 回から世代を重ねるにつれ 5 回，7 回，9 回と増加したことがある．今日では，パイロット噴射の分割回数も 2～4 回程度まで実用されるに至っている．

また，ここで早期パイロット噴射燃料の燃焼について追記しておく．早期パイロット噴射燃料の燃焼形態は，一種の**予混合圧縮着火燃焼**（PCCI 燃焼とも称する．PCCI : <u>P</u>remixed <u>C</u>harge <u>C</u>ompression <u>I</u>gnition の略）である．これは，その他のマルチ噴射燃料の燃焼形態が，通常のディーゼル燃焼と同じ拡散燃焼であることと大きく異なっている（PCCI 燃焼については付録 13 で詳述した）．早期パイロット噴射燃料の燃焼は，ガソリンエンジンと同様の予混合燃焼であり，しかも希薄燃焼であるため，煤が生じないうえ火炎の温度と規模も抑制されて，NOx 生成が抑えられる．このため，早期パイロット噴射燃料の燃焼による排出スモークと NOx はほぼ 0 に近い．この特性を反映した一例を挙げると，図 3-8 (p.92) において，低速の全負荷時に十分早期のパイロット噴射を行うと，最大トルクが増大し，しかもこの場合の当量比が 1.0

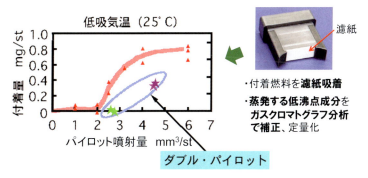

図3-11 パイロット噴射の量,回数と燃料付着量との関係[43]

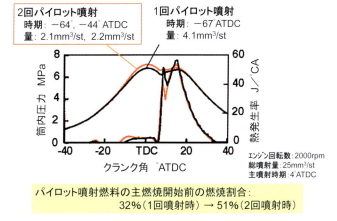

図3-12 早期パイロット噴射の回数と熱発生率(燃焼状況)との関係[43]

に達するという結果があった．当量比1.0とは，ポート噴射型ガソリンエンジンと同様に，吸入した空気量で完全燃焼しうる最大の燃料量を供給して燃焼させることが可能であることを意味している．通常のディーゼル燃焼では，低速時の限界当量比は0.9程度である(すなわち，吸入空気量の約10%を利用できない)ことを考えると，図3-8のこの結果は特筆に値する．既述のとおり，ディーゼルエンジンの最大トルクは設定する排出スモーク上限値以内になるトルクの最大値で規定される．したがって，図3-8の結果は，早期パイロット噴射により追加供給された吸入空気量の10%相当分の燃料は，スモーク生成を伴わずに良好に燃焼できていることを示している．この要因は，早期パイロット噴射燃料がPCCI燃焼の形態で燃焼するからである．この点についても，付録13において具体的な解析結果を含めて詳しく紹介しているので，興味のある方は参照されたい．

上述した結果は，生じている問題の本質を捉える際に注意すべき点を示唆しており，燃焼解

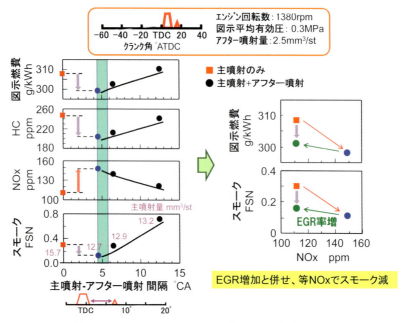

図 3-13　アフター噴射が排気，燃費に及ぼす影響[43]

析を通じて開発指針を得ようとする者にとって教訓的内容を含んでいる．この点については，4章4-1-1項で改めて述べることにする．

3-2-3　アフター噴射

アフター噴射とは，図3-13の上部にその噴射パターンの模式図を示すとおり，TDC付近で噴射される主噴射の直後，およそ5°～15°CAの間隔で少量の燃料を噴射するものである．アフター噴射は，主に低・中負荷域で用いられ，スモークとHCの排出量および燃費の低減に有効である．ただし，その効果は主噴射とアフター噴射の噴射間隔やアフター噴射の量により敏感に変化し，排気および燃費がともにベース条件時(主噴射のみ)より悪化する場合も少なくない．したがって，この変化の要因を明らかにし，最適なアフター噴射の設定指針を得ることが求められたため，これに取り組んだ例を以下に記す．

アフター噴射による排気と燃費への影響の一例を図3-13の左図に示す[43]．図の横軸は主噴射終了時からアフター噴射開始時までの噴射間隔を，また縦軸はスモーク，NOx，HCの各排出濃度と図示燃費を示している．運転条件は，低速・低負荷時で，アフター噴射量を2.5mm^3/stに固定し，主噴射とアフター噴射の噴射量を合わせた総噴射量を図示平均有効圧力が0.3MPaに維持されるように調整した場合である．この例では，噴射間隔を4～5°CAと短く設定した場合にスモーク，HC，燃費が明確に改善されている．しかし，噴射間隔が長くなるにつれてこれらの項目はすべて顕著に悪化(増大)していき，特にスモークはベース条件(主噴射のみ時，

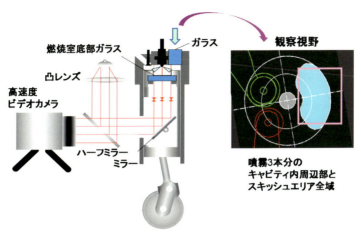

図3-14 可視化単気筒DIディーゼルエンジン（シャドウグラフ撮影型）

赤色■印）よりも大幅に悪化していくことがわかる．

なお補足説明しておくが，この例では排気と燃費の低減に有効なアフター噴射時期（噴射間隔4～5°CA時）に，排出NOxが増加する問題が生じている．これに対しては，図3-13の右図に示すとおり，EGR率を増加することで，アフター噴射によるスモークや燃費の低減効果をほとんど損なうことなく，NOxの増加を防止することができる．このため，本項では以後は排出NOxには言及しない．

上記の例のごとく，噴射間隔を短く設定した場合に，スモーク，HC，燃費が改善される要因の解明に取り組むに際し，図3-14に示すような，図3-1(p.84)と同様のスキッシュエリアの広い範囲（およそ噴霧3本分）に加えてキャビティ内も同時に観察できる単気筒可視化DIディーゼルエンジンを開発して用いた[49]．シリンダヘッド触火面には鏡面クロムメッキを施し，キャビティ内観察ではシャドウグラフ撮影が可能になっている．後に説明するとおり，アフター噴射ではスキッシュエリアでの現象が鍵になるが，本解析におけるスキッシュエリアの観察視野は図3-14右図のとおりである．この視野範囲の現象を高速度カラービデオカメラで撮影して，その直接撮影映像データを基に，図3-15に示すように，①輝炎の発達状況，**②PIV法**（PIV：Particle Image Velocimetry の略）によるガスの流動速度，**③相互相関法**による見かけの変動速度（撹乱強度の指標）[44],[45]，および**④二色法**による火炎温度[40]などの各項目を計測・解析した．PIV法によるガス流動の速度解析では，小さな輝炎塊の輝度の動きを追跡するが，カラービデオカメラのR(赤)，G(緑)，B(青)の3色情報も組み合わせることで，広いダイナミックレンジを確保している．また二色法では，赤色と青色の光の強度を用いて解析するが，RおよびBのCCD素子の前に中心波長が650nmと465nmの狭帯域透過フィルタをそれぞれ設置して得た信号を用いている[8]．

以上のような装置と手法を用いて計測・解析した結果，以下のことがわかった．

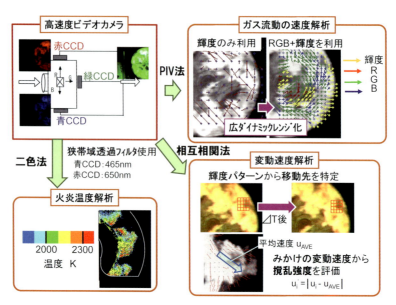

図3-15 ガス流動，撹乱強度，火炎温度の解析方法

① 火炎の発達状況や動きなどを観察した結果，図3-17や図3-18（p.100）の火炎写真からもわかるように，このような低負荷時におけるスモークやHCの生成は，スキッシュエリアの狭い隙間に流出した火炎が上下の両壁面で冷やされて消炎し，火炎中で酸化途上にあったHCや煤の酸化反応の進行が阻害または停止することが主要因である．

② 一方，適切なアフター噴射を行うと，流動解析結果を踏まえた図3-16に示すように，主噴射燃料の火炎由来の低温化火炎（消炎作用による）や消炎ガス塊（高濃度煤雲）にアフター噴射の噴流火炎が追いつき（図3-18参照），低温化火炎や消炎ガス塊を補足して燃焼させる効果がある．

③ この効果を確認するため，その効果を生じる要因と推測される，噴流火炎による「場の撹乱効果」，および噴流火炎に補足された「低温化火炎や消炎ガス塊の温度上昇」について解析した．撹乱強度については，図3-17に示すとおり，アフター噴射の火炎噴流により見かけの変動速度がやや大きくなり撹乱強度が増大してはいるが，主噴射のみの場合と大きな違いは認められない．一方，火炎温度については，図3-18に示すように，アフター噴射の付加により最大300Kの温度上昇が認められ，またスキッシュエリア内の高温燃焼領域も拡大している．これは，上記②でも述べたが，低温化火炎や消炎ガス塊が高温の噴流火炎に取り込まれ，燃焼が活発に継続して完結していることを示している．つまり，火炎塊の温度上昇による効果が大きいことがわかる．

④ 噴射間隔が過大になるとスモークやHCが増大するのは，アフター噴射の時期が遅くなりすぎることで，噴流火炎が低温化火炎や消炎ガス塊に追いつき補足することができなくなるからである．また，過大な噴射間隔により排出スモークや燃費がベース条件（主噴射

3-2 マルチ噴射パターンの燃焼・排気に及ぼす影響とその最適化　99

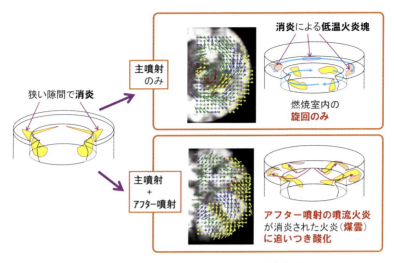

図 3-16　ガス流動解析からわかる火炎挙動

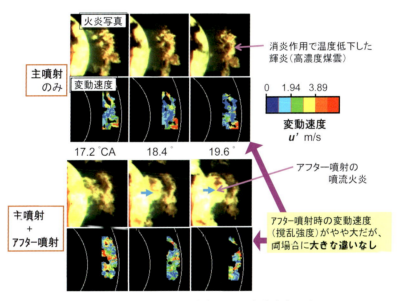

図 3-17　アフター噴射の有無による変動速度の違い

のみの場合)以上に増加する要因は，アフター噴射の時期が遅すぎて燃焼室内のガス温度が低下しているためにアフター噴射燃料自身の燃焼も緩慢になって完結できなくなり，燃焼効率が低下するうえにアフター噴射燃料自体からも煤が生成されるためである．アフター噴射燃料の量が過大な場合も，同様の問題が生じるために，排気や燃費の改善が得られなくなると考えられる．

⑤　以上の知見を踏まえると，アフター噴射の最適な時期や量は，そのエンジンの燃焼システム諸元(スワール比，キャビティ形状，圧縮比など)や運転条件(吸入空気温度，主噴射

100　3章　ディーゼル燃焼システムに関する研究・開発の例

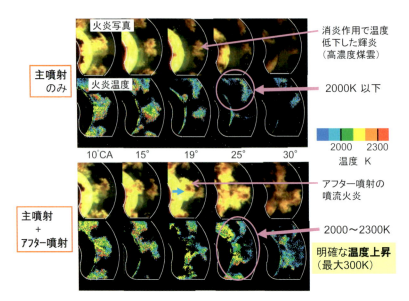

図3-18　アフター噴射の有無による火炎温度の違い

時期，EGR率など)に応じて変化することになる．このため，これらの要因と上記のメカニズムを踏まえた最適化が必要である．

本例は，現象の本質とメカニズムを解明するために，複数の計測・解析手法による丹念な解析結果を組み合わせる必要がある場合として挙げたものである．

3-3 比出力増大と低排気を両立する燃焼システム

　2章で述べたとおり，1990年代終盤には，国内の新長期規制や欧州Euro4規制といった厳しい排気規制への対応が緊急の課題になっていた．そして，一般に排気有害物質の低減策は燃費や動力性能を悪化させるため，具体的な開発課題は動力性能を維持しながら排気低減と燃費改善を両立することであった．次いで，2000年代後半になると，車輌燃費改善と動力性能向上をさらに大幅に進める目的で，エンジンの**ダウンサイジング**（付録8に詳述）が開発課題になった．この場合には，機関の常用運転域が高負荷側に移行するため，従来困難であった高負荷時の排気低減がますます重要な課題になった．以上のように，現代の最新のディーゼルエンジン燃焼システムに至る過程では，上記の2つの大きな課題を解決する必要があった．この問題に取り組んだ例を以下に紹介する．

3-3-1 浅皿型燃焼室

　上述した第一の課題「動力性能を維持しながら排気低減と燃費改善を両立する」に関しては，当時はまず「噴射ノズルの小噴孔径化」が広く進められた．この理由は，ノズル噴孔を縮小すると燃料噴霧の微粒化などにより燃焼促進と煤生成抑制作用が得られたからである．しかし，小型・高速DIディーゼル機関で広く用いられてきた深皿型燃焼室に小噴孔径ノズルを適用すると，後述の図3-21(p.103)に一例を示すように，高速・高負荷時に排出スモーク（煤が主成分）が増大し，スモーク上限値で規制される最大出力が低下する問題が生じた[46]．

　この問題に取り組むに際しては，図3-19に示す最新仕様の4弁式単気筒ディーゼル機関と，それと同諸元の可視化仕様機関（キャビティ内全域と噴霧1本分のスキッシュエリアが観察可能）の両者を用いた．また，キャビティ内の可視化解析には図3-20に示すシャドウグラフ光学系を適用し，3次元数値解析も併せて実施した．特記しておくが，この可視化単気筒エンジンは，最大出力点に対応する条件を再現するため，構造上の多くの工夫やサファイヤガラス窓の採用などにより，エンジン回転数4,000rpm，最高筒内圧力12MPaでの可視化が可能であり，当時世界に例を見ないものであった．

　これらの装置・手法により解析した結果，問題の要因とそのメカニズムを明らかにし，結論として具体的な解決策が**浅皿型燃焼室**であることを示すことができた．この浅皿型燃焼室に関しては，付録4で詳しく説明してあり，本項で述べる要因やメカニズムの結論は重複記述となっている部分が少なくない．しかし付録4では，その要因やメカニズムを解明した手法などは記述しておらず，その点について本項で詳しく説明する．

　「深皿型燃焼室と小噴孔径ノズルを組み合わせると，高速・高負荷時に排出スモークが増大する」という一例は図3-21に示され，実エンジンの開発現場が遭遇する問題が試験用単気筒

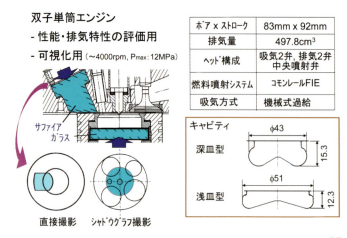

図3-19 供試した単気筒エンジンとピストンキャビティの仕様[46]

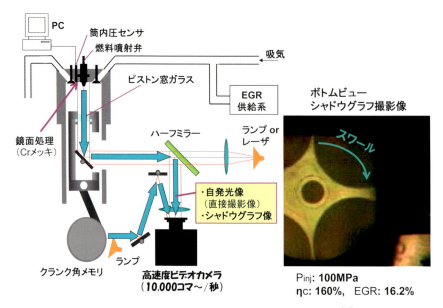

図3-20 高速度シャドウグラフ撮影の光学システム[46]

エンジンでも再現されている．当時，従来の深皿型キャビティ燃焼システムでは噴孔径φ0.17mm程度のノズルを用いて，高速時までスモーク規制値を満たす低スモーク性を維持できていた(図中の紺色棒グラフ)．これに対し，実用頻度の高い低・中負荷域で，一層のスモーク低減を狙ってノズル噴孔径をφ0.14mmに小径化すると，中速までの最大負荷時には従来同等の低スモークを維持するが，最大出力時(高速の最大トルク時)にスモークが顕著に増加する結果となった(ピンク色棒グラフ)．またこの条件では，下段図の指圧解析結果からわかるとおり，燃焼が緩慢になり(熱発生率ピークが低下)燃焼期間が大幅に増大している．

図3-21の各条件に対応する燃焼状況の可視化結果を図3-22に示す[46]．図は，噴孔径の大・

3-3 比出力増大と低排気を両立する燃焼システム 103

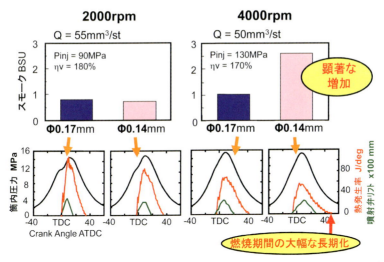

図 3-21 全負荷（最大トルク）時のスモーク，熱発生率（深皿型キャビティ）[46]

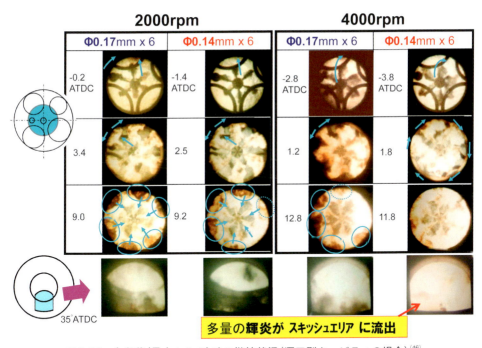

図 3-22 全負荷（最大トルク）時の燃焼状況（深皿型キャビティの場合）[46]

小両ノズルについて中速（2,000rpm）と高速（4,000rpm）の両条件での燃焼状況を示しており，上段の3行はキャビティ内のシャドウグラフ像で，最下段はキャビティ周辺部からスキッシュエリアの範囲の直接撮影像である．この燃焼観察結果より，以下の点がわかる．

① 中速2,000rpm時には，両ノズルともに燃料噴霧は気流に流されることなくキャビティ側壁部に到達・衝突し，次いでキャビティ側壁面に沿って下降しキャビティ底面まで到達

104   3章　ディーゼル燃焼システムに関する研究・開発の例

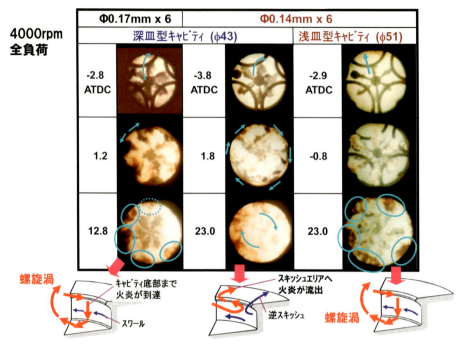

図 3-23　ノズル噴孔径とキャビティ径が混合気分配に及ぼす影響[46],[47]

することで，キャビティ内の空気をフルに活用できている．注記しておくが，噴霧火炎が底面に到達していることは，9°ATDC 付近での観察結果で水色丸印を付した箇所に黒褐色の影が発生していることからわかる．前述のとおり，この黒褐色の影は，輝炎がガラス面に到達・衝突し冷却されて，輝炎中の高濃度煤の発光強度が低下し生じるからである[46]（動画を見るとさらに明確にわかる）．

② 高速 4,000rpm 時には，大噴孔径ノズルでは，中速以下の場合とほぼ同様の状況が維持されている．しかし，小噴孔径ノズルでは，噴霧はスワールに激しく流されてキャビティ側壁に衝突できず，キャビティ底面には到達できていない．そしてこの場合には，最下段のスキッシュエリア観察結果のとおり，大量の火炎がキャビティ内からスキッシュエリアに吹きこぼれている[46]．これより，1章 1-3-4 項で概説した図 1-37（p.39）の数値シミュレーション結果（左図と中央図）でも，両ノズルの上記状況が再現されていることがわかる．

上記の結果が生じるメカニズムをまとめ，その知見に基づく対策の効果を確認した結果を図 3-23 に示す．これは高速 4,000rpm 時の結果で，左列は従来の**深皿型キャビティ**と大噴孔径ノズルの組合せ時，中央列は深皿型キャビティに小噴孔径ノズルを組み合わせた場合で，これらの燃焼写真は図 3-22 で示したものの再掲である．また，右列はこの問題の解決策となる**浅皿型キャビティ**と小噴孔径ノズルを組み合わせた場合である．上記②で述べた，大噴孔径と小噴孔径の両ノズルでの対照的な状況を生んだ要因は，図 3-23 最下段の模式図に示すとおりで，以下のように結論できる[47]．

③　「深皿型キャビティと大噴孔径ノズルの組合せ」の場合（左列図）には，噴霧運動量が十分大きいため，4,000rpm時に気流運動量が大きくなっても噴霧が気流に負けることなく，噴霧火炎はキャビティ側壁面に到達・衝突し，さらにキャビティ底面にまで達する．そして，その後スワールやスキッシュの流動の影響も受けて，赤矢印で示す螺旋渦状の動きをする形態が維持される．このため，キャビティ内全域の空気を活用することができている．一方，「深皿型キャビティと小噴孔径ノズルの組合せ」（中央列図）では，噴霧運動量が小さくなって気流に対抗できず，噴霧火炎は激しく流されてキャビティ側壁まで到達できず，同時に逆スキッシュによってキャビティから吹きこぼれてスキッシュエリアに運ばれる状況になっている．このため，キャビティ内の空気が利用できず，多量の煤が生成し，スモークが顕著に増大したものである．つまり，深皿型キャビティと小噴孔径ノズルの組合せでのスモーク増加要因は，燃料噴霧の運動量低下に起因する噴霧とガス流動の運動量バランスの崩れであることがわかる．

　上記の知見から，燃料噴霧と気流の両運動量バランスを回復させるには気流速度の低下が必要であり，この観点から気流速度の低下に有効なキャビティ径の拡大，すなわち浅皿型キャビティへの変更を行った結果が図3-23右列である．大噴孔径ノズルの場合と同様の状況が復活して，噴霧火炎は上述した螺旋渦状の動きを行っていることがわかる[47]．結局，「浅皿型燃焼室と小噴孔径ノズルの組合せ」により，燃焼室内全域の空気を再び利用できるようになり，低スモークが維持されて動力性能が確保されることになる．以上の知見をまとめたものが1章1-3-4項で示した図1-37（p.39）である．

　以上，本項では，主に課題の「出力の維持と最大出力時の排気低減」に関する解析内容を詳述した．残る課題「燃費改善と部分負荷時の排気低減」については，付録4に記してあるので，参照されたい．

　また，上記の浅皿型燃焼室に関する解析を通じて，最大出力を決めることになる「スモーク限界当量比を決定する指標」という興味深い知見が得られている．この内容については4章4-2節に詳述したので，併せて参照されたい．

　以上の解析を含めた総合的な取組みにより，課題解決の切札が浅皿型燃焼室であり，それを核とする燃焼システムが出力，燃費，排気のすべての面で高いポテンシャルを有することが明示された．この結果は，2000年代以降の新たな世代のディーゼル燃焼系の基本的な構成指針として活用されている．

　なおここで，ディーゼル燃焼解析で極めて重要な可視化単気筒エンジンの進化について述べておきたい．前述してきたように，ディーゼル燃焼の解析では，燃焼室内の諸現象を詳しく観察・撮影して全体の諸現象の進展を把握すると同時に，その撮影画像に各種の解析法を適用して得られる種々の定量情報から多くの知見を得ることができる．しかし，従来の可視化単筒エ

ンジンでは，高いシリンダ内圧力と熱負荷に対して，可視化ガラスの破損防止とガスシール性確保の両立が困難であるうえ，潤滑油の飛散による窓ガラスの汚損などの問題もあった．このため，運転可能な条件は中速(2,000rpm 程度)以下で，最高筒内圧力も数 MPa 以下に限られ，また該当条件の下で燃焼を安定化させるに十分なサイクル数までの運転を行うことができなかった．

　一方で，2 章でも述べたとおり，ディーゼルエンジンの開発トレンドとしては高過給化が時代とともに進展し，最高筒内圧力は上昇を続けてきた．つまり，高圧力下で燃焼現象が進行することになり，この条件下での可視化が必須になるに至った．この問題に対処するために，従来の可視化エンジンにまつわる上記の課題を解決すべく種々工夫を重ね改良を実施した結果，現在では最高回転数 6,000rpm，最高筒内圧力 20MPa での筒内可視化が可能な単気筒エンジンが開発されている[49],[50]．まさにこの可視化単気筒エンジンがあってこそ，次の 3-3-2 項で述べる高過給条件下での筒内現象解析が実施できるのである．

3-3-2　高過給・高 EGR 率の燃焼

　前述した第二の課題である「高比出力型の燃焼システムにおける高負荷時の排気低減」に関しては，結果的にこの課題解決の切札となったのは新 ACE が大型ディーゼルエンジン用に提唱した「高過給と高 EGR 率および高圧噴射を組み合わせる方式」であり[51],[52]，本書ではこれを「**高過給・高 EGR 率の燃焼**」と称することにする．しかし当時は，この排気低減の要因が不明であったうえ，この方式が小型・高速ディーゼルエンジンでも有効か否かなど疑問点も多かった．これに対して，この現象や要因の解明に取り組んだ解析内容を本項で紹介する．「高過給・高 EGR 率の燃焼」については付録 7 でその要点を解説しているが，本項ではその解説の元になった詳しい結果も含めて説明するものである．

　解析に際しては，前 3-3-1 項で述べた実験装置と図 3-24 に示す光学系に図 3-15(p.98)に示す高速度ビデオカメラを適用して，小型・高速ディーゼルエンジンにおける「高過給・高 EGR 率の燃焼」が持つ排気低減ポテンシャルとその要因を明らかにすべく取り組んだ．

　まず，「高過給・高 EGR 率の燃焼」による排気低減ポテンシャルを，高負荷域に属する回転数 2,000rpm，軸平均有効圧力 1.4MPa(2L エンジンでは軸トルク 223Nm に相当する)の作動点において，調査した結果の一例を図 3-25 に示す[53]．図は，横軸と縦軸におのおの NOx と煤の排出率をとり，各運転点における測定値をプロットしたものである．各プロットに付記した数値は実験条件で，上段から噴射圧力，充填効率そして EGR 率を示している．図中，右の赤丸で囲った点はベースとなる運転条件での排気を示している．ここから紫色破線矢印に従って運転条件を変化させている．順を追って説明すると，ベースの左隣の作動点では，EGR 率を18.8%に高めて NOx を約 35%低減すると同時に，噴射圧力を 180MPa に高めて煤排出率を微増に留めている．次の作動点では，EGR 率を 30.5%まで高め，NOx をさらに約 62%低減する

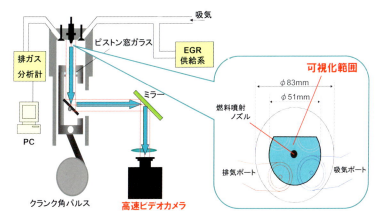

図3-24 火炎温度解析時の実験装置と観察視野の一例[46],[48]

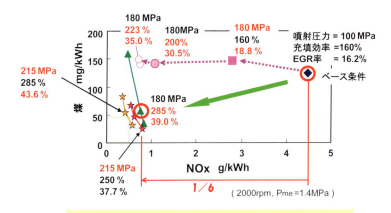

図3-25 高過給・高EGR率燃焼による排気低減効果の一例[53]

とともに，高過給化して充填効率を200%に増大させ，煤の増加を防いでいる．次の作動点では，EGR率を35.0%に，そして充填効率を223%におのおの増大させて，煤増加を防止しつつNOxを約22%低減している．しかし上記の条件では，NOxは低減できたものの要求される煤低減は実現できていない．そこで，緑色実線のNOx-煤トレードオフ線上にある赤丸で囲った作動点へシフトさせる，すなわち充填効率を285%にまでさらに大幅に増大し，EGR率を39.0%まで増加することで，NOxと煤の同時低減を実現している．特に，NOxについては，ベース条件の約1/6となる大幅な低減を実現できる．これが，「高過給・高EGR率の燃焼」の効果を示す一例である．

以上は通常のコモンレールFIEを用いた結果であるが，さらなる噴射圧力とEGR率の増大を行えばさらなる排気低減が得られるか否かも追加調査した．当時のコモンレールFIEの最高噴射圧力は180MPaであったため，この実験では，4章4-1-3項で詳述する，試作版の**増圧機構付コモンレールFIE**(最高噴射圧力250MPa)を用いた．この結果が，赤色とオレンジ色の

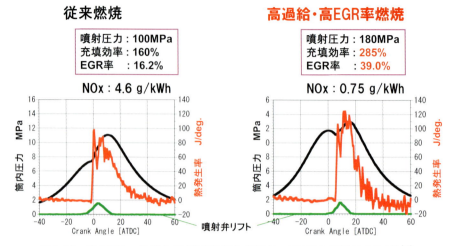

図 3-26　筒内圧力，熱発生率（従来燃焼と高過給・高 EGR 率燃焼の比較）[53]

トレードオフ線である．噴射圧力を 215MPa に，EGR 率を 43.6％ にまでそれぞれ増大させることで，さらなる排気低減が得られて，極めて低い排出率を実現できることが確認される．

上記の排気低減の要因やメカニズムなどを明らかにするため，図 3-25 の赤丸で囲った 2 条件，すなわちベース条件と NOx が約 1/6 になった「高過給・高 EGR 率の燃焼」条件とについて調査した結果，以下の点が明らかになった．

① 一般に EGR 率が増大すると吸気酸素濃度が低下し，この値に比例するように排出 NOx が低減することは従来から知られている．ただし，過給度すなわち充填効率を維持した状態で EGR 率を増大すると，同時に燃焼が緩慢になって燃焼期間も増大しサイクル効率が低下して燃費悪化を伴う傾向がある．しかし，図 3-26 に示されるとおり，「高過給・高 EGR 率の燃焼」では排出 NOx を約 1/6 に低減しつつ，燃焼が活発に促進され，燃焼期間も短縮されていることがわかる．

② 排出 NOx 量は火炎温度の影響を強く受けるため，両条件での火炎温度を二色法により計測した結果を図 3-27 に示す．従来燃焼では，火炎領域の大部分で火炎温度が 2,200K 以上になっており，ピーク温度は 2,400K を超えている．一方，「高過給・高 EGR 率の燃焼」では，すべての火炎領域で 2,100K 未満となり，さらに燃焼期間後半では大部分の領域で 2,000〜1,900K 以下となっていることが示されている．つまり，「高過給・高 EGR 率の燃焼」では，燃焼が促進されつつ顕著な火炎温度の低下が実現され，排出 NOx が大幅に低減されていることがわかる[54]．

この要因を明確にするため，両条件におけるシリンダ内ガスの成分比率を詳しく調査・考察した結果を図 3-28 に示す．下段図は，横軸と縦軸にそれぞれ吸気酸素濃度と NOx 排出量をとり，図 3-25（p.107）の赤丸で囲った 2 条件，およびその間の紫色破線矢印に沿った各点にほぼ対応する条件での測定値をプロットしたものである．また，上段図では，赤丸で囲った 2 条

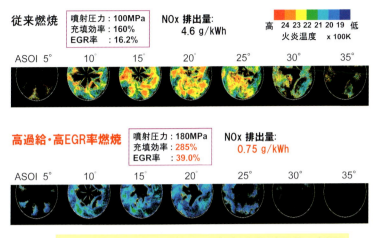

図 3-27　火炎温度（従来燃焼と高過給・高 EGR 率燃焼の比較）[54]

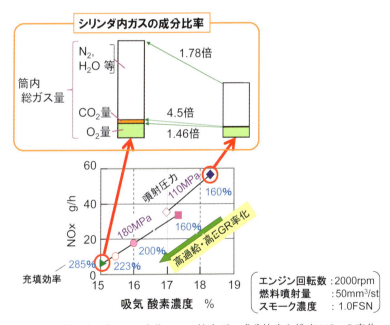

図 3-28　高過給・高 EGR 率化による筒内ガス成分比率と排出 NOx の変化

件におけるシリンダ内ガス成分の比率を棒グラフで示している．この図より，以下の点がわかる．

③　図 3-28 下段図より，充填効率や噴射圧力が変化しても，吸気酸素濃度の低下（すなわち EGR 率の増大）に比例して排出 NOx 量が低減する．これは，従来の知見が「高過給・高 EGR 率」下でも成立することを示している．

④　図 3-28 上段図より，ベース条件に比べて「高過給・高 EGR 率の燃焼」では，O_2（酸素）量は 1.46 倍に，EGR 率に対応する CO_2（二酸化炭素）量は 4.5 倍に，そして総ガス量は

110　3章　ディーゼル燃焼システムに関する研究・開発の例

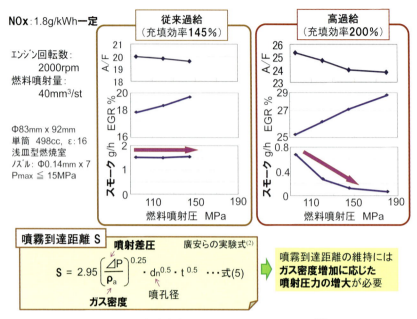

図 3-29　充填効率による要求噴射圧力の変化[96]

1.78倍に，それぞれ増加していることがわかる．つまり，EGR率の増大率が大きいために吸入新気の割合が低下して酸素濃度は低下するが，高過給化による充填効率の増大により酸素の絶対量は増加しているのである．この一見相反するような状況が実現されることで，吸気酸素濃度の低下（火炎温度の低下にもつながる）による排出NOxの低下，および酸素量増加による煤の生成抑制・酸化促進を通じた煤排出量の低減が同時に実現されていることがわかる．また，本項①で述べた「高過給・高EGR率の燃焼」時に「燃焼が活発に促進され，燃焼期間が短縮される」のも，この酸素量増加が大きな一因であると考えられる．

　「高過給・高EGR率の燃焼」の第三の構成因子である噴射圧力については，以下のとおりである．結論としては，本項の冒頭で述べたとおり，「高過給・高EGR率の燃焼」には噴射圧力の高圧化が同時に必要」であるが，この一例としては図3-29が挙げられる[96]．この2つの図はいずれも，横軸に燃料噴射圧力（正確には，コモンレール設定圧力）を，縦軸にスモーク排出量，EGR率，A/F（空燃比）をそれぞれとって，両者の関係性を示したものである．運転条件は，高負荷域に属するエンジン回転数2,000rpm，燃料噴射量40mm^3/stで，NOx排出率が1.8g/kWh一定となるようにEGR率を調整した結果である．左図はこの運転条件で従来並み過給度（充填効率145％）とした場合，右図は高過給（充填効率200％）とした場合である．この結果から以下の点がわかる．

　⑤　図3-29に示されるとおり，従来過給（充填効率145％）の場合には，噴射圧力を100MPaからさらに増大してもスモークは低減されない．この要因としては，一般に燃料噴霧液滴

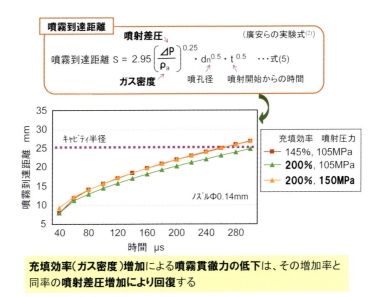

図3-30　雰囲気ガス密度と噴霧到達距離との関係

の微粒化効果は噴射圧力100MPa付近以上では飽和傾向となる（図1-36(p.37参照)）ため，噴霧微粒化による混合気形成・燃焼の促進作用も噴射圧力100MPa以上では小さくなることが挙げられる．また図3-29の場合には，高噴射圧化によるスモーク低減効果が，NOx増加を抑制するためのEGR率増大によるスモーク増加効果により相殺されたことも一因と考えられる．いずれにしてもこの場合には100MPa以上の噴射圧力の高圧化は不要となる．一方，高過給（充填効率200％）の場合には，噴射圧力を100MPaから180MPaまでさらに増大する間においてもスモーク低減が得られる．

この例に示された，噴射圧力によるスモーク低減効果の傾向が過給度により異なる要因は，燃料噴霧の到達距離を示す次の(5)式[2]から理解できる．

$$S = 2.95 \times (\Delta P / \rho_a)^{0.25} \times d_n^{0.5} \times t^{0.5} \tag{5}$$

ここで，

S：噴霧到達距離（m）
ΔP：噴射差圧（＝噴射圧力－周囲ガス圧力）（Pa）
ρ_a：周囲ガス密度（kg/m³）
d_n：噴射ノズルの噴孔径（m）
t：噴射開始からの時間（sec）

この式からわかるとおり，燃料噴霧周囲のガス密度（ρ_a）が増大すると，噴霧に導入される周囲ガス量が増加するために噴霧貫徹力が低下する，すなわち噴霧到達距離Sが小さくなる．

参考までに，図3-29の該当条件下でガス密度ρ_aの増大による噴霧到達距離の変化を見積もると，図3-30の赤色線（赤■印）から緑色線（緑▲印）まで到達距離が低下することになる．この噴霧到達距離の低下により，適切な時期に燃料が燃焼室周辺部まで到達できず，全域に混合気を分布させることができなくなる．このため，燃焼室内の空気利用率が低下して煤の増加を招くことになる．したがって，この弊害を防止するためには，高過給化によるガス密度ρ_aの増大に見合う噴射差圧ΔP（≒噴射圧力）の増加により噴霧到達距離を維持する，すなわち図3-30では緑色線（緑▲印）からオレンジ色線（オレンジ▲印）へ復帰させることが必要となる．

結局，「高過給・高EGR率の燃焼」で噴射圧力の増大が必要になる要因は，噴霧微粒化や燃料–空気混合の促進作用などに加えて，噴霧到達距離すなわち良好な混合気分配を維持するためであると考えられる．

以上，解析手法は目新しくはないが，必要な解析手段を適用して，それらの結果を整理し組み合わせて考察することで，「高過給，高EGR率と高圧噴射の組合せ」が小型・高速ディーゼル機関にも有効であること，およびその効果の度合いや要因が明らかになった．これらの知見は，「高過給・高EGR率の燃焼」を活かす燃焼システム諸元の指針として活用されている．

3-4　新燃焼法

　3-3 節までは，燃焼現象の詳しい解析方法や，その解析に基づき対策技術や開発指針を明示した例を紹介した．本節では，ある時点までに得ていた種々の知見を活かして，その時代の課題解決に資する「新たな燃焼システムの概念」を導き出した例について紹介したい．その概念に至る道筋や考え方などから，今後何かの参考にしていただけることがあればと考える次第である．

3-4-1　二燃料成層の予混合圧縮着火（PCCI）燃焼法

　拡散燃焼を基本とするディーゼルエンジンにおいても，低排気と高効率の両立が実現できる高いポテンシャルを持つ「PCCI 燃焼（予混合圧縮着火燃焼，PCCI：Premixed Charge Compression Ignition の略）」の実用化は重要な開発課題である．しかし，付録 13 で詳述しているとおり，PCCI 燃焼には以下の課題がある．

① 　初期の熱発生率が過剰に急峻に立ち上がるため，特に中・高負荷域では，過大な圧力上昇率と過高なピーク筒内圧力を招く．このため，騒音が高く，排出 NOx も増大するうえに，熱損失や摩擦損失の増大による燃費の悪化などの問題がある．この問題のため，運転可能範囲が中・低負荷域に限られる．

② 　低負荷域に限れば，「EGR 率や過給圧力の増大」「吸・排気弁の VVT（可変動弁系）化による実圧縮比の低下」などによりある程度は燃焼率を制御して実用化する方法はある．しかし低負荷域でも，負荷条件が急変する自動車用エンジンでは，その制御因子の応答性不足による過渡時騒音などの問題が残っている．

③ 　また，上記の課題を可能な限り解決したとしても，本質的に「PCCI 燃焼」で全域を運転することは不可能であるので，高負荷域を受け持つことになる「通常ディーゼル燃焼」との組合せは必須である．しかし，両燃焼方式が要求する制御因子の値が大きく異なるため，両燃焼方式の切替え時には制御因子の急変が生じることになり，両者を円滑に切り替える制御が難しい．

④ 　上記②と③の課題解決には，フィードバック制御に加えて実時間対応が可能な数値モデルベースのフィードフォワード制御と高応答制御システムの構築が必要になる．一方，中・高負荷時の過大燃焼率の問題に対しては，確実な対応技術が見出せていないのが実情である．

　上記の過大燃焼率の要因は，シリンダ内のほぼ均一な可燃混合気が同時に一斉に着火し燃焼することにある．このため，混合気の着火時期を領域ごとに変化させる，あるいは燃焼速度の異なる混合気を組み合わせる，などが対策になると考えられる．この具体的な実現手段の 1 つ

114 3章 ディーゼル燃焼システムに関する研究・開発の例

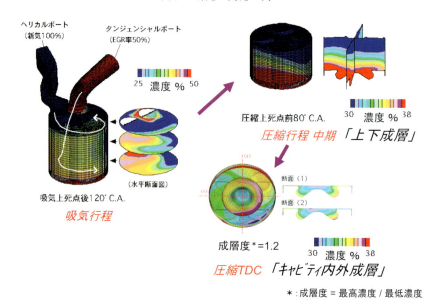

図3-31 吸気2ポートを利用した成層化の一例[55]

が混合気の成層化である．すなわち，シリンダ内に着火性あるいは燃焼速度の異なる複数の混合気塊を配置する方法である．そこで，まず混合気を成層化させる手段を検討した．

図3-31は，吸気2ポートを利用した成層化の一例を示す[55]．近年のディーゼルエンジンでは，吸気2弁・排気2弁の4弁構造のシリンダヘッド（付録10を参照）が一般化している．そこで，この2つの吸気ポートを活用して，おのおのの吸気ポートから異なる特性（組成や温度など）のガスを吸入させ，シリンダ内で成層化させるのである．注目するガス組成としては，EGRガスや燃料組成など種々の設定があるが，図3-31はEGR率の成層化を試みた例である．この例では，燃焼が開始する圧縮上死点近傍で，キャビティの内外で異なるEGR率を実現することを目指している．図からわかるとおり，吸気行程で偏在した高濃度のEGRガス塊は，吸入スワールとキャビティにより誘起されるガス流動によって，圧縮行程中期には燃焼室内下部に配置され，さらに上死点近傍では主にスキッシュ流動によりキャビティ下部に分布するようになる．これらの結果から，以下のことがわかる．本方法により，当初の狙いの成層パターンはほぼ実現できるものの，成層度（最高濃度／最低濃度の比）は1.2程度と不十分である．しかも，種々のエンジン運転条件の下で常に狙いの成層状態を実現することは困難であり，しかもこの方式では自動車用に要求される運転条件の急変に対応するには応答性が不十分である．また，ガス温度の成層化に関しても，各吸気ポートから異なる温度のガスを吸入させる同様の実験を行った結果，吸気行程終了時点で一旦は成層化させても，圧縮行程中の燃焼室壁との熱伝達や圧縮に伴うガス温度の上昇の影響がはるかに勝るため，上死点近傍での温度成層は事実上不可能であることも判明した．

そこで，応答性が高く上死点近傍でガス塊を狙った場所に直接配置できる「燃料噴射を活用

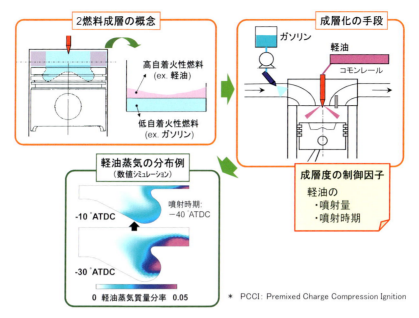

図 3-32 「2 燃料成層 PCCI*燃焼」の概念と具体例[56],[57]

する成層化」を試みた．この概念を図 3-32 に示す[56],[57]．着火性の異なる 2 種類の燃料をそれぞれ独立した噴射ノズルから噴射して成層化させる，「**2 燃料成層 PCCI 燃焼**」というコンセプトである．具体的には，低沸点で自着火性が低い燃料（例えばガソリン）を吸気ポート内に噴射し，高沸点で自着火性が高い燃料（例えば軽油）を圧縮行程後半にシリンダ内に直接噴射する方式である．これにより，低沸点・低自着火性の燃料はシリンダ内で均一予混合気を形成し，その予混合気の場に高自着火性の燃料を付加する形態になる．この高沸点・高自着火性の燃料は，コモンレール FIE により噴射され，例えば図 3-32 下段図のような濃度分布で，キャビティ周辺部からスキッシュエリアにかけて分布することになる．

このような成層化により PCCI 燃焼の上記課題が克服された例を図 3-33 に示す[56]．この実験では，「2 燃料成層 PCCI 燃焼方式」において，吸気ポートに噴射する低沸点・低自着火性の燃料はイソオクタンで，筒内に直接噴射する高沸点・高自着火性の燃料は軽油としている．一方，成層化の効果を把握するための比較対象として，均一予混合気の「**HCCI 燃焼**方式」(HCCI : Homogeneous Charge Compression Ignition，PCCI の一種，詳細は付録 13 を参照）での実験も実施した．この場合には，着火性が正反対のノルマルヘプタンとイソオクタンをともに吸気ポート内に同時に噴射する．ここで 2 種類の燃料を用いる理由は，両燃料の噴射量割合の調整により，所望の着火性（**RON** : Research Octane Number，**オクタン価**）と当量比を実現するためである．この例では，両方式ともに，EGR なしの条件で当量比は 0.35，燃料自着火性は 2 燃料の組合せで平均 RON が 60，と同一にして実験している．したがって，燃焼場の条件や供給燃料の化学反応性は同等に設定されているので，両者の結果の違いは主に成層の有無に起因す

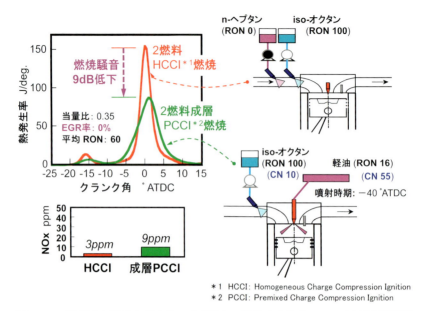

図 3-33 「燃料蒸気濃度と着火性の成層化」が燃焼率と排出 NOx に及ぼす影響[56]

ると解釈できる．熱発生率パターンの結果を図 3-33 左上図に示す．「HCCI 燃焼」の場合には，主燃焼（高温酸化反応）の熱発生率の立上り勾配が過大で，熱発生率ピークが過高かつ燃焼期間が過短となっており，まさに上述した過大燃焼率の問題を呈している．一方，「2 燃料成層 PCCI 燃焼」の場合には，主燃焼の熱発生率の立上り勾配が穏やかになり，熱発生率ピーク値や燃焼期間も適正化している．この結果，「2 燃料成層 PCCI 燃焼」時の燃焼騒音は，「HCCI 燃焼」時と比較して大幅（約 9dB）に低減されている．また，重要な排気規制対象である NOx は，両燃焼方式ともに極低レベル（ニアゼロ）である．つまり，「2 燃料成層 PCCI 燃焼」により，適正な燃焼率と低排気が両立できるのである．

「2 燃料成層 PCCI 燃焼」により燃焼率の適正化が得られる要因を，図 3-34 に示す[57]．この棒グラフは主燃焼（高温酸化反応）の開始直前である -10°ATDC 時点でのガス温度の頻度分布を，また上段の断面図は燃焼室右半分の鉛直断面内の温度分布を，それぞれ示している．左図の棒グラフからわかるとおり，「HCCI 燃焼」の場合には，全域に分布した均一な予混合気の壁近傍を除くほぼ全域（全体の約 80％）で高温（約 850K）になっている．高温酸化反応はガス温度がおおむね 900K 程度を超えると開始される（付録 13 参照）ため，この時点から数°ATDC 後に全混合気の約 80％が一気に燃焼することになる．この様子が図 3-33 の熱発生率から見て取れ，この結果として過大な燃焼率が生じている．一方，「2 燃料成層 PCCI 燃焼」の場合には，図 3-34 右図からわかるとおり，様々な温度帯のガス塊が存在し，高自着火性燃料が存在するキャビティ周辺部とスキッシュエリア部から反応が先行して燃焼を開始し，その後に燃焼域が燃焼室中心部に向かって拡大していく．つまり，燃焼反応帯が時間に対して分散し形成されるため，燃焼期間が適切に拡大され，熱発生率ピークも低減されることになる．これはまさに，燃

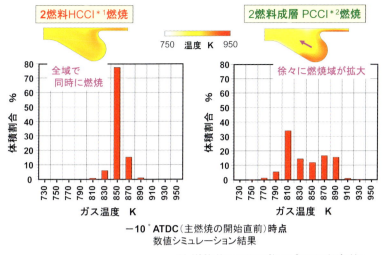

図3-34 「燃料蒸気濃度と着火性の成層化」が燃焼状況とガス温度に及ぼす影響[57]

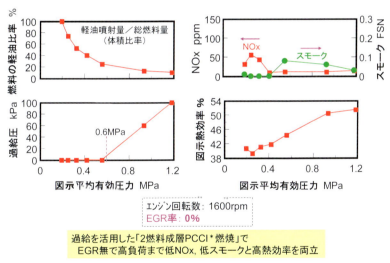

図3-35 「2燃料成層PCCI*燃焼」の排気性能と熱効率[56]

料の着火性と濃度を適切に成層化した効果である.

　この「2燃料成層PCCI燃焼」を単気筒エンジンに適用して全域の負荷範囲で運転し,排気性能と熱効率を調べた一例を図3-35に示す[56]. エンジン回転数1,600rpmで負荷を変化させた場合である. 最低負荷では軽油のみで作動させ,負荷の上昇につれて軽油の比率を低減させる,つまり吸気ポートから供給するガソリンの噴射量を増大させる設定としている. この理由は,筒内温度が低い低負荷では,燃焼が不安定になりやすいため高自着火性燃料で燃焼を安定させ

るためである．また，負荷上昇につれて，スモーク排出を防止するために軽質なガソリンの量を増加させるのである．この方式により，実験範囲の全域でNOxとスモークをともに極低レベルとし，図示熱効率も40%以上で高負荷域では50%を超えるレベルを実現している．また，この結果はEGRなしで得られている．つまり，応答性に劣る制御因子を用いていないため，「2燃料成層PCCI燃焼」では高応答な燃焼制御が可能である．このため，自動車用エンジンへの適用性の面でも優れている．

　上記のとおり，この開発に際しては，筒内可視化実験などの詳細な燃焼解析は実施していない．ここで新たに実施したことは，比較的簡便なエンジン実験と数値解析のみであるが，これらの結果と，この時点までに得てきた種々の研究結果（付録13に記す）を整理して考察することで，新たな概念を創出できたのである．

　残念なことに，乗用車を中心とする一般の自動車用途では，2種類の燃料を使用することが障害となり，本燃焼法の実用化を阻んだ．しかし，この燃焼法は米国のウィスコンシン（Wisconsin）大学を中心とする大型車用ディーゼルエンジンの開発プロジェクトにおいてRCCI（Reactivity Controlled Compression Ignition）燃焼法と称されて引き継がれ[58]，様々な派生概念も生まれて開発が継続されている．

3-4-2　小噴孔径・多孔インジェクタを用いた低流動燃焼システム

　2章で述べたとおり，ディーゼルエンジンでは，種々の技術要素を開発し適用することで，熱効率向上（燃費低減）と排気改善の両者を段階的に着実に進めてきた．しかし，近年の社会的要請として，この両者をさらにより高いレベルに改善することが求められている．これに対して，個別の要素技術を開発し付加することによる改善策は，既に実施済みのものも多く，またその効果も限定的になってきている場合が多い．そこで，大胆な方策による一種のパラダイムチェンジにより，両者の改善を図ることを考えた．その一例を本項では紹介する．

　図3-36に，そのコンセプトと鍵になる技術項目を示す．燃費低減に効果が大きい燃焼室壁面への熱損失低減を狙って，壁面とガスの間の熱伝達率を下げるためにシリンダ内の「ガス流動を大幅に抑制」する．また，実用域の燃費と排気の改善に有効なPCCI燃焼（付録13に詳述）を成立させるために，「小噴孔径・多孔・狭コーン角ノズルのインジェクタ」と「低圧縮比化」という手段を用いる考え方である[59],[60]．小噴孔径・多孔・狭コーン角ノズルを用いる理由は，①早期噴射燃料の壁面付着を防止すべく，高微粒化・低貫徹性の燃料噴霧を形成することと，壁面までの噴霧飛翔距離を大きくするため，および，②ガス流動抑制によるスワール強度低下の悪影響を補償するため，多数の噴霧により燃料を燃焼室全域に直接供給し分布させるためである．低圧縮比にする理由は，負荷上昇時にPCCI燃焼で生じる過早着火や過大燃焼率を抑制するためである（詳細は付録13を参照されたい）．

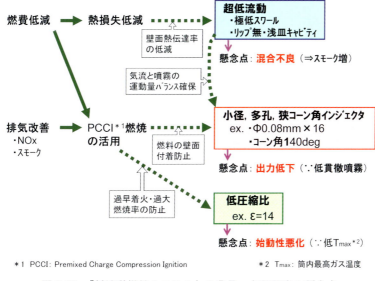

図 3-36 「低流動燃焼システム」の背景，必要要素と懸念点

　一方で，従来のディーゼル燃焼システムの開発過程における経験からは，上記の各技術項目にはそれぞれ大きな懸念点がある．具体的には，PCCI燃焼と併用が不可避の「通常ディーゼル燃焼」時に，①「超低流動」では混合不良が生じて「スモークの大幅増加」を招くこと，②「小噴孔径・多孔・狭コーン角ノズル」では噴霧の貫徹力不足で高負荷時に燃焼室周辺域まで燃料を分布させることが困難になり「出力低下」すること，そして，③「低圧縮比」では筒内ガス温度低下による「始動性悪化」で寒冷時始動が困難になることなどが挙げられる．

　上述した懸念に対して，本コンセプトで採用する上記の3技術項目を組み合わせる場合には，これら3つの問題に対応できる可能性があることが期待できる．この要因や各項目間の関係性を図3-37に示す．「超低流動」の懸念点である「混合不良」は，「小噴孔径・多孔・狭コーン角インジェクタ」の噴霧微粒化による燃料蒸発促進と噴霧数増加による燃料分配性改善により補われる可能性がある．「小噴孔径・多孔・狭コーン角インジェクタ」の懸念点「出力低下」は，「低圧縮比」がもたらす筒内ガス密度低下による噴霧貫徹力の回復と，圧縮圧力の低下による筒内圧力制限余裕（P_{max}余裕）からくる噴射時期の進角許容度の増大，および「超低流動」がもたらす充填効率増加によりスモーク限界当量比（4-2節を参照）に余裕が生じることなどにより補われることが期待される．また，「低圧縮比」の懸念点「始動性悪化」は，「超低流動」がもたらす熱損失減少による圧縮温度の上昇により始動性が向上することで補償されることが期待される．これら期待される作用について調べた実験結果の一例を図3-38に示す．懸念点「混合不良とそれに伴うスモーク増加」については，上段図のスモークとNOxのトレードオフ特性からわかるとおり，「低流動」でありながら高負荷域でスモークが低減されており，混合不良の問題は生じていない．懸念点「出力低下」については，下段左図からわかるとおり，実用

120 3章 ディーゼル燃焼システムに関する研究・開発の例

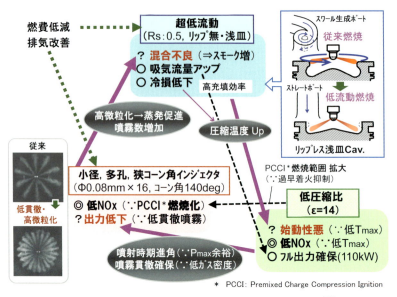

図 3-37 「低流動燃焼システム」の3要素と成立要因[59]

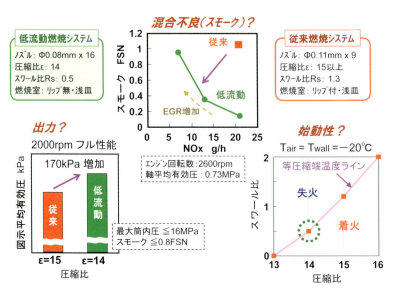

図 3-38 「低流動燃焼システム」で懸念された課題の克服例[59]

上重要な中速時の最大トルクが低流動燃焼系ではむしろ増大しており,出力低下の問題も回避されている.また,懸念点「始動性悪化」についても,下段右図からわかるとおり,低圧縮比でも低流動の低熱損失性により**圧縮端温度**(圧縮行程終了時のガス温度)が確保されるため,-20℃でも着火可能となる.以上の結果が示すとおり,当初懸念された問題は,上述したメカニズムにより期待どおり回避できることが実証された.

この「低流動燃焼システム」を追求する主要な動機となった「熱損失低減による燃費改善」

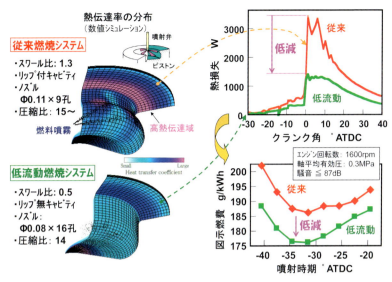

図3-39 「低流動燃焼システム」による熱損失の低減[59]

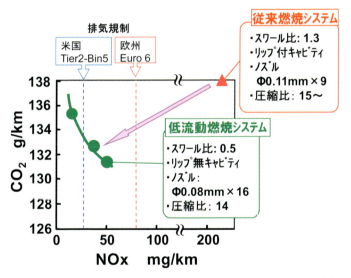

図3-40 「低流動燃焼システム」による燃費と排気の同時低減[59]

について調べた一例を図3-39に示す．燃焼室壁面における熱伝達率分布(3次元数値シミュレーションの結果)の比較からわかるとおり，「低流動燃焼」では狙いどおり熱伝達率が顕著に低減されていることが確認される．そして，この効果により，熱損失(右上図)が大幅に低減されて燃費(右下図)が顕著に(約6%)改善されている．この例は実用頻度の高い低負荷域での結果であるが，高負荷域を含む実用運転域における総合的な評価でも，図3-40に示されるとおり，この「低流動燃焼システム」により大幅にNOxを低減しつつ，同時に燃費(この図では排出CO_2値で表示)を顕著に(約5%)改善できていることが確認される[59],[60]．なお，このNOx排出

レベルは，現在の極めて厳しい排気規制である欧州 Euro6 をクリアし，さらに厳しい米国 Tier2-Bin5 規制値にも匹敵する低排出値である．このような優れた低排気特性の実現には，PCCI 燃焼活用域の拡大効果が寄与している．

　この開発に際しても，特別の詳細な燃焼解析は行ってはおらず，鍵になる要因に限った解析を行うに留めつつ，この時点までに蓄積した種々の知見を総合し考察することで，エポックメイキングな新たな概念を創出できたのである．

3-5　解析・開発用のディーゼルエンジンシミュレータ

　本節では，前3-4節で述べた例と同様に，その時点までに得ていた種々の知見を活かして，その時代の課題解決に資する「鍵になる開発ツール」を創出した例を紹介する．

　まず，このツールを開発することを目指した背景から説明する．近年では，ディーゼルエンジンに要求される性能（動力，燃費，排気など）レベルは極めて高くなり，エンジン構造や補機類，および後処理要素を含むエンジンシステムは複雑化している．このため，社会的要求を満たすエンジンを適正なコストで量産化するためには，エンジン本体の素性が優れていることが必須となる．これに対して，従来のような手法，すなわち「まず現存するエンジンを参考にして試作エンジンを製作し，実験評価した結果を踏まえて諸元を修正した試作エンジンを再度評価する」という過程を繰り返す方法では，膨大な時間，工数，コストが必要になる．そのうえ，必ずしも最高の素性のエンジンが得られるとは限らない．また，近年要求される排気レベルを実現するには，エンジン燃焼システムと後処理システムの両者に関わる多数の制御因子を，高応答かつ精密に制御する必要がある．このため，実験だけによる取組みでは，開発工数が莫大になるうえ考慮すべき制御因子が多いため，事実上開発が困難となりつつある．これらの課題への対応としては，ディーゼルエンジンモデルと後処理モデルに基づくエンジンシステム数値シミュレーションによる検討が必須である．しかし，従来のディーゼルエンジンモデルには，精度不足や計算時間過大など実用上の支障があるうえ，既存エンジンの実験結果に基づく実験式モデルであるため，新諸元のエンジンや企画段階のエンジンには対応できない問題があった．そこで，この課題克服のため，普遍性が高く企画段階のエンジンにも対応でき，実用可能な計算時間で必要な予測精度が得られる**ディーゼルエンジンシミュレータ UniDES**（Universal Diesel Engine Simulator の略）を開発した[61]．そして，この UniDES に加えてターボ過給機モデル[62]と燃焼騒音シミュレータ[63]を市販のエンジンシステムシミュレータ GT-Power に組み込むことにより，上記ニーズに応えることができる**ディーゼルエンジンシステムシミュレータ**を開発した[64]．この例を以下に概説する．

　まず，ディーゼル燃焼の基本となる燃料噴霧と混合気の形成過程を表現する数値モデルの概要を図 3-41 に示す[61]．噴射開始後の各時刻における噴霧の到達距離や噴霧角，および周囲ガスの噴霧内への導入率などは，廣安らのモデル[2]に基づいて算出する．そして，燃焼室内にまず噴霧領域と周囲ガス（空気＋EGRガス）領域を定義し，さらにこの噴霧領域から形成される混合気領域に拡散燃焼領域と予混合燃焼領域を設定する．これらの各ガス領域は，周囲ガスを導入しつつシリンダ内のガス流動（スワールとスキッシュ）によって流され，時刻とともに位置や容積を変えることを考慮する．このガス流動は，解析的に算出可能なモデル[67]により算出される．また，各燃焼領域内の燃料濃度分布は**確率密度関数 PDF**（PDF：Probability Density

124　3章　ディーゼル燃焼システムに関する研究・開発の例

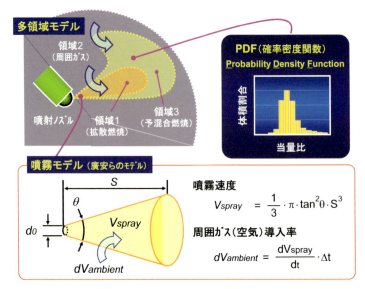

図3-41　噴霧・混合気生成過程を表現する多領域PDFモデル[61]

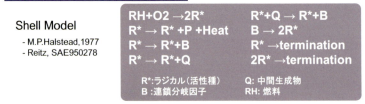

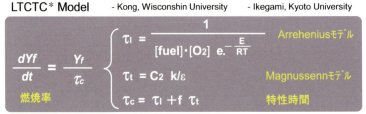

図3-42　各混合気領域内の燃焼を表現する化学反応モデル[61]

Function)に基づき決定される．このため，この数値モデルは**多領域・PDFモデル**と呼ばれる．次に，各燃焼領域における燃焼の化学反応を表現するモデルを図3-42に示す[61],[65]．付録13で詳述したが，燃料の脱水素反応から連鎖分岐反応に対応する「低温酸化反応」はShellモデル[68]で表現し，その後の「高温酸化反応（主燃焼）」をLTCTCモデル[69]で記述している．排気有害物質の生成・排出量の算出については，この種のシミュレーションで一般的に用いられる手法と同じである．すなわち，NOxは拡大Zeldovich機構[70]により，煤は煤生成と煤酸化をそ

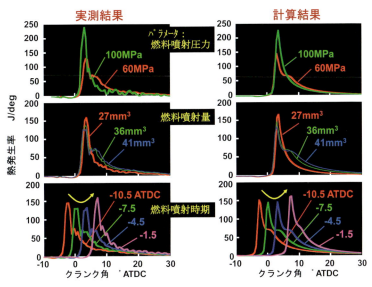

図 3-43 ディーゼルエンジンシミュレータ UniDES による計算結果と実験結果との比較[61]

れぞれ表現するモデルの組合せ(各種のモデル[71]が存在する)により,そして未燃 HC は最終的な未燃率から,それぞれ求めている.ただし,本シミュレーションではガス塊ごとにこれらの生成量を算出しており,各有害物質の主要な生成要因の推定などにも役立つ情報が得られる点が特長である.これらのモデルに基づくディーゼルエンジンシミュレータを上記のとおりUniDES と称している.UniDES からは,算出されたシリンダ内の燃焼特性に基づき,サイクルごとにエンジン 1 気筒当たりの発生トルク(出力),排気温度,排気特性(NOx, 煤, CO, HC)などの値を得ることができる.

シミュレーションから得られる各算出値の精度を決める鍵となる要因が燃焼特性の予測精度である.そこで,UniDES による燃焼特性の予測精度を評価した一例を図 3-43 に示す.いずれの図も,横軸はクランク角(時間)で縦軸は熱発生率であり,左列は実測値で右列が計算値である.また各図は,上段図が燃料噴射圧力を,中段図が燃料噴射量を,そして下段図が燃料噴射時期を,それぞれパラメータとして変化させた場合を示している.いずれの場合も,各パラメータの変化に応じた熱発生率の変化をその絶対値まで精度良く予測できている.近年一般化しているコモンレール FIE で多用されるマルチ噴射時の燃焼については,図 3-44 に示すとおり,マルチ噴射回数に応じて多領域モデルを拡張することで対応できる.この図は,2 回のパイロット噴射を付加する場合の一例であるが,各パイロット噴射燃料と主噴射燃料からのおのおのの熱発生率を良好な精度で表現できていることがわかる.

これら燃焼特性の情報のほかにも,UniDES からは種々の有益な情報が得られる.その一例を図 3-45 に示す.左図は,パイロット噴射と主噴射の各燃料から生成される各混合気領域の各時刻における位置を示したものである.この情報から,例えば 3-2-1 項で説明した,パイロ

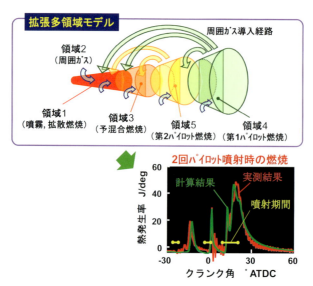

図3-44 多領域モデルの拡張によるマルチパイロット噴射燃焼の予測例[53],[61]

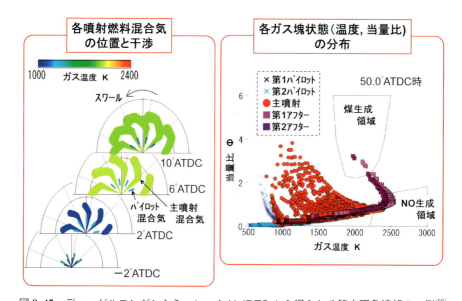

図3-45 ディーゼルエンジンシミュレータUniDESから得られる筒内現象情報の一例[66]

ット火炎域と主噴射燃焼域との位置関係がスモークを多量に排出してしまう状況か否かを，そして両燃焼域を適切な位置関係とするパイロット噴射の時期や量を，併せて知ることができる．図3-45の右図は，排気有害物質の生成に大きく関与する燃焼室内の各ガス塊の状態量（当量比，温度）の分布をある時刻（この図は50°ATDC時）について示している[66]．このような，縦軸に当量比，横軸にガス温度をとった図を Φ-T マップ（詳細は4章4-3節を参照されたい）と称する．煤の生成領域とNOxの元になるNO（一酸化窒素）の生成領域は，Φ-T マップ上では図の位置

3-5 解析・開発用のディーゼルエンジンシミュレータ　127

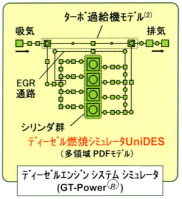

(62), (63)：（株）豊田中央研究所の内製ソフトウェア

図3-46　UniDESに基づく「ディーゼルエンジンシステムシミュレータ」の構成概要[64]

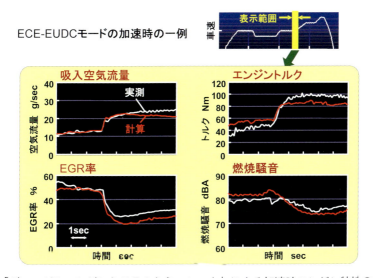

図3-47　「ディーゼルエンジンシステムシミュレータ」による加速時エンジン特性の予測例[64]

になる．この煤生成域とNO生成域に位置するガス塊が，それぞれこの時刻における主要な煤とNOの生成源であることがわかり，これらの時系列情報は排気低減策を得るヒントになりうる．以上のように，UniDESからは，従来のこの種のサイクルシミュレーションでは得られなかった高精度な計算結果と有用な種々の情報を得ることができる．

　前述のとおり，この「UniDES」を核として「ターボ過給機モデル[62]」と「燃焼騒音シミュレータ[63]」を加えたものを市販の「エンジンシステムシミュレータGT-Power」に組み込むことで，「ディーゼルエンジンシステムシミュレータ」が得られる．この構成概要を図3-46に示す[64]．この例は4気筒エンジンの場合であるが，「GT-Power」には吸・排気系統での流動現象を管路方向の1次元流動として特性曲線法により解く機能が備わっているので，多気筒エンジ

ンとしての吸・排気流動はこれにより表現される．このディーゼルエンジンシステムシミュレータにより，吸・排気流動の気筒間干渉も考慮したうえで，サイクルごとの過渡的なエンジン性能を得ることができる．また，このシミュレータは燃焼騒音を算出する機能を有しているので，加速時などのエンジン燃焼騒音の変化を模擬して実際に発音することも可能である．

　この「ディーゼルエンジンシステムシミュレータ」により，加速時のエンジン特性を予測した結果の一例を図3-47に示す[64]．この例は，欧州において排気や燃費の評価に用いられる走行パターンであるECE-EUDCモード（詳細は付録14を参照）内で，定常走行から加速に移る期間を対象にしたものである．ここでは，吸入空気流量，EGR率，エンジントルク，燃焼騒音の各項目について，それらの変化の様子を示している．予測結果は，細かな絶対値の違いはあるものの，実測結果とおおむね良く対応している．つまり，このシミュレータにより加減速を含む複雑な走行パターンにおけるエンジン性能を予測できることがわかる．

　以上に概説した「ディーゼルエンジンシミュレータUniDES」およびこれを核とする「ディーゼルエンジンシステムシミュレータ」は，分類すると**エンジンサイクルシミュレーション**の一種である．一方，近年では，3次元数値流体シミュレーションに噴霧モデルや燃焼モデルを組み込み，エンジンシリンダ内の混合気形成から燃焼の各過程を詳細に解析する**3次元CFD**（CFD : Computational Fluid Dynamics）の精度が向上し，実際の開発に活用されている．エンジン諸元の詳細な項目，例えばキャビティリップ形状の混合気形成・燃焼への影響などの解析は，この3次元CFDでのみ可能であり，エンジンサイクルシミュレーションレベルでは扱うことはできない．しかし，3次元CFDは，仮に対象を簡単化して軸対称2次元化したとしても，長い計算時間を要する．したがって，エンジンの基本諸元を企画する段階での試行錯誤的な検討や，エンジン制御因子群の最適化時の机上事前検討などの場合には，3次元CFDは実用上活用できない．これに対して，「UniDES」を核とする「ディーゼルエンジンシステムシミュレータ」では，仮定したエンジン基本諸元（圧縮比，キャビティ径，噴射ノズル諸元，最高噴射圧力，最高過給圧力など）に対応する排気，燃費，動力性能などの値を分オーダーの短時間で得ることができるため，目標性能を満たす基本諸元の候補を実際に求めることができる．

　「ディーゼルエンジンシミュレータUniDES」は，それ単独またはUniDESを組み込んだ「ディーゼルエンジンシステムシミュレータ」として，エンジン開発の企画段階で主要なエンジン諸元の要求値を見積もることに活用されている．また，排気や燃費および動力性能の要求値を同時に満たすためのエンジン制御ロジックを開発する際にも，最適な制御因子群を見出す過程で有用なツールとなっている．その結果，開発の時間，工数，コストの大幅な低減，および開発の質向上に寄与している．

　上記の「UniDES」の例は，この種のサイクルシミュレーションにおいて実際に役立つものを開発するには，「簡潔ながら本質を捉えた現象のモデル化」が鍵であることを示している．

そのような考案の基になるのは,「シリンダ内で生じている混合気形成から燃焼までの現象を多くの場合について知り,どれだけ深く理解し整理しているか」であろう.

4章

ディーゼル燃焼解析からの学び

　本章では，3章で紹介したような燃焼解析に従事する過程で得られた，人生の教訓にも通じるような「学び」のいくつかを紹介したい．ディーゼルエンジンの特に燃焼システムの開発に今後取り組まれる方々に，ディーゼル燃焼をより深く理解していただき，ここに挙げるような誤りを犯すことなく，そして独創的なコンセプトを創出していただくうえで，本章がその一助になればとの思いを込めて記すものである．

4-1 燃料噴射率の制御

　1章1-3-1項と3章3-2節で述べたが，噴射率制御の類別された項目とそれらに関する当時の課題は，図4-1のとおりであった．これら種々の噴射率制御項目について解析する過程において，当初の予想とは大きく異なる事実や自らの誤り，あるいは当初の結論の枠を超える捉え方が必要な現象があることなどについて学んだ．本節では，図4-1の各解析項目について，図中に記す番号順に，これらの学びについて概説する．

4-1-1　早期パイロット噴射

　3章3-2-2項で述べたとおり，およそ $-40°$ ATDC（上死点前 $40°$ CA）以前のような早い時期に噴射する「早期パイロット噴射」については，噴射燃料がシリンダ壁面に衝突・付着することによる燃焼効率の低下や，燃料による潤滑油希釈の問題があった．早期パイロット噴射の場合に燃料の壁面付着が生じる要因は，$-40°$ ATDC 以前のような早い時期ではシリンダ内ガスの圧力（すなわち密度）と温度が低いために，燃料噴霧の貫徹力が過大になり飛翔距離が長くなるうえ，蒸発速度が低く燃料が液滴のままで壁面まで到達する状況が起こりえるからである．そこで当時は，実際には，まず噴霧観察を行い，噴霧先端がシリンダライナ壁面まで到達するかどうかを調べた．その結果を図4-2に示す[43]．左側の可視化写真は，ピストンキャビティ内の現象をキャビティ底面側から観察した結果で，シャドウグラフ撮影により噴霧液滴と混合気領域を影として捉えている．右側のグラフは，この観察結果から読み取った噴射開始からの各時刻における噴霧先端の到達距離と，廣安らの実験式[2]から算出される主噴射相当の長噴射期間時の噴霧先端到達距離の両者を併せてプロットしたものである．図からわかるとおり，パイロット噴射量が多い（$6\mathrm{mm}^3/\mathrm{st}$）場合には，廣安らの実験式値とほぼ同様の噴霧到達状況となり，明らかにシリンダ面に衝突する．一方，噴射量が少ない（$1\sim2\mathrm{mm}^3/\mathrm{st}$）場合には，噴霧は途中で失速し，シリンダ面にまでは到達しないと判断される．つまり，この段階では「パイロット噴射量を少量とすれば燃料のシリンダ壁面付着を回避できる」という当初予想どおりの結果になると思われた．

　ところが，実エンジンでの評価試験では，パイロット噴射量を少量化しても燃料による潤滑油希釈の問題が発生する結果となった．そこで，3章3-2-2項で詳述した，図3-9(p.92)の右上図の装置を用いて，早期パイロット噴射燃料のシリンダ壁面付着状況を詳しく調べたのである．本項ではこの詳細は省くが，結果は図4-3(図3-10(p.93)の抜粋)のとおりとなった．つまり，燃料噴射量に関しては，パイロット噴射量が過少でも過多でも燃料の壁面付着は生じ，中間の適切な噴射量でのみ壁面燃料付着を安定して防止できることが明らかになった．詳細は3章3-2-2項を参照されたいが，噴射量過少時に壁面燃料付着が生じるという予想外の結果となる

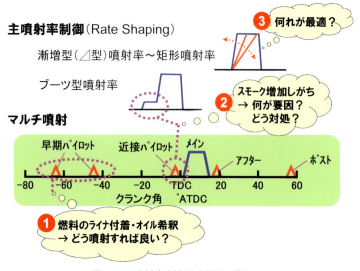

図4-1 噴射率制御の種類と課題

要因は以下のとおりであった．つまり，極少噴射量を実現する際には噴射ノズル針弁のリフトが極めて小さくなるため，シートチョーク（ノズルシート部の絞り効果）により噴孔内の実噴射圧力がコモンレール設定圧力より大幅に低くなって，燃料噴霧の微粒化が進まず，粗大燃料液滴が噴霧内に残存する．この粗大燃料液滴は，蒸発が遅く，空気との運動量交換が進まないので，大きな飛翔速度を維持してシリンダ面に到達することになる．図4-2の実験でこの現象を捉えられなかった要因は，残存する粗大燃料液滴群の数密度が低いため，シャドウグラフ法ではこの液滴群に対する感度が過小であったためと考えられる．

また，詳しい説明は本項では省くが，噴射圧力についても，噴射圧力が低い方が，噴霧貫徹力が低下してシリンダ壁面への燃料付着が防止できるように思われたが，実際には適切な噴射圧力でのみ壁面燃料付着を安定的に回避できる結果となった．この要因も，シートチョークによる実噴射圧力の低下であり，低噴射圧力設定時には実噴射圧力がさらに極めて低くなって，より大径の粗大燃料液滴が生成される．このため，噴射時の初速度が低くても運動量が維持され，飛翔を続けて壁面に到達したためである．

ここで学んだ事項をまとめると，以下のとおりである．
① 早期パイロット噴射においては，噴射燃料のシリンダ壁面付着の有無は，通常の手法（シャドウグラフの観察結果など）で計測される噴霧到達距離では評価できない．
② 「少噴射量ほど，また低噴射圧力ほど，燃料のシリンダ面付着を防止できる」という概念は誤りである．
③ 「噴射量と噴射圧力の両者の適切な設定でのみ，燃料のシリンダ壁面付着を安定して防止できる」が真実である．

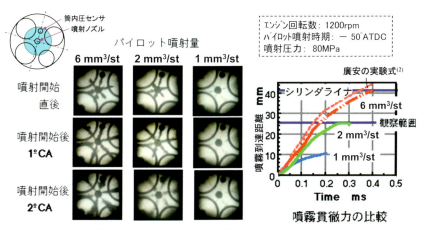

図 4-2　パイロット噴射量と噴霧貫徹力との関係[43]

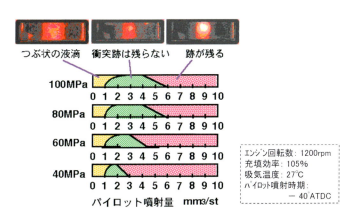

図 4-3　噴射量・噴射圧とボア付着燃料量との関係[43]

なお，念のために補足しておくが，この「適切な噴射量と噴射圧力」の範囲は，燃料噴射インジェクタの特性に依存して変化する．この理由は，上記結果となる主要因がシートチョークによるためである．

また，ここで教訓として得たことは以下のとおりである．
① 何事も先入観で決めてかかってはいけない．
② 思いがけない事実がある．

4-1-2　近接パイロット噴射：火炎と噴霧の干渉

　3章3-2-1項において，「近接パイロット噴射」時にパイロット噴射の時期や噴射量が不適切であると，スモークが大幅に増加する事例を紹介した．この要因は，パイロット噴射燃料の火炎塊と主噴射噴霧との干渉，すなわち主噴射噴霧がパイロット火炎中に突入する状況となって即座に火炎に包まれ，主噴射噴霧への空気導入が阻害されて大量の煤が生成され，排出スモークが増大することであった（図3-6(p.89)参照）．このような現象は，近接パイロット噴射時に特有のことではなく，ディーゼル燃焼全般で起こりえるものである．

　その典型的な例を図4-4に示す．この場合には，図4-4の左上図に示すような副室（過流室）を持つ試験用単気筒IDIディーゼルエンジンを用い，この過流室を2次元的な円筒状として光学的に透過できる構造としている．この可視化過流室に**シュリーレン法**（光学系を図4-5に示す），**シャドウグラフ法**（光学系は図3-20(p.102)を参照），そして**背景拡散照明法**（光学系を図4-6に示す）の各光学計測法を適用して高速度カラー撮影を行っている[72]．図4-4の高速度撮影画像群は，上段行から順に，カラーシュリーレン像，シャドウグラフ像，背景拡散照明像，そして燃焼室内に窒素ガスを充填して空気（酸素）を排除し非燃焼場とした場合の背景拡散照明像をそれぞれ示している．蛇足ではあるが，シュリーレン像はガス密度の勾配（密度の1次微分値，空間変化率）を，シャドウグラフ像は密度勾配の空間変化率（密度の2次微分値）を，背景拡散照明像は密度には感度を持たず直接に光を遮る物質のみを，それぞれ影として捉えるものである．

　図4-4最上段行のカラーシュリーレン像では，燃料噴霧（黒色の影），形成された混合気領域（白っぽい領域），そして火炎領域（混合気領域内の黒色域）とその中の輝炎領域（オレンジ色域，直接撮影像）をそれぞれ捉えており，燃焼場の全体的な状況の情報が得られる．左上図の燃焼室周り構成図からもわかるとおり，燃焼室（過流室）内では，右上の燃料噴射ノズルから水平・左方向に噴射された燃料噴霧は蒸発しつつ対向壁に衝突した後，スワールによって円筒状壁面に沿って反時計回り方向に流されていく．また，壁面衝突後は蒸発燃料から生成される混合気領域が急速に拡大していくとともに，混合気領域内の壁面近傍で着火して燃焼を開始し，急速に輝炎領域が拡大していく様子が見て取れる．

　図4-4の2段目行のシャドウグラフ像では，光を遮る物質と同時にガス密度勾配の空間変化率が大きな領域，すなわち混合気領域と燃焼領域を捉えている．シュリーレン像と対比するとわかるが，混合気領域が影として捉えられており，その中でも燃焼反応により密度勾配の変化率が大きくなっている箇所が特に暗い影となっている．この燃焼領域内には生成した煤領域が存在するはずであるが，このシャドウグラフ像からは煤領域を判別し特定することはできない．

　図4-4の3段目行の背景拡散照明像では，ガス密度の影響は排除されて，光を遮る物質の存在する領域のみ，すなわち考えられる対象としては燃料噴霧の未蒸発部（燃料液滴）と煤領域が捉えられているはずである．そこで，煤領域のみを抽出するために，窒素ガスを燃焼室内に充

4-1 燃料噴射率の制御　137

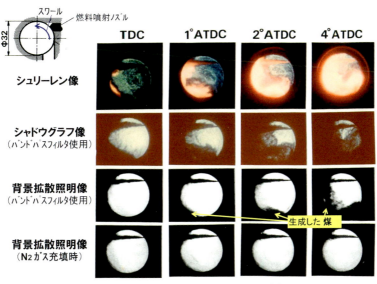

図4-4　高濃度煤が生成する状況の例

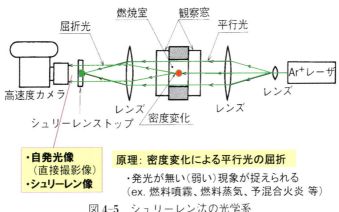

図4-5　シュリーレン法の光学系

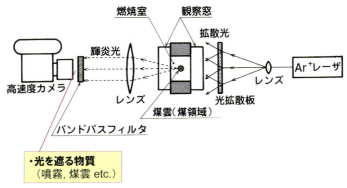

図4-6　背景拡散照明法の光学系

138   4章 ディーゼル燃焼解析からの学び

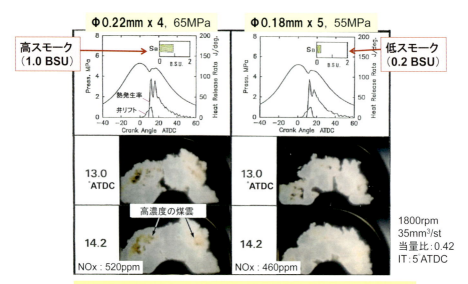

図4-7 噴霧の火炎中への突入とスモークの関係[73]

填し，非燃焼場として背景拡散照明像を撮影した．この結果が図4-4の最下段行である．非燃焼場であるので煤は生成されないため，ここに捉えられている領域は燃料噴霧の未蒸発部である．これら燃焼場と非燃焼場での背景拡散照明像を比較することで，生成した煤の領域が図中に示す箇所であることがわかる．

　上記の観察結果，および併せて実施した3次元数値シミュレーションの結果（この図は省略．詳細は参考文献[72]を参照されたい）から，以下のことがわかる．この燃焼場のように，火炎領域中に次々と燃料噴霧および高濃度の燃料蒸気（高当量比の混合気）が突入し続けるような場では，この高当量比の混合気塊は，火炎に包まれて空気を導入できず（導入されるのは既燃ガス），高当量比が維持されたまま高温にさらされることとなる．この状況は，図3-44(p.126)の右図（Φ-Tマップ）からもわかるとおり，まさに高濃度の煤を生成する条件に合致している．この例からもわかるとおり，高濃度煤を生成する「混合気が高当量比状態で高温になる」状況は，近接パイロット噴射時のみならず，ディーゼル燃焼では一般的に起こりえるのである．また，この状況は，火炎中に燃料噴霧が突入する場合など，過濃な混合気塊が火炎に包まれる場合に主に生じることになる．

　一方で，「火炎中に燃料噴霧が突入して過濃な混合気塊が火炎に包まれる状況」になっても，高濃度の煤が生成されない場合もある．その例を図4-7に示す[73]．これは，図3-1(p.84)に示した可視化単気筒DIディーゼルエンジンを用いて，中速・中負荷時の排出スモーク濃度と燃焼状況を，2種類の燃料噴射ノズルについて比較した結果である．左列図に示す噴射ノズルがϕ 0.22mm×4孔の場合には，排出スモーク値は1.0BSUと高い．一般に，中負荷以上では燃

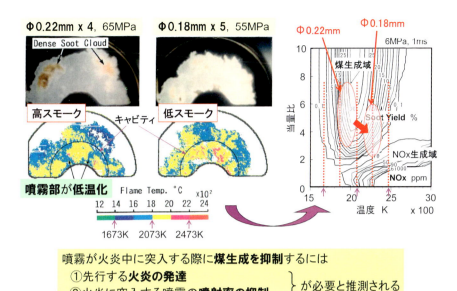

図4-8 火炎内の噴霧部温度と煤生成の関係[73]

料噴射期間がある程度長くなるため，燃焼が開始し火炎領域が形成された後も燃料噴射は続くことになる．この状況は，最上段図の熱発生率と噴射ノズル針弁リフトのグラフからも見て取れる．つまり，この場合には必然的に燃料噴霧が火炎中に突入する状況が生じることになり，上記のとおり高濃度の煤が生成される．3章で述べたように，火炎中に生じている黒褐色の領域（高濃度煤がガラス面で冷却されて生じる）がその証であり，結果として排出スモーク値が高くなっている．一方，右列図に示す噴射ノズル φ 0.18mm × 5 孔の場合には，排出スモーク値は 0.2BSU と低く，また火炎中に黒褐色の領域も生じていない．つまり，「火炎中に燃料噴霧が突入して過濃な混合気塊が火炎に包まれる状況」になっても，高濃度の煤は生成されていないのである．

この噴射ノズルの違いにより結果が異なる要因を解明するために，火炎中の燃料噴霧部とその周辺の高当量比の混合気域の温度を**二色法**により計測し解析した．この結果を図4-8に示す．二色法による火炎温度分布図からもわかるとおり，噴射ノズル φ 0.22mm × 4 孔の場合には 2 本の噴霧領域が，また噴射ノズル φ 0.18mm × 5 孔の場合には 3 本の噴霧領域が，それぞれ視野内で観察されている．この図からわかるとおり，噴霧領域および噴霧が衝突するキャビティ側壁（図中に黒色線で示す）近傍の高当量比混合気塊の温度が，高濃度の煤を生成したノズル φ 0.22mm × 4 孔の場合にはおよそ 2,000K 以下（図では青色）になっているのに対し，ノズル φ 0.18mm × 5 孔の場合にはおよそ 2,100〜2,500K（図では黄色〜紅色）になっている．当量比とガス温度を座標軸として煤と NOx の生成域と生成濃度（等高線で表示）を示す**Φ-T マップ**（詳細は4-3節を参照）上に，温度の計測値と数値シミュレーションから求めた当量比に基づき，両場合の該当領域を当てはめると，図4-8右図となる．この図から，ノズル φ 0.22mm × 4 孔

140　4章　ディーゼル燃焼解析からの学び

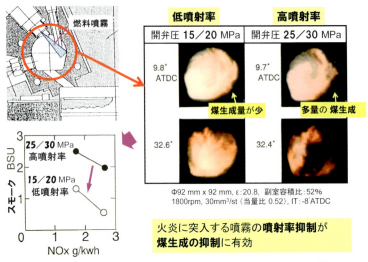

図4-9　噴射率とスモークの関係（IDIディーゼルの場合）[74]

　の場合にはまさに高濃度の煤を生成する条件に該当し，ノズルφ0.18mm×5孔の場合には煤生成能が低い条件となっていることがわかる．このため，「火炎中に燃料噴霧が突入して過濃な混合気塊が火炎に包まれる状況」になっても，ノズルφ0.18mm×5孔の場合には高濃度の煤は生成されず，排出スモーク値も低くなったと考えられる．

　本例の場合に，両ノズルで該当領域の煤生成能に違いが生じた要因は，主にその領域内のガス温度の違いである．この両ノズルで，「噴霧領域および噴霧衝突点近傍のキャビティ側壁付近の高当量比の混合気塊」の温度が異なる結果となった要因は，以下のとおりと考えられる．噴射ノズルφ0.22mm×4孔の場合には，噴孔径が大きく噴口数が少ないため，噴霧1本当たりの噴射率が高くなって，燃料蒸発潜熱による吸熱量が大きくなるなどにより，火炎に包まれても該当領域の温度が十分に上昇できない．一方，ノズルφ0.18mm×5孔の場合には，噴霧1本当たりの噴射率が抑制されて，過剰な吸熱作用がなく，温度が速やかにおよそ2,100～2,500K程度にまで上昇できたものと推察される．つまり，「火炎中に燃料噴霧が突入して過濃な混合気塊が火炎に包まれる状況」になっても煤生成を抑制するためには，①噴霧に先行する火炎の温度と規模が適切なレベルに達していること，②火炎中に突入する噴霧の噴射率が適切に抑制されていることの2点が必要であると結論できるものと考えられる．

　この結論を裏づける別の例を図4-9に示す[74]．この結果は，左上図に示すような可視化仕様の副室（過流室）を持つIDIディーゼルエンジンを用いて，中速・中負荷時の過流室内の燃焼状況と排出スモーク値を，「低噴射率ノズル」（開弁圧力15MPa/20MPa）と「高噴射率ノズル」（開弁圧力25MPa/30MPa）の両場合について比較したものである．補足しておくと，この時代のこの種のエンジンでは，コモンレールFIEではなく従来型のジャーク式FIEを用いており，噴射ノズルは2段開弁圧型としていて，高開弁圧力ほど高噴射率となる特性があった．この実験でも，過流室内の燃焼観察結果からわかるとおり，「高噴射率ノズル」の場合には，火炎中

の噴霧衝突点近傍から黒褐色の領域が拡大していく．これに対し，「低噴射率ノズル」の場合には，火炎中に黒褐色の領域はわずかしか生じていない．この結果と呼応して，左下図に示す排出スモーク値も「低噴射率ノズル」の場合には大幅に低減されている．このように，まったく異なるタイプのエンジンにおいても同様の結果が得られていることからも，上記の結論は妥当であろうと考えられる．

　上記の事例に関して補足しておくと，3章3-4-2項でも述べたとおり，近年では燃費改善を狙ってガス流動が抑制される傾向となっている．これに伴って，燃料噴射自体で混合気を燃焼室内に広く分布させるために，小噴孔径で多孔の燃料噴射ノズルが用いられる場合が多くなっている．これにより，燃料噴射圧力は高圧化される傾向ではあるが，噴霧1本当たりの噴射率は抑制される方向に変化するため，この小噴孔径・多孔ノズルの使用は排出スモークの低減にも寄与しているのである．

　また，近年ではディーゼルエンジンの高比出力化の進展に伴い，燃焼室内全体としては，許容される噴射期間内に従来以上の大量の燃料を供給(噴射)する必要があり，高噴射率化が必須となっている．一方，本項で示したとおり，高濃度煤の生成を抑制するためには噴霧1本当たりの噴射率は抑制せねばならない．この背反する両要求を両立する方策としても，小噴孔径で多孔の燃料噴射ノズルが用いられているのである．ますます進展する高比出力化の観点からは，噴霧1本当たりの噴射率も，高濃度煤の抑制と比出力の確保を両立させるべく注意深く設定する必要があろう．

本項で紹介した解析を通じて学んだことをまとめると，以下のとおりである．
① 　高濃度煤の生成要件として，「火炎中に燃料噴霧が突入して過濃な混合気塊が火炎に包まれる状況」が挙げられる．しかし一方で，このような状況になっても高濃度煤が生成されない場合もある．
② 　一般に，上記のような状況になると「過濃な混合気塊」が高温となるが，その温度レベルによって煤生成能が異なるために，高濃度煤の生成状況が混合気塊の温度によって異なることになる．この点は，Φ-Tマップに当てはめて考えると理解しやすい．
③ 　上記のような状況になっても煤生成を抑制するには，①噴霧に先行する火炎の温度と規模が適切なレベルに達していること，②火炎中に突入する噴霧の噴射率が適切に抑制されていることの2点が必要である

また，ここで教訓として得たことは以下のとおりである．
① 　現象が解明でき，要因が明らかになったように思えても，それは個別事例についての表面的な範囲に留まっている場合があるため，より深い洞察を心がけるべきである．
② 　断片的な問題の範囲で取り組むのではなく，別の機会に得た様々な結果も含めた包括的

142   4章　ディーゼル燃焼解析からの学び

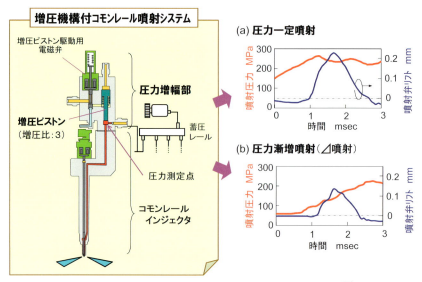

図4-10　噴射率の自在制御のための試作インジェクタ[75]

な考察の下に，現象解明と要因の特定に取り組むことが必要である．

4-1-3　主噴射の噴射率制御：筒内ガス密度の影響

1章1-3-1項で図1-26(p.28)を用いて，主噴射の噴射率を矩形型から初期の立上り勾配を小さくする漸増型にすることで，燃焼初期の急峻な熱発生率の立上りを抑制して，シリンダ内ガスの最大圧力上昇率およびピーク圧力を低下させ，騒音・振動を低減できることを説明した．このように，主噴射の噴射率を制御して燃焼特性を制御する試みは，従来から広く行われてきた．しかし近年になって，排気有害物質（主にNOxと煤）の低減やダウンサイジングに向けた比出力増大などのために高過給が行われるに至って，従来の知見と合致しない結果が生じるようになった．そこで，この要因を明確にしてより正確で一般化した知見を得るために，主噴射の噴射率の影響を改めて調査した．本項では，この概要とその過程で学んだことを紹介したい．

主噴射の噴射率の影響を解析するに際しては，噴射率を種々変化させるために噴射期間中の噴射圧力パターンを自在に変化させうる特殊なインジェクタを開発した[75]．その概要を図4-10の左図に示す．このインジェクタは，コモンレールインジェクタに燃料圧力の増圧機構を組み合わせたものであり，**増圧機構付コモンレール噴射システム**（増圧コモンレールFIEとも略称される）と呼ばれる．この増圧機構は，従来のジャーク式と同様に，噴射時に増圧ピストンを作動させて燃料油を圧縮し，噴射圧力をコモンレール圧力以上に増大させるものである．ただし，増圧ピストンの作動はカム駆動ではなく，燃料を作動流体とする油圧方式によるタイプである．このインジェクタにより，図4-10の右図に示すとおり，噴射期間中の噴射圧力を

4-1 燃料噴射の制御　143

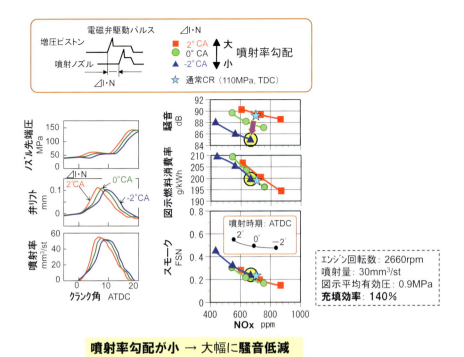

噴射率勾配が小 → 大幅に騒音低減

図 4-11　噴射率の立上り勾配の影響：単一噴射（主噴射のみ）の場合[75]

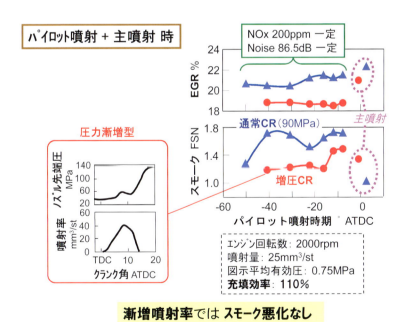

漸増噴射率では スモーク悪化なし

図 4-12　噴射圧力の漸増度（噴射率の立上り勾配）の影響：パイロット噴射ありの場合[75]

ほぼ一定にして「矩形型噴射率」としたり，噴射期間中に圧力を上昇させる圧力漸増型噴射（デルタ型噴射とも称する）として「漸増型噴射率」化することもできる．このインジェクタを用

144 4章 ディーゼル燃焼解析からの学び

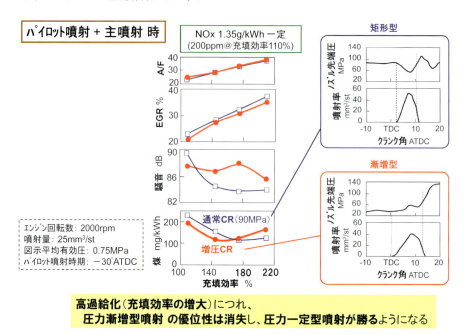

図4-13 噴射圧力履歴の影響(部分負荷時)[75]

いて噴射率がエンジン性能(排気，燃費，騒音など)に及ぼす影響を調べた例を図4-11〜4-13に示す[75]．

　図4-11は，主噴射のみの単一噴射時に漸増型噴射率とし，この噴射率の立上り勾配の影響を調べた結果である．噴射ノズル先端の燃料圧力(噴射圧力)，ノズル針弁リフト，そして噴射率の履歴は左図に示すとおりで，噴射率の立上り勾配を3段階に変化させている．この変化は，本インジェクタでは，増圧ピストンの駆動開始時期と噴射ノズル開弁時期との間隔を変えて実現している．ここでは，噴射率の立上り勾配は，赤色線(■印)が最も大きく，次いで緑色線(●印)，青色線(▲印)となっている．右図は，横軸に排出NOx濃度をとり，上段から騒音，図示燃料消費率(図示燃費と略称する)，排出スモーク濃度の変化をそれぞれ示したものである．この図からわかるとおり，噴射率の立上り勾配を小さくすることで燃焼騒音が大幅に低減される．また，NOxに対する図示燃費とスモークのトレードオフ特性については，いずれの立上り勾配でもほぼ同一のトレードオフ線上にプロットされる．ただし，同一噴射時期の場合には，噴射率の立上り勾配低下につれて図示燃費とスモークは若干悪化するが，反面でNOxは低下する．しかし，各場合で最適な噴射時期を選べば，噴射率の立上り勾配低下により，図示燃費とスモークを同一値に維持しつつNOxと騒音を低減することができる．参考のために，通常コモンレールFIEを用いたおおむね矩形型噴射率の場合(★印)と比較すると，噴射率の立上り勾配が最小で噴射時期−2°ATDCとした場合には，図示燃費，スモーク，NOxをほぼ同一としながら燃焼騒音を大幅に(約4.5dB)低減できることがわかる．

　図4-12は，1回のパイロット噴射が付加された場合であり，噴射率の立上り勾配が排気に

及ぼす影響を調査した一例である．この実験では，各場合の NOx と燃焼騒音がそれぞれ 200ppm と 86.5dB の同一値になるように，関連制御因子を調整している．図は，横軸のパイロット噴射時期に対して，排出スモーク値の変化と各場合に設定した EGR 率を示している．なお，長円破線で囲った主噴射の時期は図のとおりで，おおむね TDC である．青色線（▲印）は，通常コモンレール FIE を用いた，おおむね「矩形型噴射率」の場合である．また，赤色線（●印）は，増圧コモンレール FIE を用いた，「漸増型噴射率」の場合の結果である．この結果から以下の点がわかる．矩形的噴射率では，近接パイロット噴射の付加によりスモークが大幅に増大している．このスモーク増加要因は，3 章 3-2-1 項で記した「パイロット火炎と主噴射噴霧との干渉」に加えて，矩形的噴射率では排出 NOx が高くなるため，NOx 値を 200ppm に抑えるために高い EGR 率を設定せざるをえないことにある．一方，漸増型噴射率の場合には，低い EGR 率でも NOx を抑制できるため，パイロット噴射時期に関わらず低スモークとなる．もちろん，この漸増型噴射率の場合も，「近接パイロット噴射の火炎と主噴射噴霧との干渉」によるスモーク増加作用はあり，$-10°$ ATDC 付近でのスモーク増加がこの影響であろう．

　以上の図 4-11 や図 4-12 からわかるとおり，主噴射の噴射率を漸増型とすると排気改善や大幅な騒音低減などの効果が得られる場合が多く，これらの効果は従来から知られていたものである．ところが，冒頭で述べたとおり，近年に排気低減やダウンサイジング化のために高過給を行うようになると，「矩形型噴射率」と「漸増型噴射率」の優劣が逆転する結果が生じるようになった．この一例を図 4-13 に示す．これは，図 4-12 と同じ負荷条件において，パイロット噴射時期を $-30°$ ATDC に固定し，EGR 率の調整により NOx 排出率を同じ制限値（1.35 g/kWh）に保つ制約下で，充填効率を変化させた場合の結果である．図では，横軸に充填効率をとり，下段から順に煤の排出率，燃焼騒音，EGR 率の設定値，そして A/F（空燃比）値の変化をそれぞれ示している．ここで，スモーク濃度ではなく煤の質量ベース排出率で示した理由は，充填効率の変化すなわちシリンダ内ガスの総量が変化する場合には「濃度」では煤の排出量の比較ができないためである．図中で，青色線（青□印）は通常コモンレール FIE を用いた，おおむね「矩形型噴射率」の場合（本例では圧力変動がやや大きいが）である．また，赤色線（赤●印）は増圧コモンレール FIE により，噴射圧力を漸増化して「漸増型噴射率」とした場合である．これら両場合の噴射特性は，右側の図に示してある．この図 4-13 から，以下の点がわかる．充填効率が 110％（図 4-12 での設定値）〜160％の範囲では，前述のとおり，漸増型噴射率の方が煤の排出率が低減している．しかし，充填効率が 180％を超えると，逆に矩形型噴射率の方が低い煤排出率となる予想外の結果となった．

　この結果は，詳しい解析を行うまでもなく，事前によく考えていれば予想できたものである．その要因は，3 章 3-3-2 項において (5) 式を用いて詳述した噴霧到達距離の低下である．すなわち，高過給化により充填効率が増大して筒内のガス密度（ρ_a）が増大すると，噴霧の到達距離が小さくなる．この噴霧到達距離の低下により，適正な時期に燃料が燃焼室周辺部まで到達できず，全域に混合気を分布させることができなくなる．このため，燃焼室内の空気利用率が

低下して煤の増加を招くことになる．したがって，この弊害を防止するためには，ガス密度ρ_aの増大に見合う噴射差圧ΔP（≒噴射圧力）の増加により，噴霧到達距離を維持することが必要となる．これに対し，漸増型噴射率すなわち「漸増型噴射圧力パターン」の場合には，噴射初期から中期の噴射圧力が低く抑えられるため，噴霧到達距離がさらに減少して，上記の弊害がさらに大きくなる．一方，矩形型噴射率の場合には，噴射圧力は噴射の全期間で高い一定値（≒コモンレール圧力）におおむね維持されるため，適切なコモンレール圧力の設定がなされていれば，全噴射期間を通じて必要な噴射圧力が確保されて，適正な混合気分布が実現される．このため，空気利用率が確保されて煤の増加は抑えられる．この要因により，高充填効率の場合には，矩形型噴射率（圧力一定噴射）の方が漸増型噴射率（圧力漸増噴射）よりも煤の排出量が少なくなるという逆転現象が生じたものである．

　以上，主噴射の噴射率に関する取組みを通じて学んだことをまとめると，以下のとおりである．
　[1] 主噴射を圧力漸増型（漸増型噴射率）にすると，
　① 初期噴射率の低減により，騒音と排出 NOx を効果的に低減できる．
　② パイロット噴射を付加する場合も，上記の効果によりパイロット噴射量を減少でき，EGR 率も低減できる（等 NOx の場合）ため，低スモークとなる．
　[2] 高過給化により充填効率が増大すると，
　① 着火遅れが短縮されるため，圧力漸増型噴射の上記メリットは減少する．
　② 燃焼室内のガス密度の増大により，混合気形成に対する噴霧運動量（噴霧貫徹力）の影響が大きく支配的になるため，圧力漸増型噴射と圧力一定噴射との優劣が逆転する．

　上記[2]-②に記した「筒内ガス密度の影響」については，3 章 3-3-2 項でも同様の事例を得ていた．すなわち，噴射圧力増大によるスモーク低減効果に関し，高過給化以前には噴射圧力 100MPa 程度以上では飽和傾向となったのに対し，高過給化後は噴射圧力を 100MPa 以上に増大することでさらにスモークが顕著に低減される結果となった事例である（図 3-29（p.110）参照）．この要因も 3 章 3-3-2 項に詳述されているが，要約すると以下のとおりである．従来並み過給下では，燃料噴霧液滴の微粒化効果が噴射圧力 100MPa 付近以上で飽和傾向となる（図 1-36（p.37）参照）ため，噴霧微粒化による混合気形成・燃焼の促進作用も噴射圧力 100MPa 以上で小さくなることが支配的であった．一方，高過給下では，シリンダ内ガス密度の増大により噴霧貫徹力が低下し，噴霧到達距離が小さくなるため，燃焼室全域に混合気を分布させることができなくなって，燃焼室内の空気利用率が低下し，煤が増加する結果となった．したがって，この対策は，ガス密度増大に見合う噴射圧力増加により噴霧到達距離を維持することである．このために，高過給下では噴射圧力を，100MPa 以上においても，増大させることがスモーク低減につながるのである．

この後者の事例を通じて学んだことをまとめると，以下のとおりである．

① 無過給あるいは低過給圧力で筒内のガス密度が低い場合には，噴射圧力の上昇による煤低減効果は 100MPa 程度で飽和する．しかし，近年のように過給圧力の増加が進みガス密度が高くなると，さらに高い噴射圧力まで煤低減効果が続くようになる．

② 噴射圧力増大の作用として，噴霧微粒化による燃焼促進・煤低減作用は噴射圧力 100MPa 程度で飽和する．一方，筒内ガス密度増大による噴霧貫徹力低下の悪影響（混合気分配の悪化）を補償する作用は，100MPa 以上でも当然有効である．これが①の要因である．

以上，本項で取り上げた 2 つの事例を通じて，教訓として得たことは以下のとおりである．

① 前提（この場合には燃焼場の条件）が変われば，関係因子の優劣／得失や影響範囲・影響度が変化することになる．

② 過去に得た結論に囚われてはいけない．

上記の教訓などは，今さら述べるまでもない当たり前で周知のことなのであるが，往々にして陥る落とし穴であると思い知らされた事例である．

4-2　噴霧と気流の関係

　付録4で浅皿型燃焼室の効果について，付図4-1(p.174)を用いて詳しく説明した．本節では，噴霧と気流の関係について述べるに当たり，まずその要点を改めて図4-14にまとめて概説する．図4-14の左図に示す従来燃焼システムでは，カム駆動ジャーク式噴射システムを用いており，噴射圧力にも限度があったため，大噴孔径ノズルによる大噴射率化と同時に，高スワール吸気ポートと深皿型キャビティによる強い気流により混合を促進してスモークの増加を抑制し，出力を確保していた．しかし，厳しくなる排気規制への対応が困難になったため，噴射ノズルを大噴孔径型から低・中負荷で顕著な煤(スモーク，PM)低減効果がある小噴孔径型に変更することを試みた(図4-14の中央図)．しかしこの場合には，最大出力時(高速の全負荷時)のスモークが増大する結果となり，スモーク上限値で規制される最大出力が低下する問題が生じた．この要因は以下のとおりである．小噴孔径ノズルでは各噴霧の運動量が小さくなるのに対し，強気流型燃焼システムでは高速エンジン回転時に強いガス流動を生成するため，噴霧と気流の運動量のバランスが崩れる．このため，キャビティ内に噴射された燃料蒸気の大部分が逆スキッシュによって吹き上げられて，キャビティ底部まで進入することができず，スキッシュエリア部に流出する．このため，キャビティ内の空気利用率が低下し，煤(スモーク)の生成につながっていた．この問題に対する解決策が，図4-14の右図に示される「浅皿型キャビティと小噴孔径ノズルとの組合せ」である．浅皿型キャビティでは，キャビティ径の拡大によるガス流動の抑制により，高速エンジン回転時でも噴霧とガス流動の運動量バランスが再び適正化される．これにより，キャビティ内とスキッシュエリアに燃料蒸気が適正に分配され，高い空気利用率が維持されてスモークの生成が抑制され，最大出力を回復することができた．

　上記の結果より，最大出力(全負荷)時のスモークは，燃焼室の細かな形状による乱流特性などの影響よりも，「キャビティ内外への混合気分配」に主に支配されていることがわかる．そこで，この「混合気分配を支配する指標」として，「気流代表速度／噴霧代表速度(Vs/Vsp)」で定義される比をとることにした．図4-14の結果からわかるとおり，キャビティ外への混合気流出量を支配する主要因は，「逆スキッシュ速度」と「キャビティ側壁付近の噴霧速度」である．このため，図4-15下段に記すように，「コントロールボリューム法により解析的に求まる逆スキッシュ最大速度[77]」を「気流代表速度Vs」とし，「廣安らの噴霧到達距離の実験式[2]から求まるキャビティ側壁部(リップ部)での噴霧速度」を「噴霧代表速度Vsp」として，比Vs/Vspを算出した[76]．この比の有効性を検証するために，従来のジャーク式FIEや近年のコモンレールFIEなど様々な噴射システムを用いた既存の種々のディーゼルエンジンについて，その最大出力を決定した**スモーク限界当量比**(排出スモークが上限値となる当量比)をこの比Vs/Vspに対してプロットしてみた．結果は図4-15の左上図のとおりである．種々のサイズや仕様のエンジン群にも関わらず，スモーク限界当量比は「比Vs/Vsp」に対して同一の折線上

4-2 噴霧と気流の関係　　149

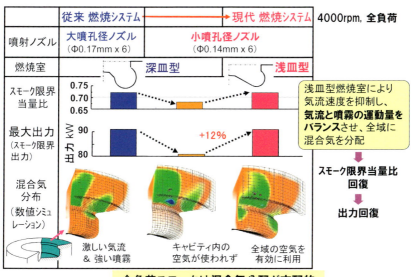

図4-14　最大出力（全負荷スモーク）の支配要因[46],[47]

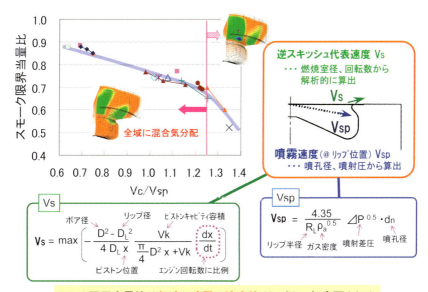

図4-15　スモーク限界当量比（最大出力）を決定する指標[76]

にプロットされる結果となった．この結果は，推測どおり「スモーク限界当量比が気流速度と噴霧速度とのバランスの良否に主として支配されている」ことを示している．また同時に，「スモーク限界当量比」すなわち最大出力を確保するには「比 Vs/Vsp」の値を少なくとも1.25以下とすべきことが示されている．そして，近年のダウンサイジング・エンジンなどで，高比出力化を図るにはスモーク限界当量比を大きくする必要があるが，このためには「比 Vs/Vsp」

150   4章　ディーゼル燃焼解析からの学び

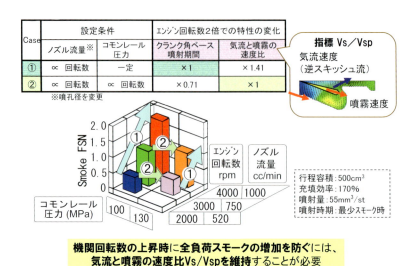

図 4-16　指標 Vs/Vsp と高速時の全負荷スモーク特性との関係[75]

の値をさらに小さくすることが必要であることもわかる．

　この指標「比 Vs/Vsp」の有効性を検証するために，さらに確認実験を行った．その結果を図 4-16 に示す[75]．中央のマンハッタンマップ図は，3 つのエンジン回転数における全負荷相当時のスモーク値を示している．与えられたエンジン諸元に対して，「気流速度 Vs」および「噴霧速度 Vsp」を決定する変数は，それぞれ「エンジン回転数」および「噴射圧力」と「ノズル噴孔径（ノズル流量）」である．そこで，本実験ではこれらの変数を変化させることで，「比 Vs/Vsp」や「クランク角ベースの噴射期間」を変化させた．従来，「エンジン回転数上昇に伴うスモーク増加」の要因として，高速時には「クランク角ベースの噴射期間」が増大することで，燃焼期間が伸延するためにスモークが増大するとの指摘があった．このため，この指標の影響も調査したのである．

　結果は図 4-16 のマンハッタンマップ図に示されるとおりで，エンジン回転数の増加に対して，「比 Vs/Vsp」を同一に保つと排出スモーク値も同一に維持されるが，「クランク角ベースの噴射期間」を同一に保ってもスモークは増大している．この結果からも，「スモーク限界当量比が気流速度と噴霧速度とのバランスに支配される」ことが裏づけられている．

　さらに，当時の最新諸元を持つ高出力型エンジンを用いて，高速時のスモーク限界当量比と最大トルクが，この指標「比 Vs/Vsp」によってどの程度変化するかを確認した．この結果を図 4-17 に示す[75]．図は，横軸の「エンジン回転数」に対して，トルクの指標である「図示平均有効圧力」と「スモーク限界当量比 Φ_{SL}」の変化を示したものである．最高噴射圧力が 180MPa 程度のコモンレール FIE を用いる従来のエンジンでは，中速 2,000rpm 時には，Vs/Vsp が 0.7 と低い値となり，Φ_{SL} も 0.88 と高い値となって高トルクを実現できている．しかし，高速 4,000rpm 時には，Vs/Vsp が 1.1 に増大し Φ_{SL} は 0.71 まで低下して，顕著なトルク低下を招いている．高速時に Vs/Vsp 値を低い値に維持するには高噴射圧力が必要であるため，当時こ

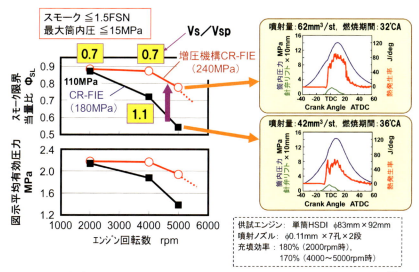

図 4-17　超高圧噴射によるスモーク限界当量比の増大（最大トルクの増大）[75]

の要求に応えうる最高噴射圧力 240MPa の**増圧機構付コモンレール噴射システム**（図 4-10（p.142）参照）を用いて，Vs/Vsp 値を低速時と同一に保った場合も併せて調査した．その結果，高速 4,000rpm 時でも，Vs/Vsp が低い値 0.7 に保たれて，Φ_{SL} も 0.88 と高い値が維持され，実際に高トルクが保持できることが実証された．また，この場合には，高速 5,000rpm 時でも Φ_{SL} は 0.8 程度の高い値に保たれ，図 4-17 右上図のように活発な燃焼と適正な燃焼期間が維持されて，最大トルクに近い値が得られている．このように高速時でもトルク低下が少ない特性は，高速での走りで伸び感の良さにつながり，乗用車の商品性としても重要なものである．

なお，この「気流速度と噴霧速度との比 Vs/Vsp」を定義する際，気流には正・逆スキッシュのほかにスワールがあるにも関わらず，気流にスワールが考慮されていないことに疑問を呈される方が少なくない．そこで，この理由を図 4-18 により概説しておく．ここで考慮したような混合気のキャビティ内外での分布量を考える観点では，逆スキッシュは，前述のとおり，燃料噴霧を上方に吹き上げて混合気をキャビティ外へ流出させる作用をする．一方，スワールは，キャビティ中心に位置する噴射ノズルから放射状に噴射される噴霧を湾曲させることで半径方向の噴霧速度を低下させる作用をする．このおのおのの作用の強さを見積もった結果が図 4-18 である．上段図は，噴霧を吹き上げる作用に直結する，逆スキッシュの上向き速度成分の値を 3 次元 CFD により求め，横軸のキャビティ中心からの距離に対してプロットしたものであり，スワール比が 0.0 と 2.3 の場合について示している．下段図は，両スワール比の場合について，キャビティ側壁部（リップ部）での噴霧の半径方向速度の値を，廣安らの実験式[2] により求めたものである．なお，スワール比 2.3 は，従来の自動車用ディーゼルエンジンで一般的に使用された値である．しかし近年では，3 章でも述べたとおり，低スワール化の傾向にある．したがって，現存するディーゼルエンジン群のスワール比は 0.0 と 2.3 の間の値となるため，

152　4章　ディーゼル燃焼解析からの学び

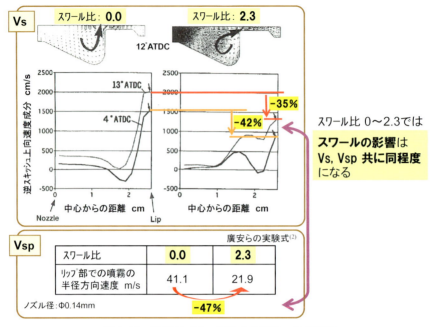

図 4-18　指標 Vs/Vsp に対するスワールの影響

ここで示す両スワール比の値は最少と最大の両極端値をとったものと考えてよい．図 4-18 からわかるとおり，スワール比が 0.0 から 2.3 に増大すると，逆スキッシュ上向き速度成分は 40％前後低下する．また，噴霧の半径方向速度も 40％台の低下となっている．すなわち，指標 Vs/Vsp の分子と分母の両値に及ぼすスワールの影響は同程度であるため，陽にスワール強度を考慮する必要がなかったのである．

最後に補足しておくと，図 4-15(p.150)の左上図の「スモーク限界当量比 Φ_{SL} と比 Vs/Vsp との関係」より，目標のスモーク限界当量比を達成するための Vs/Vsp 値が求まる．そして，図 4-15 の下段の関係式から，その Vs/Vsp 値とするに必要なエンジン燃焼システム，噴射システム，過給システムなどの諸元や仕様の概略を見積もることができる．この機能は，エンジン企画時に有用なものであり，実際のエンジン開発でも活用されている．実用上も有用なものである．

本節で紹介した解析を通じて学んだことをまとめると，以下のとおりである．
① 燃焼室内に多量の燃料が噴射される最大出力（全負荷）時のスモーク限界当量比 Φ_{SL} は，燃焼室の細かな形状による乱流特性などの影響よりも，キャビティ内外への混合気分配に主に支配される．
② この混合気分配を決定する指標は「気流代表速度と噴霧代表速度との比 Vs/Vsp」となる．Vs は解析的に求まる逆スキッシュ最大値[77]で，Vsp は廣安らの実験式[2]から求まるキャビティ側壁部での噴霧速度で，それぞれ定義される．Vs および Vsp の値は，エンジン燃焼

室周りの諸元と，変数となるエンジン回転数および燃焼室内ガス密度，噴射差圧(≒噴射圧力)とノズル噴孔径で決まる．

③　従来，エンジン回転数の上昇につれてスモーク限界当量比 Φ_{sL} が低下して最大トルクが低下したが，この際には高速時に Vs/Vsp が増大していた．しかし，エンジン回転数上昇時でも，例えば噴射圧力のさらなる増大により Vs/Vsp を低速時と同じ低い値に保てば，Φ_{sL} 値も維持されて高トルクが保持される．

また，ここで教訓として得たことは以下のとおりである．

①　多くの因子が複雑に関与するディーゼル燃焼にも，極めて簡潔に整理できる一面がある．

②　ある結果に至る要因やメカニズムを理解・整理しようとする際には，その主要な支配因子が何であるかを見抜くことが大切である．

ディーゼル燃焼の大まかな過程は 1 章 1-3-1 項で説明したとおりである．しかし，現実のエンジン開発においては，噴射システムの仕様はもとより，キャビティの形状や寸法，燃焼室表面の粗度，キャビティ・リップの形状や寸法など種々の細かな要因が，エンジンの燃焼特性や実用域での排気特性に強く関与する場合が多い．このため，このような経験を通じて，ディーゼル燃焼は極めて複雑であり簡潔に整理できるような項目はないものという認識が強かった．しかし本解析を経て，全負荷時のスモーク限界当量比に限られたことではあるが，ディーゼル燃焼にも極めて簡潔に整理できる一面があることを知り，驚くと同時に一種の感銘を覚えた次第である．また，現象を支配する因子が何であるかを見抜くことの大切さを改めて教えられた感がある．

154　4章　ディーゼル燃焼解析からの学び

4-3　低 温 燃 焼

　2000年代初期にトヨタ自動車において特異な現象が見出された．その概要を図4-19に示す[78]．図4-19の左上図に示す大型のEGRクーラを備えた4気筒ディーゼルエンジンを用いて，低負荷時にEGR率を増加（空燃比を低下）させていくと，NOxと燃焼騒音は低下するがスモーク（煤）が増大する．この現象は当時には広く知られていたことである．ところが，さらにEGR率を増加（空燃比を低下）させていくと，スモークはEGR率が約52%（空燃比で約23）でピークとなった後に逆に急速に低下していき，EGR率が約58%（空燃比で約16）でほぼ0になるという結果となった．これは，当時としてはまったく予想もしなかった結果であった．その理由は，従来この分野の技術者達は，スモークが急増する空燃比25程度で評価を止めていたからである．またこの結果から，空燃比を16～17程度に設定すれば，NOxとスモークそして燃焼騒音を同時に顕著に低減でき，しかも燃費悪化はほとんどなく，HCやCOの増加も許容範囲内に抑えられることがわかる．このため，この燃焼法は，有望な排気低減策としても期待された．この予想外の結果を受けて，当時はこの現象が生じる要因を明らかにすることが重要な課題となった．

　要因解明に向けた解析を行うに際して，まずヒントになるのは，図4-19の最下段の図中に示した燃焼室内を高速度撮影した映像であった．これらの映像は，4気筒エンジンの1気筒のシリンダヘッドにエンドスコープ（AVL社製の筒内観察用光学器具）を装着して撮影したもので，視野は限られているが火炎の状態を把握することができる．これらの映像より，以下のことがわかる．空燃比40程度では輝度の高い輝炎が生じていて，典型的な通常ディーゼル燃焼の形態である．また，スモーク排出量がピークに近い空燃比25程度でも，輝度は低下するものの，輝炎として燃焼している．ところが，空燃比20程度になると，輝度が大きく低下して膨張行程終盤のような暗い輝炎となる．そして，空燃比16では，輝炎ではなく青炎が観察される．この結果より，空燃比が23を超えて低下すると燃焼温度が顕著に低下していること，および空燃比16では煤が生成していないことがうかがわれる．

　そこで，化学反応の観点から，ガス塊の状態量（温度，当量比）が煤生成量に及ぼす影響を把握する必要が生じた．この観点での過去の研究結果は，バーナや衝撃波管などを用いた基礎実験で，場の状態量もエンジン燃焼室内とは大きく異なる条件下で得られたものであり，直接的に活用できるものではなかった．そこで，過去の種々の研究成果を参考にして，化学反応論に基づく煤の生成過程，すなわち「煤前駆物質であるPAH（多環芳香族炭化水素，PAH：Polycyclic Aromatic Hydrocarbon の略）の生成から煤粒子の形成に至る過程」を，数値モデル化した[79],[95]．また，排気浄化の観点から，煤と同時にNOx生成も考慮すべきであるため，エンジン内のNO生成反応を表現できる拡大ゼルドビッチ（Zeldovich）機構の反応モデル[70]を用いて，NO生成量も求めた．蛇足であるが補足しておくと，エンジンから排出されるNOxは

4-3 低温燃焼　155

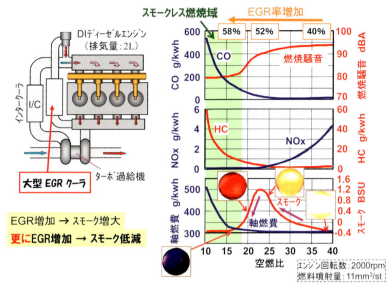

図 4-19　スモークレス化を示すエンジン特性[78]

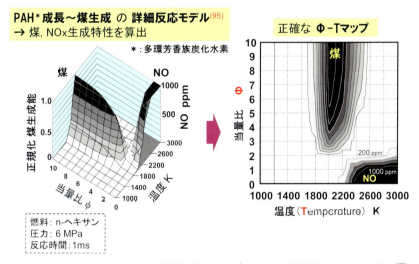

図 4-20　スモークレス化の要因解明へのアプローチ：化学反応面からの考察[79]

主に NO と NO_2 から成るが，エンジン燃焼室内では主に NO が生成し，この NO が排気管路中などでさらに酸化されて NO_2 になる．したがって，NOx 生成量は燃焼室内での NO 生成量で評価できるのである．これらのモデルを用いて，ガス塊の状態量（温度，当量比）と煤および NO の生成量との関係を求めた一例が，図 4-20 の左図である[79]．そして，この 3 次元のマンハッタンマップ図を 2 次元の等高線図として表現し直したものが，図 4-20 の右図である．この右図が，いわゆる *Φ-T* マップと呼ばれる「煤と NO の生成領域とその生成能を等高線図として記した図」である．この図は，エンジン内での煤と NO の生成特性を整理してそれらの低減策を考えるうえで，有用なツールとなっている．この *Φ-T* マップの考え方は，神本らによ

り提唱されたもの[81]であるが，実際のエンジン燃焼場に適用できる図は当時には存在しなかった．そのため，上述の煤生成モデルを開発し，実エンジンの場で用いることができるΦ-Tマップを作成したものである．なお，参考までに補足しておくと，このΦ-Tマップは反応開始からの時間に応じて変化していく．しかし，上記のような目的には，燃焼期間中の代表的な時刻に該当するマップを用いて考察することができる．

現象を解析するためのツールが得られたことを受け，実際のエンジン燃焼室内での現象を，燃料噴霧や燃焼反応の数値モデルを組み込んだ3次元CFDを用いて解析した．結果を図4-21に示す[80]．この最左図は，輝炎として燃焼する空燃比30付近の場合（ベース条件）であり，その右側の図は，青炎で燃焼し低排気・低騒音の「スモークレス燃焼」となる空燃比16の場合である．この両者について，代表的な時刻における筒内での燃焼状況を示している．この図より，以下のことがわかる．燃焼システムや燃料噴射条件は両場合ともに同じ設定であるため，当然ながら両者で混合気の濃度分布は同じである（上段図）．しかし，下段図に示す火炎温度には大きな違いがあり，ベース条件では2,000〜2,400K程度の高温域が広範囲に生じるのに対し，「スモークレス燃焼」時には1,900K前後の低い温度域で燃焼している．つまり，EGR率を大幅に増大させて空燃比を16まで低下させた「スモークレス燃焼」では，「低温燃焼」となっているのである．これによるスモーク低減の要因は，図4-21右下図のΦ-Tマップに示されている．この図では，Φ-Tマップ上に，「スモーク排出量がピーク」となった場合と「スモークレス燃焼」の両場合について，代表的な時刻での燃焼室内のガス塊群の状態量（温度T，当量比Φ）を，それぞれ赤色●印と緑色●印でプロットしている．この図より，以下のことがわかる．スモークがピークとなる場合（赤色●）には煤の生成能が高い領域に多くのプロットが位置している．これに対して，「スモークレス燃焼」の場合（緑色●）には，ガス塊群が低温側にシフトしたことで，煤生成能が高い領域から低い領域に移動し，煤生成領域に位置するプロット数そのものも減少している．また同時に，NO生成領域をほぼ完全に離脱している．つまり，「スモークレス燃焼」の場合には，燃焼の低温化によって，燃焼域の大部分の領域で煤が生成されず，またNOも生成されない状態になるため，大幅な低スモークと極低NOxの排気が実現されたものである．

この「スモークレス燃焼」となる燃焼形態は**低温燃焼**と称される．この燃焼法は，実用できるのは低負荷域に限られるものの，多くの派生的な研究につながっており，また部分的に実用化されている．

上記の解析を通じて学んだことをまとめると，以下のとおりである．
① 低負荷時に，EGR率を増大（空燃比を低下）させるとスモークが増加するが，さらにEGR率を増加すると逆にスモークは低減し，空燃比16程度でスモークレスとなる．
② この要因は，混合気分布に変化はないものの，燃焼温度が低下することで煤の生成条件から外れることである．すなわち，ガス塊の状態量（当量比，温度）がΦ-Tマップ上で煤

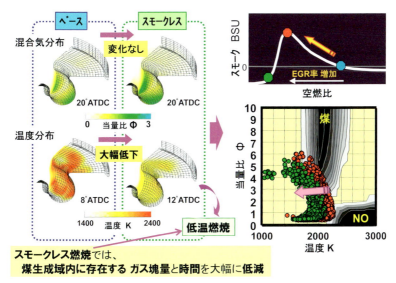

図 4-21 スモーク低減要因[80]

生成領域より低温側に移動して，煤生成領域を離脱できるためである．

③ 詳細な煤生成過程の反応モデルに基づく Φ-T マップ（図 4-20）より，煤は 2,000K を中心とする比較的狭い範囲で生成することも明らかになった．

また，ここで教訓として得たことは，以下のとおりである．
① 限界を超えたところに新たな世界が開ける場合がある．
② 先人の知恵・成果にさらなる考察・工夫を加えることで，ブレークスルーできることが少なくない．

上記の教訓について若干補足すると，教訓①については，パラメータの影響を評価する際，パラメータの変化に対する対象の変化にある傾向が見えた時点で，その先も同じであろうとの勝手な推測や先入観により，そこで評価を止めてしまうという誤り・落とし穴に対する警鐘であると思われる．特に本例のような，「空燃比低下すなわち酸素濃度低下の下で煤が増加するのは当然のこと」との強い概念が先行する場合には，なおさらこの落とし穴に陥りやすい．現代では，「無駄時間の排除」という観点からも，上記の誤りに陥りやすいが，一度は徹底的に調査するという姿勢が望まれるものと考える．

教訓②については，本事例では，当初は「酸素濃度低下の下で煤が減少する」という常識外れの事実に直面して当惑すると同時に，どう取り組むべきか大いに悩まされた．このときに一筋の光明となったものが，神本らの提案による Φ-T マップ上での考察であった．ただし，既述のとおり，当時はエンジン燃焼の条件下で実用できる Φ-T マップはなかったので，再度ここで行き詰った．この問題に対しては，一度立ち止まって，過去の研究成果を参考に，煤生成過程をできるだけ忠実にモデル化し，実用できる反応モデルの構築に時間を割いて取り組んだ．

その結果，ようやく上記の知見が得られた次第である．この過程を通じて，多くの先人の残してくれた知恵や成果はできるだけ学び活かすことの大切さと，それにさらに自らの工夫や努力を加えて諦めずに取り組むことの必要性を改めて教えられたものである．

4-4 低熱損失型の燃焼システム

　本節で取り上げる「低熱損失型の燃焼システム」とは，3章3-4-2項で紹介した「小噴孔径・多孔インジェクタを用いた低流動燃焼システム」のことである．この開発の過程で，やはり少なからぬ学びがあったため，それについて記すものである．

　3章3-4-2項で紹介したとおり，この低流動燃焼法コンセプトは，一種のパラダイムチェンジにより熱効率向上（燃費低減）と排気改善の両者を飛躍的に改善することを目指したものであった．具体的な方策としては，燃費低減のために燃焼室壁面への熱損失低減に効果が大きい「ガス流動の大幅な抑制」，実用域の燃費と排気の改善に有効なPCCI燃焼（付録13に詳述）を成立させるため「小噴孔径・多孔・狭コーン角ノズルのインジェクタ」と「低圧縮比化」という3つの手段を用いるもの（図3-36(p.119)）であった[59]．しかし，ディーゼル燃焼システムの開発における従来の知見からは，上記の各技術項目にはおのおの大きな懸念点があった．具体的には，PCCI燃焼との併用が不可避の通常ディーゼル燃焼に際しては，

　　①　「超低流動」は混合不良から「スモークの大幅増加」を招くこと
　　②　「小噴孔径・多孔・狭コーン角ノズル」では，各噴霧の貫徹力不足から高負荷時に燃焼室全域への燃料分配が困難になり，「出力低下」すること
　　③　そして「低圧縮比」では，筒内ガス温度低下による「始動性悪化」を招くこと
などである．

　これらの懸念点は，ディーゼル燃焼システムを実用化する観点からは，おのおの決定的な問題であり解決が難しい課題であるように思われ，本テーマの推進を取り止めることも考えた．もちろん，本テーマの実施に際しては，上記の3技術項目を組み合わせる場合には，おのおのの項目による相互の補償作用（図3-37(p.120)）によって，上記の3つの問題をクリアできる可能性があると考え，このコンセプトに賭けたわけである．

　この低流動燃焼法コンセプトを実際に実験により確認した結果，図3-38(p.120)のとおり，上記の3課題は3技術項目の各補償作用により期待どおり解決されることが確認できた．これにより，この「低流動燃焼システム」が実用化できる目途が得られたものである．また，狙いどおりに，顕著な熱損失低減による実用域燃費の改善（図3-39(p.121)）や，モード試験での大幅な排気改善と燃費低減の両立（図3-40(p.121)）なども確認された．この「低流動燃焼システム」の考え方は，最新の燃焼システムに活かされている．

　この開発を通じて学んだことをまとめると，以下のとおりである．
　「低圧縮比」で「低流動型」の燃焼室に，「小径・多孔・狭コーン角ノズル」を組み合わせると，

　　①　要求出力と低排気を達成しながら，大幅な熱損失低減により燃費が改善される．

② 上記の3技術要素が持つおのおのの課題は，三者を組み合わせることで解決される．

また，ここで得た教訓としては，以下のとおりである．
① 複数の要素が持つ特性を多面的に組み合わせると，新たな展望が開けることがある．
② 過去の知見や経験に基づくだけの常識に囚われていると，パラダイムチェンジの機会や新たなアイデア創出のヒントを得ることができなくなる．勇気を持ってチャレンジすることが大切である．

付録

ディーゼルエンジンに関する技術項目の解説

　1章および2章において種々の技術項目について説明した．しかし，それらの説明においては，本文中での記載量の制約などから必ずしも十分な説明に至っていない，あるいは説明を割愛した場合がある．このため，技術的に重要と思われる，または読者の理解が進むために必要と思われる技術項目については，本付録において詳しく説明する．

付録 1　圧縮比と比熱比が大きいほど理論熱効率が高くなる要因

　1章1-1-3項で説明した図1-9(p.8)の(1)式に示されるとおり，**理論熱効率はエンジンの圧縮比**とシリンダ内ガスの**比熱比**のみで決まり，この両者が大きいほど理論熱効率は高くなる．このことは直感的にはわかりにくいと思われるので，より掘り下げた説明を以下に記すことにする．圧縮比と比熱比が大きいほど理論熱効率が大きくなる要因を考えるうえでは，「圧縮比」および「比熱比」とは何かを理解することがまず必要になる．

　「**圧縮比**」は，図1-9に記すとおり，「下死点容積と上死点容積との比」で定義される．この圧縮比の意味合いとサイクルが生み出す仕事量を付図1-1に基づき説明する．圧縮比とは，「吸気行程が終了する下死点でシリンダ内に封入されたガスの容積が，上死点では何分の一の容積にまで圧縮されるか」を示す比の逆数，すなわち一種の圧縮度を示す指標である．例えば，上死点容積が下死点容積の1/10となる場合の圧縮比は10である．（上死点容積が下死点では何倍の容積にまで膨張するかを表す指標は**膨張比**と称され，通常のエンジンでは圧縮比と膨張比はほぼ同一の値である．）この圧縮比を増大するには，下死点容積を増加させるか，上死点容積を減少させる必要がある．前者の場合は，エンジンのストロークを増大させることになってエンジンサイズが大きくなるため，ほとんどの場合には搭載スペースの制約から実施が困難である．したがって，通常は後者の手段が採られることになる．この例を付図1-1に示してある．上段の図はベースエンジンの，下段の図は圧縮比を増大したエンジンの模式図である．シリンダ内ガスがピストンを押し動かして発生する仕事量は「圧力と容積変化量の積」であるから，圧力が同じならば，容積変化量が大きくなる高圧縮比（高膨張比）の場合の方が発生する仕事量が増大して熱効率が向上する．このことは，付図1-1で*PV*線図が描くループ内面積の大きさからも直感的に理解されよう．上記の理由により，エンジンを開発する際には，ノッキング，燃焼騒音，エンジン構造体に対する応力増大などの課題を克服しつつ，通常はできるだけ圧縮比を高めるべく技術開発を進めることになる．

　「**比熱比**」は，図1-9に記すとおり「定圧比熱と定容比熱との比」であるが，この意味を考えるに際してはまずガスの圧力や温度について復習しておきたい．

　付図1-2に示すように，シリンダ内に閉じ込められたガス分子はこの空間内で無秩序な運動を行っている．この運動は**併進運動**と称され，この分子運動の激しさ，すなわち併進運動エネルギの大きさは温度（絶対温度）に比例しており，運動が激しいほど温度が高いのである．また，この空間を運動しているガス分子が四方の壁に衝突する際，壁は衝突したガス分子から力（力積）を受ける．この力の単位面積当たりの総和が**圧力**となる．したがって，燃焼により熱（エネルギ）が生じると，ガス温度が上昇してガス分子の運動が激しくなり，圧力が増大することになる．

　ところが，ガスに与えられた熱エネルギの行方は，実際にはもう少し複雑である．この点に

164　付録　ディーゼルエンジンに関する技術項目の解説

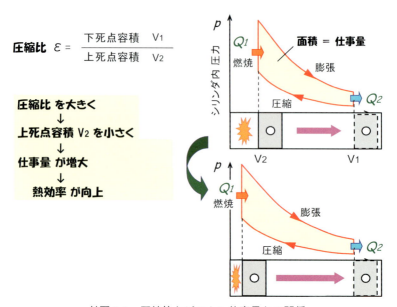

付図 1-1　圧縮比とピストン仕事量との関係

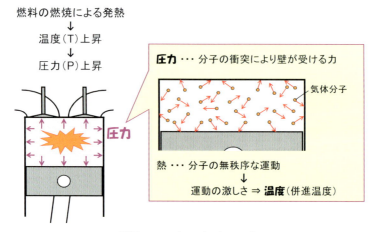

付図 1-2　ガスの温度と圧力

ついては付図 1-3 を用いて説明する．ガスの分子は一般に複数の原子から構成されている．例えば，空気は酸素分子（O_2）と窒素分子（N_2）との混合ガスであるが，この酸素や窒素の分子は2個の原子から成るいわゆる2原子分子である．他方，燃焼生成物である二酸化炭素（CO_2）や水蒸気（H_2O）はそれぞれ3個の原子から成る3原子分子である．燃料を構成する炭化水素群やその熱分解炭化水素の分子はさらに多くの原子から成る多原子分子である．ところで，この分子を構成する原子は，付図 1-3 に示すように，分子内で原子群として**回転運動**や**振動運動**を行っている（念のために付記しておくが，この図は運動形態を模式的に表現したもので，実際には原子は球体ではないし原子間がバネで結合されているわけでもない）．したがって，燃焼で発

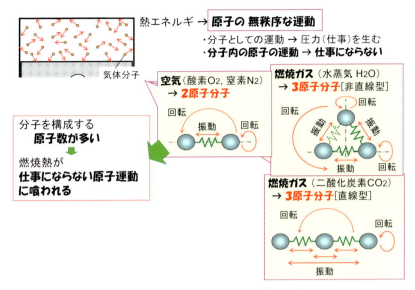

付図1-3 ガス分子を構成する原子の運動

生した熱エネルギは，付図1-2で述べた併進運動エネルギを増大させると同時に，これら回転や振動の運動エネルギを増大させることにも使われる．

併進運動エネルギの増加に使われる熱エネルギは，実際にシリンダ内圧力の増大につながるため，ピストンを押し動かして有効な仕事を生む．一方，回転や振動の運動エネルギの増加に使われる熱エネルギは，有効な仕事にはつながらない．付図1-3に示すとおり，2原子分子では回転運動は2自由度（2パターン）で，振動運動は1自由度となり，合計3自由度である．3原子分子の場合には，非直線型の原子配列では回転運動と振動運動の両者ともに3自由度であり，直線型配列では回転運動で2自由度および振動運動で4自由度となり，いずれの型でも合計6自由度となる．この自由度が大きいほど多くの熱エネルギがこれらの運動に使われる，つまり仕事につながらないことに消費される熱エネルギの割合が増加することになる．（なお蛇足であるが，燃焼室内の3次元空間における併進運動の自由度は，ガス分子の種類に関わらず，次元の数と同じ3である．）

次に，**比熱**について整理しておきたい．まず，比熱とは「単位質量当たりのガスを単位温度上昇させるのに必要な熱エネルギ」である．そして，この比熱には「定圧比熱」と「定容比熱」がある．**定圧比熱**とは「圧力が一定の条件下での比熱」であり，**定容比熱**とは「容積が一定の条件下での比熱」である．まず後者の容積が一定の場合，つまりピストンが動けない場合には，前述した仕事の定義からわかるとおり，ガスは仕事をしない．したがって，燃焼による熱エネルギはガス温度を上昇させ，これに対応する併進，回転，振動の運動エネルギを上昇させると同時に，この併進運動エネルギの増大に見合う圧力上昇を引き起こす．このような熱の使われ方における比熱が「定容比熱」である．一方，圧力が一定の場合，換言すれば容積が変化でき

166　付録　ディーゼルエンジンに関する技術項目の解説

ピストンが自由に動ける場合には，熱エネルギが加えられたガスは，その温度上昇に対応する併進運動エネルギの増大により圧力が増大することでピストンを動かし仕事をする．この際，圧力一定の条件があるため，上昇しようとする圧力を元の値に維持するに見合うだけ容積を拡大すべくピストンを押し動かすことになる．つまり，この場合には，燃焼による熱エネルギにより，併進，回転，振動の各運動エネルギの上昇と同時に仕事がなされる．このような状況下における比熱が「定圧比熱」である．上記より自明であるが，定圧比熱は，仕事をするための熱エネルギも必要になる分，定容比熱より大きな値になる．

　上記の内容を踏まえると，**比熱比**（＝定圧比熱と定容比熱との比）の意味が理解できる．「定圧比熱と定容比熱との比」が大きいということは，燃焼による熱エネルギが仕事に使われる割合が大きいことを意味している．つまり，例えば図1-9（p.8）において，燃焼により同じ熱エネルギ Q_1 がシリンダ内ガスに与えられる場合，ガスの比熱比が大きい方がより大きな仕事が得られるわけである．また，上述したとおり，ガス分子を構成する原子数が少ないほど仕事につながらない回転・振動の運動に使われる熱エネルギの割合が減少する．すなわち比熱比は大きくなり，より大きな仕事が得られる．

　上記のとおり，比熱比はガス分子の種類（構成原子数，原子配列など）により変化するが，また比熱比はガス温度と強い相関がある．この一例を付図1-4に示す．燃焼ガス温度が低下するにつれ比熱比は増加し，特に1,500K程度以下の比較的低温度域で顕著に増加することがわかる．前述したガス分子を構成する原子の数や配列形態は，この比熱比がガス温度に依存する現象にも関係している．より詳しく述べると，併進運動と回転運動のエネルギは温度（絶対温度）とともに連続的に増加する（温度と比例関係にある）が，振動運動のエネルギは量子力学論に基づく離散的な（飛び飛びの）エネルギレベルをとる．つまり，ここで考慮の対象としているような少原子分子では，おおむね1,000K程度以下のような量子力学的に低い温度域では，温度が上昇しても比例的に振動運動エネルギが上昇することはなく，燃焼で生じた熱エネルギは併進と回転の運動エネルギの増大に使われる．このため，仕事につながらないエネルギの割合が低下する，すなわち比熱比が高くなるという現象が起こる．このため，1,500K程度以下の低温度域では比熱比が高い値になるのである．なお付図1-4から，同一のガス温度でも，混合気の希薄化が進むほど比熱比が大きくなることもわかる．これは，前述したとおり，希薄混合気の燃焼では既燃ガス中に空気が残存するため，燃焼生成物（3原子分子）に対する空気（2原子分子）の割合が相対的に大きくなるからである．

　1章1-1-3項でも述べたが，上記の説明から自明なように，エンジンにおいて比熱比を大きくする典型的な具体策は，希薄混合気を燃焼させる，いわゆるリーンバーンを用いることである．一般に炭化水素類の燃焼温度は，混合気濃度が理論燃空比近傍から若干過濃側（当量比 ϕ ＝1.0～1.3程度）で最も高くなり，希薄側では混合気の希薄化（当量比 ϕ の低下）につれて顕著

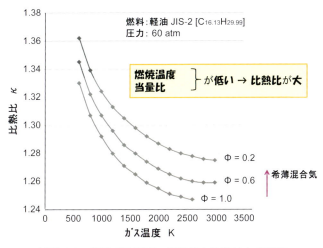

付図1-4　燃焼ガス温度，当量比と比熱比との関係

に低下する．この燃焼温度低下の主要因は，単純化して述べると，希薄混合気における量論比以上の過剰な空気(酸素と窒素の混合ガス)は，燃焼反応で燃焼熱の生成に関与することなく，ガスの熱容量を増加させて燃焼域の温度上昇を抑制する作用をするためである．また，前述のとおり，希薄混合気では既燃ガス中の2原子分子の割合が大きくなる．このように，ガス温度低下と少原子数分子の割合増加の両要因により，リーンバーン化は比熱比を増大させ熱効率を向上する効果を有するのである．なお，蛇足ではあるが，ガソリンエンジンの場合にリーンバーン化を図ると，余分な空気を吸入することができて部分負荷時の吸気絞り度が緩和されるために，吸・排気行程でのポンピング損失の低減にもつながり，この要因による熱効率向上効果も得られることになる．

付録2　シリンダ内のガス流動：スワールとスキッシュ

DIディーゼル燃焼システムにおいては，燃焼室内に図1-27(p.28)に示すような複雑なガス流動を生成して燃料と空気との混合を促進している．特に，コモンレール噴射システムが出現するまではカム駆動ジャーク式噴射システムであり，1章1-3-4項でも述べたとおり，低速や低・中負荷時には十分な噴射圧力が得られないため，良好な燃料と空気の混合を実現するためには強いガス流動が必要であった．

1章1-3-1項でも述べたが，この流動の一成分は，**スワール**(Swirl)と称される，ほぼシリンダ中心軸を中心とする旋回ガス流動(図1-27の緑色矢印)である．このスワールは，1-3-2項で説明したとおり，図1-31(p.33)に示すような特殊な形状の吸気ポートにより吸気行程において生成させる．スワールは，ほぼ剛体渦と見なすことができ，ピストン運動に起因して生成されることから，その強さはエンジン回転数に比例する．このため，その強さの指標は「旋回ガ

168　付録　ディーゼルエンジンに関する技術項目の解説

ス流動の回転数／エンジン回転数」の比で定義される**スワール比**（Swirl Ratio）によって示される．1990年代当時のスワール比はおおむね2.2〜2.5の値に設定される場合が多く，当時の吸気行程終了時のスワール（これを**吸入スワール**，Induction Swirlと称する）の流速は，シリンダ外周部付近でおおむね20m/s（エンジン回転数2,000rpm時）〜40m/s（エンジン回転数4,000rpm時）のレベルである．実際に燃料が噴射され燃焼が生じる圧縮TDC近傍では，シリンダヘッド下面とピストン頂面との隙間は極めて小さい（TDCでは0.7mm程度）ので燃焼室空間は大部分がピストンキャビティ部となる．このため，シリンダ内のスワールは，このキャビティ内に流入して旋回することになる．キャビティ径はシリンダ径よりかなり小さいため，角運動量の保存則（スワール渦の回転数は，その半径の4乗に逆比例し，TDCとBDCでのガス密度比に比例する）に従うスピンアップ効果によって，キャビティ内でスワールは増速される．一方で，圧縮行程にてピストンが上昇する過程で，壁面とのせん断摩擦などによって吸入スワール流動の減衰が生じるため，これら正負効果の両要因による結果として，当時のキャビティ（シリンダ径の1/2程度の径）内の外周部流速はおおむね30m/s（エンジン回転数2,000rpm時）〜55m/s（エンジン回転数4,000rpm時）に増速される．つまり，圧縮TDC近傍でのスワール流速は，吸入スワール流速が大きいほど，またピストンキャビティ径が適度に（シリンダ径の1/2程度）小さいほど，増大することになる．

　もう1つの流動成分は，これも1章1-3-1項で述べたが，図1-27（p.28）に紫色矢印で示す，ピストン運動に応じて生成される**スキッシュ**（Squish，圧縮行程時）と**逆スキッシュ**（Reverse Squish，膨張行程時）と呼ばれる鉛直断面内の流動である．既述のとおりTDCにおけるシリンダヘッド面とピストン頂面との隙間は0.7mm程度と小さいため，ピストンが上昇しTDCに近づくと，シリンダヘッド面とピストン頂面に挟まれた環状の領域（**スキッシュエリア**，Squish Areaと称する）に存在するガスは絞り出されることになり，スキッシュが発生する．一方，ピストンがTDCから下降し始めると，スキッシュエリア空間は相対的に低圧になってガスを吸引する効果が生じるため，逆スキッシュが発生する．1990年代当時のキャビティ径（シリンダ径の1/2程度）では，スキッシュあるいは逆スキッシュの流速は，一例としてキャビティ側壁上部における流速を解析式[77]により見積もった付図2-1に示すとおり，ピーク値で35m/s程度（エンジン回転数2,000rpm時）〜70m/s程度（4,000rpm時）の値であり，そのピーク値は上死点前後のクランク角±7°ATDC付近で発生する．上述したスキッシュ発生の原理から自明であるが，スキッシュおよび逆スキッシュの流速は，エンジン回転数が高いほど，またピストンキャビティ径が小さいほど（すなわち，スキッシュエリア面積が大きいほど）増大することになる．一例として，深皿型キャビティと浅皿型キャビティの場合を比較して付図2-2に示す．

　実際の流動は，図1-27（p.28）の下図に示すように，上記のスワールとスキッシュがキャビティ内で連成した一種の螺旋渦を形成している．この場に燃料噴霧の運動が加わることで，この螺旋渦運動はさらに強化される．なお，スワールとスキッシュの両流動ともにピストン運動が引き起こすことから，これらの流速はピストン速度すなわちエンジン回転数とともに増大する．

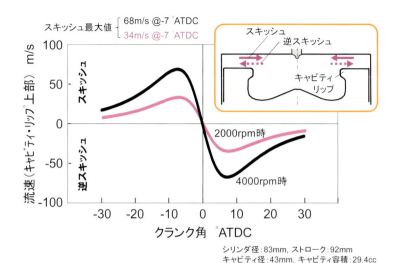

付図2-1　TDC前後のスキッシュ，逆スキッシュ流速の変化：エンジン回転数の影響

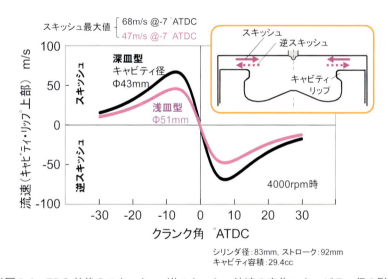

付図2-2　TDC前後のスキッシュ，逆スキッシュ流速の変化：キャビティ径の影響

また，留意したいことは，実用的なキャビティ径の範囲では，上記のとおりスワールとスキッシュの流速はともにキャビティ径が小さくなる（深皿型キャビティ化する）と増大する点である．

付録3　コモンレール燃料噴射システム

1章1-3-3項でも概略は説明したので，本項での説明の前半部は1-3-3項での説明と重複する内容が多いが，ここでは追記も含めてさらに詳しく説明する．この噴射システムの構成や機能を，従来型の噴射システムと比較して図1-32（p.35）に示した．従来の噴射システム（図1-32

170　付録　ディーゼルエンジンに関する技術項目の解説

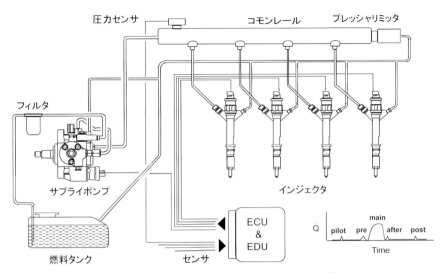

付図 3-1　コモンレール噴射システムの構成[7]

の左図)は，**カム駆動ジャーク式噴射システム**と称されるもので，燃料を加圧して圧送するポンプ，バネ力と燃料圧とのバランスに応じて開・閉弁する自動弁ノズルを備えたインジェクタ，そして両者をつなぐ噴射管(耐圧導管)から成るシステムである．このシステムでは，カムが燃料ポンプ・プランジャを押し下げて燃料を圧送する．圧縮 TDC 近傍でのみ燃料噴射が可能であり，最高噴射圧力は当時の最新型ポンプで 140MPa 程度であった．また，図 1-33(p.35) の概念図に示すように，燃料噴射圧力はエンジン回転数(すなわちカム軸回転数)あるいは負荷(すなわち燃料噴射量)に依存する．つまり，低速時や燃料噴射量が少ない低負荷時には高い噴射圧力は得られず，燃料噴霧の微粒化や噴射率(単位時間当たりの燃料噴射量)が不足するなどの問題があった．しかも，上記のとおり，噴射は圧縮 TDC 近傍の限られた期間のみ可能であるため，燃料噴射は主噴射のみの単一噴射か，あるいは主噴射直前に少量の近接パイロット噴射を 1 回付加することしかできなかった．

　一方，**コモンレール噴射システム**は，図 1-32(p.35) の右図および付図 3-1 に示すとおり，燃料を加圧・圧送するサプライポンプ，コモンレールと称する管状の高圧燃料蓄圧容器，電子制御インジェクタ，および噴射の圧力，時期，量を制御する電子制御ユニットから成るシステムである[6],[7]．このシステムでは，図 1-33(p.35) のとおり，エンジン回転数や負荷に関わらず瞬時に任意の噴射圧力(最新の第 4 世代では 250MPa 以下の任意圧力)に設定できる「**噴射圧力設定の自在性**」を有している．また，図 1-32 の下図に示すような，1 サイクル中の任意の時期に任意の量の燃料(最小噴射量 1mm^3/st 程度)を複数回噴射(最新型では 9 回噴射)できる機能(「**マルチ噴射**」と称する)を備えている．

　これらの機能の効果について，具体例を挙げて以下に概説しておく．前者の「噴射圧力設定の自在性」については，例えば，土砂を満載したダンプトラックが登坂する場合，カム駆動ジ

ャーク式噴射システムを備えた従来車では，黒煙を排出し喘ぎながら登っている感があった．この主要因として，以下のことが挙げられる．このような運転条件では，エンジン負荷が大きく大量の燃料をシリンダ内に噴射し燃焼させて出力を出す必要がある．しかし，前述のとおり，従来のカム駆動ジャーク式噴射システムでは，低速時には低い噴射圧力になって適切な燃料噴射特性(燃料液滴の微粒化や高い噴射率)が得られない．このために良好な燃焼が実現できなかったのである．これに対して，コモンレール噴射システムでは，車速や道路状況(すなわちエンジン回転数や負荷)とは無関係に常に時々の要求噴射特性を瞬時に実現できる．このため，コモンレール噴射システムを備える現代のダンプトラックは，黒煙の排出もなく軽快に登坂して行く．この例からもわかるとおり，「噴射圧力設定の自在性」は，出力・トルクの確保や排気有害物質の低減に極めて有用である．

　また，後者の「マルチ噴射」機能の効果については，図1-34(p.36)に一例を示す．このマルチ噴射は，高度な噴射率制御の一種であり，様々な噴射パターンが運転条件に応じて用いられ，エンジン作動点やその噴射パターンによって効果が異なる．図1-34の例からもわかるとおり，排気低減，振動・騒音の低減，および燃費改善のすべての面で顕著な効果がある[8], [43]．このマルチ噴射機能は，黒煙排出や不快な振動・騒音といった過去のディーゼルエンジンの悪いイメージを払拭し，その低燃費を損なうことなくガソリンエンジンを上回るトルク特性とガソリンエンジン車と遜色ない乗り心地とクリーンさを実現する原動力となっている．現に，2章2-1節で紹介した欧州におけるディーゼル乗用車シェアの推移(図2-1(p.48))において，1990年代後半からシェアが急増した主な要因は，コモンレール噴射システムを搭載した乗用車の普及である．なお，マルチ噴射の効果は，噴射パターンや各噴射の時期と噴射量(パイロット噴射やアフター噴射では精密な微少噴射の量)などにより敏感に変化する．このため，噴射システム自体の精密な制御性・安定性と同時に，噴射のパターン，時期，量などをいかに設定するかが極めて重要になる．

　なお，コモンレール噴射システムの最高噴射圧力は，図2-3-A(巻末・折込み)に示すとおり，第1世代の145MPaからスタートして，最新の第4世代では250MPaに達している．第1世代の場合に最高噴射圧が145MPaに留まっていた要因は，高圧燃料を蓄圧する方式であることから構成部材が高い圧力を常時受けるため，部材の肉厚が薄くなる噴射ノズル先端部の破壊や，各接続部やシール部での燃料漏れなどが生じやすかったことなどが挙げられる．これに対処する技術開発は，材料，構造，設計の各分野での革新によって段階的に進められた．最高噴射圧力の推移としては，第2世代(2002年)で180MPaに，第3世代(2007年)で200MPaに，そして第4世代(2013年)で250MPaに，順次増大してきている[9]．また，マルチ噴射の上限回数も，第1世代では2回であったが，第2世代で5回，第3世代で7～9回，そして第4世代では9回と段階的ではあるが着実に顕著に増加してきている．上述した項目のほかにも，ノズル針弁の開閉速度向上(これは噴射切れの改善や噴射期間の短縮などに寄与する)，漏れ燃料の大幅低

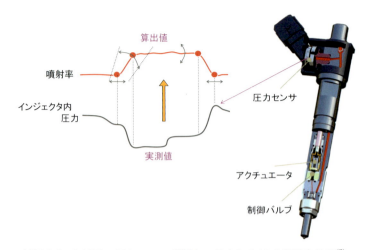

付図 3-2 i-ART コモンレール噴射システムにおける噴射率検出[7]

減またはゼロリーク化など種々の改善が図られ，コモンレール噴射システムでは高機能化および高効率化が着実に進展している．

　上記のハード(機構・構造)面での改善・高機能化と同時に，近年はソフト(制御)面での高機能化も急速に進展している．典型的な具体例として，**i-ART コモンレール噴射システム**が挙げられる．i-ART は，intelligent Accuracy Refinement Technology の略称で，デンソーが世界に先駆けて開発した，燃料噴射のクローズドループ制御システムを実現するものである[7]．具体的機能としては，付図 3-2 に示すとおり，各インジェクタに設置した圧力センサにより燃料経路内の燃料圧力を時々刻々に直接検出し，この燃料圧力値から噴射率をリアルタイムで算出して，パイロット噴射や主噴射などの各噴射における噴射時期，噴射量などを高精度で求めるものである．この実測値に基づき，各噴射の目標値と実噴射値のずれ量を補正すべく，インジェクタに送る駆動電流パルスを修正する．これにより，インジェクタ特性の個体差や経年変化を補正でき，パイロット噴射やアフター噴射などの極微少量噴射も正確かつ安定的に実行することができるため，排気低減や燃焼騒音の低減に大きな効果がある．なお，蛇足ではあるが，この技術の実用化には，圧力センサ等の耐久性確保や低コスト化はもちろんのこと，検出した圧力から実時間で噴射率を求めるロジックの開発が鍵である．つまり，正攻法である特性曲線法により噴射率を求める方法では実時間での算出は困難であり，このロジックの工夫によって本システムが実現されている．

付録 4　浅皿型燃焼室

　1 章 1-3-4 項および 2 章 2-2-3 項で述べた内容と重複する部分も多いが，本項ではより詳細に**浅皿型燃焼室**の効果やこの採用に至る背景を解説する．1-3-4 項で述べたとおり，コモンレ

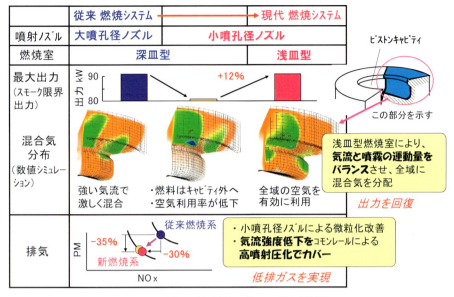

付図 4-1 浅皿型燃焼室の作用と効果[46],[47]

ール噴射システムの登場に伴い，DI ディーゼル燃焼システムは図 1-35(p.37)のように変化した．つまり，燃料噴射ノズルは小噴孔径化かつ多噴孔化し，燃焼室形状は強いガス流動を引き起こす小キャビティ径の「深皿型燃焼室」からガス流動を抑制する大キャビティ径の「浅皿型燃焼室」へと変遷してきた．

この背景と要因は付図 4-1(図 1-37(p.39)に排気特性欄を付記したもの)にまとめられている[46],[47]．付図 4-1 中段の鳥瞰図は，燃焼室内の噴霧 1 本分のセクターを切り出して表示したもので，緑色部が未燃混合気を，オレンジ色部が火炎領域をそれぞれ示している．この結果は，3 次元 CFD によるものであるが，3 章 3-3-1 項の図 3-22(p.103)や図 3-23(p.104)に示される可視化エンジン実験による解析結果[46],[47]に裏づけられたものである．付図 4-1 の最左図に示す「従来燃焼システム」では，カム駆動ジャーク式噴射システムを用いており，十分な噴射圧力が得られなかった．このため，大噴孔径ノズルにより噴射率を確保し，大噴孔径で少噴孔数であるがゆえの噴霧微粒化の不足や燃料分配の偏りを深皿型燃焼室による強いガス流動で補う形態であった．しかし，1990 年代以降の段階的に厳しくなる排気規制に対し，大噴孔径ノズルでは，噴霧微粒化不足や噴霧衝突壁近傍の過剰な燃料集中などのために煤の低減には限度があり，対応できなくなっていた．「噴射ノズルの小噴孔径化・多噴孔数化」は，微粒化の改善と燃料分配の均一化，さらには高噴射圧化と組み合わせることで噴霧 1 本当たりの噴射率を適正化しつつ良好な混合作用が得られ，低・中負荷では顕著な煤(すなわちスモーク，PM)の低減効果があるため，この時代には必須の技術項目になりつつあった．具体例として，付図 4-1 下段図に示す排気特性欄の黄色○印のように，この小噴孔径ノズルを用いると，市街地走行に対応した部分負荷時の排気が狙いどおり低減できている．しかし，付図 4-1 の中段中央図に示

すとおり，最大出力点(高速の全負荷時)でのスモークが増大するため，スモーク上限値で規制される最大出力が低下する問題が生じた．この要因は以下のとおりである．小噴孔径ノズルでは各噴霧の運動量が小さくなるのに対し，高速エンジン回転時には深皿型燃焼室は強いガス流動を生成するため，噴霧とガス流動の運動量のバランスが崩れる，つまり噴霧運動量が相対的に過小になる．このため，キャビティ内に噴射された燃料蒸気の大部分が，キャビティ底部まで進入することができずに逆スキッシュによってスキッシュエリア部に流出する．そのため，キャビティ内の空気が利用できなくなって，煤すなわちスモークの生成につながったものである．

　上記の噴霧とガス流動との運動量バランスの崩れに対する解決策が，付図4-1の右図に示される「浅皿型燃焼室と小噴孔径ノズルとの組合せ」である．浅皿型燃焼室では，キャビティ径の拡大によるガス流動の抑制により，高速エンジン回転時でも噴霧とガス流動の運動量バランスが再び適正化されて，キャビティ内とスキッシュエリアに燃料蒸気が適正に分配される．これにより，スモークの生成が抑制され，最大出力を回復することができる．以上述べてきた，この現象や要因を解明した実験解析の取組み内容は3章3-3-1項に詳述してあるので，併せて参照されたい．

　また，市街地に対応する部分負荷時，すなわち比較的低速のエンジン回転時には，浅皿型燃焼室ではガス流速が低くなってガス流動による燃料と空気の混合作用が低下するが，①ノズルの多噴孔数化による燃焼室周り方向の燃料分配性向上と，②コモンレール噴射システムの「噴射圧力の自在性」を活かした高噴射圧力化による噴霧流自体の混合作用の強化などによって，必要な燃料と空気との混合が実現できる．このため，付図4-1下段図の排気特性欄の赤丸印のように，排気も要求レベルに低減することができる．

　以上の説明では，噴霧とガス流動との運動量バランス(≒速度バランス)が鍵であることを述べた．これに対し，噴霧速度の方がガス流速よりはるかに大きいのではないかと思われる方のために補足説明しておく．1章1-3-1項でも述べたとおり，この場合(燃料噴射圧力145MPa，キャビティ径／シリンダボア径 = 0.5)を例に採ると，燃料噴霧のノズル噴孔出口での初速度は230m/s程度と確かに大きな値である．しかし，噴出後に噴霧内には多量の周囲ガス(空気＋既燃ガス)が導入され，噴霧と周囲ガスとの運動量交換が生じるために，キャビティ外周部付近に至る時点の噴霧速度は65m/s程度となる．つまり，高エンジン回転数時には，前述したスワール速度(55m/s)やスキッシュ速度(70m/s)が噴霧速度と同等のオーダーになる．このため，噴霧とガス流動の運動量比(≒速度比)が問題になるのである．

　最後に追記しておくが，浅皿型燃焼室は実用燃費改善にも顕著な効果がある．3章3-4-2項で図3-39(p.121)を用いて説明したとおり，キャビティ径を拡大(浅皿型化)してガス流動を抑制しつつ噴射ノズルを小噴孔径・多噴孔化することで，燃焼室壁面からの熱損失が低減されて，

付録 5　ターボ過給システム　　*175*

実用頻度の高い部分負荷時の燃費が顕著に低減される[59].

　つまり，浅皿型燃焼室は現代では必須の燃焼室で，「浅皿型燃焼室とコモンレール噴射システムの組合せ」こそが，将来にわたって動力性能・燃費と排気とを両立するポテンシャルを有する．これが図 1-35(p.37)に示した DI 燃焼システム変遷の理由である．

　なお，この浅皿型燃焼室に関する現象解析を通じて，「良好な燃料蒸気分配を得るための指標」などの興味深い知見が得られている．この点については 4 章 4-2 節で詳述しているので，併せて参照されたい．

付録 5　ターボ過給システム

　1 章 1-3-5 項でも述べたとおり，**ターボ過給機**（**ターボチャージャ**，Turbocharger)は，自然吸気エンジンでは捨てていた排気エネルギをタービンで回生して得た動力で，コンプレッサを駆動し吸気を圧縮する．このため，機械式過給機のような燃費悪化がなく，さらにはエンジンとうまく適合すれば，排熱回収効果により熱効率の向上を図ることができる．反面，この回転体の慣性モーメントに起因する回転数上昇遅れのため，アクセル操作に対する応答性に劣る問題がある．また，従来は最高出力を重視した設計を行ったことも関係するが，低速時のトルク増加効果が不十分となる欠点もあった．しかし，近年では，材料や設計法の進化による回転体の低慣性モーメント化や，実用運転域を重視したタービンおよびコンプレッサのブレード形状の改良などにより，上記の欠点は大幅に改善されてきた．このため，現在ではほとんどすべての過給ディーゼルエンジンがターボ過給機を用いている．また近年では，以下の項に詳述するが，ターボ過給機の可変容量化や 2 段過給システム化により，「低速トルクの顕著な向上」と「高速域の有効トルク範囲拡大」の両立による「トルクのワイドバンド化」，および「応答性の改善」なども実現されるに至っている．そのため，ターボ過給システムは，プレミアムクラス・ディーゼル車にとっても必須の要素技術となっている．上記のように，ターボ過給システムはディーゼルエンジンの諸性能と密接な関係があるため，ここで詳しく説明する．

　ターボ過給機およびそれを用いた過給システムにはいくつかの種類や構成があり，その種類や構成に応じて実現できる過給特性やエンジン性能に及ぼす効果も異なっている．ここでは，自動車用エンジンに用いられるターボ過給機や過給システムに焦点を絞って，上記の技術内容について，できるだけ直感的に理解できるよう概念的に説明する．具体的には，まずターボ過給機自体について概説したうえで，典型的な数種の過給システムについて，過給特性やエンジン性能に及ぼす影響などを記すものとする．なお，ターボ過給機の詳細については専門書[82]を参照されたい．

176　付録　ディーゼルエンジンに関する技術項目の解説

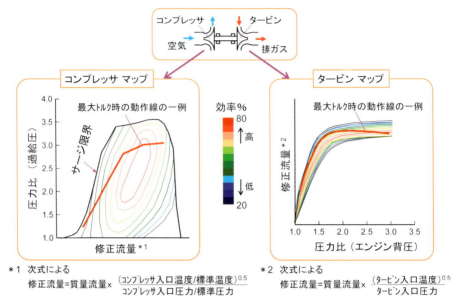

付図 5-1　ターボ過給機のコンプレッサとタービンの特性

5-1　ターボ過給機の特性

　ターボ過給機は，上述のとおり，排気エネルギを用いて排気タービン（Exhaust Gas Turbine）を駆動し，このタービンと軸で直結されたラジアルコンプレッサ（Radial Compressor，遠心式圧縮機）の回転により空気を圧縮するものである．このコンプレッサおよびタービンの特性の一例を付図 5-1 に示す．図の両軸はそれぞれ圧力比と修正流量（修正の定義は図中に記す）に対応しており，コンプレッサ特性は 2 次元マップとして，またタービンの特性はノズル特性と同様のグラフとして表される．ディーゼルエンジンで望ましい「ワイドバンドなトルク特性」を得るためには，低速（小流量）から高速（大流量）まで高いコンプレッサ圧力比（すなわち過給圧力）が必要になる．また，良好な燃費を得るためには，全域で高い過給機効率となる必要がある．しかし，現実のコンプレッサでは，付図 5-1 の左図に示すとおり，小流量側の作動域は**サージ限界**により規制される．サージとは**サージング**（Surging）の略称で，流体の圧力と流量が周期的に大きく変動する激しい流体振動であり，正常な作動が困難になる現象である．図中に赤の実線で最大トルク時の動作線の一例を示してあるが，上記のサージ限界のために小流量側では圧力比およびコンプレッサ効率が低くならざるをえない．大流量側の限界はコンプレッサ容量に依存するが，常用域でのコンプレッサ効率を高くする必要性から適正な容量は自ずと決定される．そして，この容量のコンプレッサを駆動するに要する動力を得るため，タービン容量も決まってくる．なお，アクセル操作への応答性を高めるためには過給圧上昇の応答性を高める必要がある．このためには，回転体の慣性モーメント低減や小流量域のサージ改善，および軸受摩擦の低減などが重要である．このうち，慣性モーメント低減や小流量域のサージ改善の観

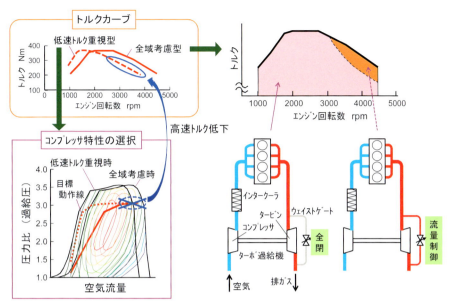

付図 5-2 通常ターボ過給機のエンジン適合

点からは,小容量ターボ過給機が有利となる.コンプレッサおよびタービンの効率を改善するうえでは,流体の流れ方が重要であり,インペラ(Impellor)の 3 次元的形状が重要因子となる.上記の諸要求を高次元に満たすべく,サージ限界の拡大,回転体の軽量化・小径化,インペラ形状の改善などの開発が続けられている.

5-2 通常ターボ過給機

　基本となる構成は可変機構を持たない通常ターボ過給機 1 基を用いた過給システムであり,この例を付図 5-2(1 章 1-3-2 項で図 1-30(p.33)に示した EGR 管路系は,簡略化のためすべて省略している)に示す.この左側図には,エンジンの 2 種類のトルクカーブ(各エンジン回転数での最大トルクを示す曲線)と,対応する過給機の特性と作動線を示してある.通常のエンジン開発では,実線トルクカーブに示すように低速から高速までバランスの良いトルク特性を得るべく,付図 5-1 で示したような動作線とこれに対応する特性のターボ過給機を選択する.

　一方,小型エンジンを搭載するコンパクト車などでは,市街地での動力性能を確保するために低速トルクの増大を重視する場合がある.このような場合,低速(小流量)域で高いコンプレッサ圧力比を得るため,全域考慮型よりも小容量のターボ過給機を選択することになる.これによりサージ限界が小流量側に拡大する形になり,低速(小流量)域で高い圧力比(高過給圧力)が得られて,低速トルクは増大する.しかし一方で,小容量化したことで高速(大流量)側の流量には対応できないため,左下図のコンプレッサマップ中の短破線で示すような目標動作線は大流量域で実現できない.このため,高速側のトルクは低下する結果となる.市街地性能とコ

178 付録 ディーゼルエンジンに関する技術項目の解説

ストを重視するコンパクト車や商用車などでは，高速性能はある程度犠牲にして，破線のような トルクカーブで量産化する場合が少なくない．

全域考慮型の場合には，全域でバランスの良くなるターボ過給機を選択しており，おおむね 過給機効率は中速域で最大となり，また一般にディーゼル燃焼も中速域で最良になる特性があ るため，中速域で最大トルクが得られる．一方，高速の高トルク域では，排気流量と排気管内 圧力(エンジン背圧)が増大し，タービン回転数が上昇を続ける．すると同軸のコンプレッサ回 転数も上昇し，過給圧も増大してさらに吸気量が増加する．このため，排気流量および排気管 内圧力がさらに増大することになる．この状態を放置すると，ターボ過給機が過回転となって タービンやエンジンが破損する事態となる．これを防ぐために，吸気管内圧力が所定の値を超 えると，排気の一部をウェイストゲートと称するバイパス通路側に流すことで，タービン回転 数や過給圧を所定の上限値以下になるよう制御する．自明であるが，このウェイストゲートの 作動範囲や分流させる流量は，ターボ過給機の容量などに依存する．なお，上記のように，高 速域では高過給圧となり，吸入空気量が増大しているにも関わらずエンジントルクが低下する 要因は，高速になると燃焼に充てられる時間が短くなるうえ，燃焼制御因子の最適組合せが維 持できなくなるなどにより，ある空気量に対して完全燃焼させうる燃料量(スモーク限界当量 比に対応)が中・低速域の場合より減少するためである．換言すれば，高速時にはスモーク限 界当量比(1章 1-3-4項または4章 4-2節を参照)が低下するためであり，この点については 4-2節で詳しく説明しているので，参照されたい．

5-3 VNT ターボ過給機

付録 5-2 で記したとおり，低速(小流量)域と高速(大流量)域の性能を両立させることが課題 であるが，この両立手段の1つとしてターボ過給機の可変容量化がある．この可変容量化の典 型例が，**可変ノズルタービン・ターボ過給機**(**VNT ターボ過給機**または**VGT ターボ過給機**と も称する．VNT：Variable Nozzle Turbine　VGT：Variable Geometry Turbine の略)である．こ の過給機では，付図 5-3 に示す排気タービンの排気流入部に設けた可変ベーン(Variable Vane) により，排気の流入角と流入断面積を作動条件に応じて最適化することができる．これにより， エンジンの回転数に応じて過給圧を制御できることになる．例えば，付図 5-4 に示すように， 低速域では，可変ノズルを絞ることによりタービン(およびコンプレッサ)の回転数を上げ，過 給圧を上昇させてトルクを増大させることができる．また高速域では，付図 5-5 に示すとおり， 可変ノズルを開くことによりエンジン背圧を下げて燃費を向上することができる．つまり，低 速(小容量)域では小容量ターボ過給機の特性を，また高速(大流量)域では大容量ターボ過給機 の特性を実現することになる．この結果，付図 5-3 の下段図に一例を示すように，中・高速域 でのトルクを維持または微増させつつ，低速トルクを 15% 程度増大させ，また高速域の燃費 を5% 程度向上する効果が得られる．

付録5　ターボ過給システム　179

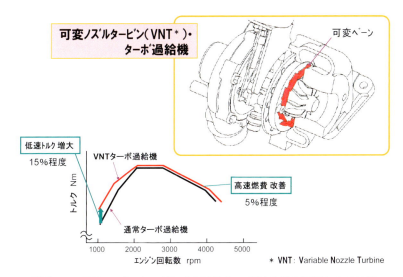

付図 5-3　可変ノズルタービン(VNT*)ターボ過給機の概要とその効果

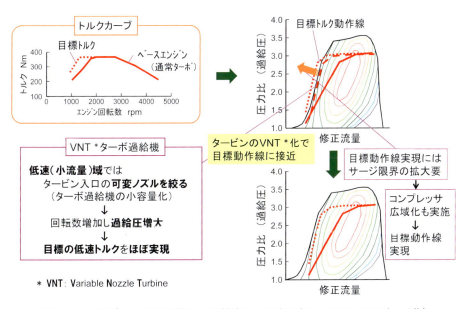

付図 5-4　VNT*ターボ過給機による低速トルク向上（トルクのワイドバンド化）

　なお，付図5-4について補足説明をしておく．この図の例では，右上図のように，タービンのVNT化により低速(小流量)域のトルクは大幅に増大しているものの，目標動作線には若干未達である．この目標動作線を完全に実現するためには，右下図のとおり，コンプレッサの改良(主に広域化)を併せて実施する必要がある．

　VNTターボ過給機は，応分のコスト上昇は伴うものの，過給機単体の置換でコストに見合う効果が得られることから，近年では幅広い車種に普及が進みつつある．

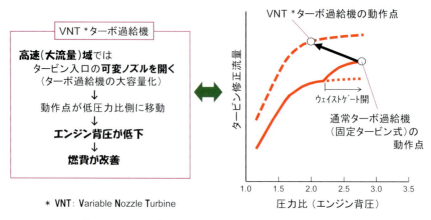

付図 5-5　VNT*ターボ過給機による高速時燃費の改善

5-4　2段ターボ過給システム

付図 5-6 の左上図のトルクカーブ群に示されるように，全域で顕著なトルク増大を求められる場合には，VNT ターボ過給機のような可変容量化では対応が困難となる．このような場合に用いられるのが **2段ターボ過給システム**（2-Stage Turbocharging System）である．

付図 5-6 に例示するトルクカーブにおける短破線（目標①）および長破線（目標②）は，比出力がそれぞれ 65〜70kW/L クラスと 90〜100kW/L クラスに対応し，しかもワイドな**トルクバンド**を有するトルク特性となっている．これらのトルクを実現するに要する過給特性を得るためのコンプレッサ動作線を付図 5-6 右上図に示すが，何れの場合も 1 基のターボ過給機では圧力比および流量範囲ともに不足である．そこで，大容量ターボ過給機と小容量ターボ過給機を組み合わせ，前者を低圧段とし後者を高圧段として直列配置する，2段直列ターボ過給システム（2-Stage Sequential Turbocharging System）を用いることになる．この過給システムにより，要求流量範囲をカバーし，高い圧力比を実現すると同時に，アクセル操作に対する応答性を高めている．小容量ターボ過給機を高圧段に置く理由は，低圧段の過給機で圧縮されることで吸入空気の密度が増大し容積流量が減少するため，低速域（小流量域）に適合させた小容量のターボ過給機でも中速域の質量流量に対応できるためである．この具体的なシステムの構成と両段のターボ過給機の使い方の一例を，目標①および目標②について，それぞれ付図 5-7 および付図 5-9 に示す．

目標①クラスの場合には，付図 5-7 右上図に示すように，低速域では高圧段の小容量ターボ過給機のみを用い，中速域では両段のターボ過給機 2 基を組み合わせて要求圧力比を発生させ，高速域では高圧段の大容量ターボ過給機のみを用いている．この組合せ方は，過給システム全体としての過給機効率と応答性が高くなるように設定される．

具体的に各ターボの使い方について記すと，低速域を小ターボ過給機のみで対応することで

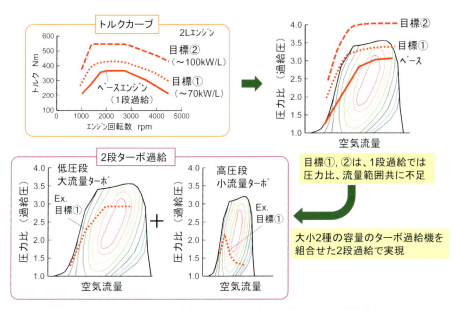

付図 5-6 高トルクとワイドなトルクバンドの実現手段：2段過給システム

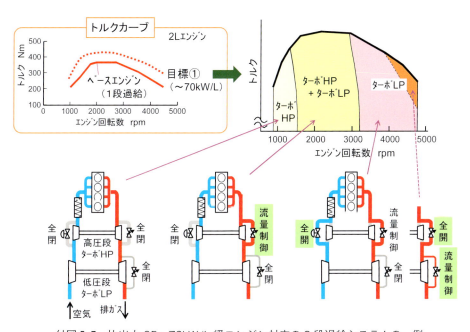

付図 5-7 比出力 65〜70kW/L 級エンジン対応の2段過給システムの一例

過給機効率が高くなり，しかも発進加速時などの応答性が高まる利点がある．また，中速域で両段のターボ過給機2基を用いる際には，高圧段ターボ過給機のタービン部バイパス通路に設けた流量制御弁の開度を制御することにより，高圧段タービンと低圧段タービンのおのおのに流す排ガスの流量，すなわち流入エネルギ（正確にはエンタルピ）を調節して，両段のターボ過給機でそれぞれ発生させるコンプレッサ圧力比を最適化している．高速域で低圧段の大容量タ

182　付録　ディーゼルエンジンに関する技術項目の解説

ーボ過給機を用いる際には，その高トルク域で過給圧や背圧が過剰になるとウェイストゲート弁を開き，排ガスの一部をバイパスさせる点は，付録5-2で述べた「通常ターボ過給機1基のシステム」の場合と同様である．なお，この2段過給システムの場合，両ターボ過給機のコンプレッサマップ上の動作線はおおむね付図5-6下段図のようになる．

　なお，念のために触れておくが，低速域では高圧段の小容量ターボ過給機のみを用いるとしながら，図5-7下段の最左図に示すとおり，低圧段ターボ過給機のコンプレッサ側にバイパス通路はなく，またタービン側もウェイストゲートを用いていない．これは，低速域では小流量であるため，大容量のコンプレッサやタービンは吸気や排気の流れにとって大した抵抗にはならず，スムーズに通過できるためである．

　本例で示したような構成の2段ターボ過給システムを用いるエンジンの実例としては，2章2-2-5項で紹介した2004年に量産化されたBMWコモンレールDIディーゼルエンジン(6気筒，排気量3L，比出力67kW/L，比トルク187Nm/L，低速トルク比93％)が挙げられる[83]．

　また，付図5-7に示す2段ターボ過給システムの発展型として，高圧段の小容量ターボ過給機をVNTターボ過給機とするシステム構成も用いられる．この場合の詳しい説明は省くが，一例を付図5-8に示す．左上図がその過給システムの構成であり，右上図が各ターボ過給機の使い方を示している．高圧段を小容量VNTターボ過給機とすることで，高圧段過給機の可変容量化が図られるので，両段の各ターボ過給機の仕様や組合せ方をより最適化して，きめ細かい制御をすることができる．このため，より高い圧力比(過給圧力)が得られ，エンジン性能としてはより高い比出力80kW/L，比トルク230Nm/Lのレベルを実現することができる．本システムを例に採れば，付図5-8の下段図に示すとおり，VNTターボ過給機化した1段過給システムと比較しても，2段ターボ過給システムにより全域で顕著にトルクを増大させることができる．具体的には，低速トルクを30％程度，最大トルクを15％程度それぞれ増大させ，また有効なトルクを発揮できる高速域を25％程度伸延することができ，ワイドバンドなトルク特性を実現できる．そのうえ，アクセル応答性が向上して良質な運転性が得られる利点もある．

　なお，蛇足ながらバイパス通路に関して補足しておく．付図5-8の過給システムでは低圧段ターボ過給機のコンプレッサ側に，図5-7にはなかったバイパス通路がある．これは，「大容量のコンプレッサは，小流量の吸気の流れにとって大きな抵抗にはならないため，バイパス通路は通常は必要ない．」と前述したことと矛盾する．このシステムで，低圧段過給機のコンプレッサ側にバイパス通路を設ける理由は，高い加速応答性などの良好な運転特性をより高次元で実現するために，低速域に適合し高い応答性を有する高圧段の小容量VNTターボ過給機の特性を十分に引き出すために，流体抵抗を可能な限り低減させることを重視したことによる．

　トルクカーブとして目標②クラスを実現する場合には，付図5-9右上図に示すように，高圧段の小容量ターボ過給機は高速域を含む全運転域で用いることになる．この理由は，目標②クラスのトルクを達成するためには極低速域を除く全範囲で圧力比4以上(過給圧力0.4MPa以

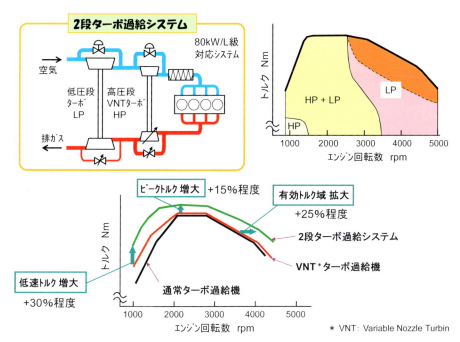

付図5-8　80kW/L級エンジン対応の2段ターボ過給システムの一例とその効果

上)が必要になるが，この圧力比は1基のターボ過給機では実現が困難であることによる．一方，全域に対応するためには，高圧段ターボ過給機も高速域で大流量に対応する必要があることから，小容量のターボ過給機を用いることが困難となる．しかし，高圧段も大容量のターボ過給機とすると，低速時(低流量時)に高い圧力比を発生させ，また高い応答性を発揮させることができない．この課題の解決策として，付図5-9下段のシステム構成図に示すように，高圧段の過給機を小容量ターボ過給機2基の並列配置とし，合計3基のターボ過給機による2段過給システムを構成しているのである．また，この例では，高圧段のターボ過給機2基をさらにVNTターボ過給機としている．この理由は，ワイドバンドな高トルクと高い応答性をより高次元に実現し，プレミアム車にふさわしい運転性を得るためである．

具体的にこれら3基の過給機の使い方(付図5-9の右上図)を見てみると，低速域の中負荷以下では，高圧段の小容量VNTターボ過給機1基のみを用いている．それ以上の負荷または回転数域(中速以下)では，高圧段の小容量VNTターボ過給機1基と低圧段の大容量ターボ過給機とを組み合わせている．中速以上では，この領域での流量増加に対応して，高圧段の小容量VNTターボ過給機2基と低圧段の大容量ターボ過給機とを組み合わせている．低速域の中負荷以下で高圧段の小容量VNTターボ過給機1基のみを用いるのは，発進加速時に高い応答性で圧力比を上昇させ，ターボラグのない良好な運転性を実現するためである．また，本過給システムでは高圧段過給機のタービン部に図5-7のような流量制御用バイパス通路が設けられていない．この理由は，高圧段に2基並列のVNTターボ過給機を用いて高速域までの全流量範

184 付録　ディーゼルエンジンに関する技術項目の解説

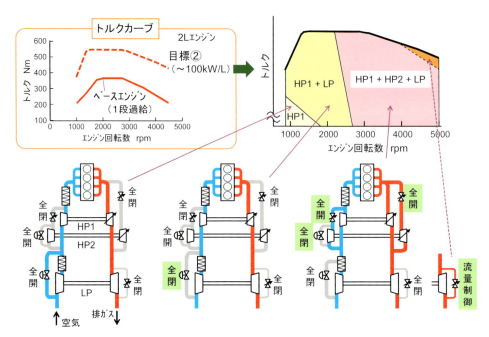

付図 5-9　比出力 90～100kW/L 級エンジン対応の 2 段過給システムの一例

囲に対応することと，VNT 化によって圧力比を過給機自らで調節してコンプレッサ圧力比を適正化できるため，バイパス通路による流量制御は不要だからである．

　本例で示したような，高圧段に 2 基の小容量ターボ過給機を用いた「3 基のターボ過給機で構成する 2 段過給システム」を用いるエンジンはまだ限られている．この実例の 1 つが，2 章 2-2-6 項で紹介した，2012 年に量産化された BMW ディーゼルエンジン（直列 6 気筒，排気量 3L，比出力 93.6kW/L，比トルク 247Nm/L）である[26]．また，このエンジンの発展型として，2016 年に量産化された BMW ディーゼルエンジン（直列 6 気筒，排気量 3L，比出力 98.2kW/L，比トルク 254Nm/L）では，<u>4 基のターボ過給機による 2 段過給システム</u>（付図 5-10 の左図）を用いている[84]．具体的には，低圧段・大容量ターボ過給機も，相応に小容量の VNT ターボ過給機 2 基に置き換えて，これらを並列配置した低圧段過給ユニットとしている．そして，このユニットを，上述した小流量ターボ過給機 2 基の高圧段過給ユニットと直列に接続し，「合計 4 基のターボ過給機による 2 段過給システム」としているのである．しかし，このシステムでは，低圧段の VNT ターボ過給機 2 基は常にペアで同じ動作を行うものであり，この低圧段過給機の小容量化はもっぱら慣性モーメントの低減による応答性の改善を狙ったものである．したがって，このシステムは，上記の「3 ターボ過給機の 2 段過給システム」において，低圧段のターボ過給機を仮想的に小さな慣性モーメントを持つ同容量の VNT ターボ過給機 1 基と置換したシステム（付図 5-10 の右図）と等価となる．そのため，この複数の過給機の使い方やシステムの制御などは付図 5-9 と同様となる．

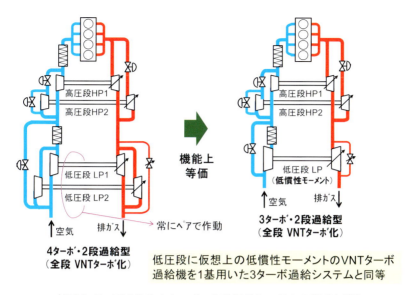

付図5-10　BMWの4ターボ・2段過給システムの構成と機能

　上記のように，2段ターボ過給システムには，用いるターボ過給機の仕様と数や，それらの配置と接続の仕方などに応じていくつかのタイプが存在し，エンジン性能に対する過給効果の度合いや特性も異なっている．

付録6　エンジンのトルクカーブ特性

　トルクカーブとは各エンジン回転数における最大トルクを縦軸に，エンジン回転数を横軸にとってプロットした線図であり，自動車の運転フィーリングに直結する重要な指標の1つである．このことを実例に基づいて説明する．エンジンのトルク特性を示すトルクカーブの例を，比較的最近（2009年以降）のディーゼルエンジン数機種について付図6-1に示す．付図6-1では，縦軸のトルクを，絶対値ではなく最大トルク値で正規化した値で示してあり，これにより異なるトルク値を持つ種々のエンジンのトルク特性を比較することができる．ここに例示したエンジン群中，赤字で「2TC」（2段ターボ過給を意味する）と付した機種が，高性能化を図った当時のいわゆるプレミアム版エンジンである．一方，VWの排気量1.6Lエンジン3機種が，燃費とコストなどの実用性を重視する代表的な普及版エンジンである．

　付図6-1からわかるとおり，プレミアム版と普及版の区別なく，**低速トルク比**（本書では1,500rpmにおける正規化トルク値）は90％以上であり，プレミアム版では100％である．つまり，車格によらず，低速からトルクを急峻に立ち上げ，俊敏な発進加速感による実用の運転特性を大切にしている．一方，中・高速域については，1段ターボ過給の普及版エンジンでは，ピークトルクの発生範囲が最大でも1,500〜2,500rpmの間と狭く，3,000rpm以上では急速にトルクが低下している．これに対し，2段ターボ過給のプレミアム版エンジンでは，ピークトルク範

186   付録　ディーゼルエンジンに関する技術項目の解説

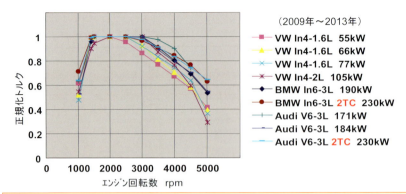

付図 6-1　車格に応じたトルクカーブ特性の例（ドイツ乗用車）

囲が 1,500～3,000rpm の間と広く，しかも 3,000rpm 以上の高速域でもトルク低下が少ない．この例でも，4,500rpm で正規化トルク 80%，5,000rpm でも 60% を確保しており，「トルクカーブの広域化」（ワイドなトルクバンド）を実現している．つまり，普及版エンジンでは，高速での伸び感は乏しい反面，良好な低速での市街地走行性の確保に絞っている．一方，プレミアム版エンジンでは，4,500rpm 付近まで出力が増大することで高速での加速時に伸び感が得られ，実用の市街地走行性と高速走行性の両立が図られているのである．

　現在では，普及版エンジンでも，吸・排気抵抗の低減によるエンジン本体の吸・排気効率の向上や VNT ターボ過給機をよりうまく使うことで，1 段ターボ過給ながらトルクの広域化を図る取組みがなされている[30],[31]．また，付録 5-4 で説明したとおり，プレミアム版エンジンでは，さらなるトルクの広域化による良好な運転性を求めて，2 段過給において高圧段の小容量ターボ過給機を VNT 化したり，3 基あるいは 4 基のターボ過給機を用いた 2 段ターボ過給システムを採用する，などの開発が進められている[83],[84]．

付録 7　高過給・高 EGR 率の燃焼

　2 章 2-2-5 項で述べたとおり，2000 年代後半になると，車輌燃費改善と動力性能向上をさらに進める目的で，エンジンのダウンサイジング（付録 8 に詳述）が進められるようになった．ダウンサイジングの場合には，エンジンの常用運転域が高負荷側に移行するため，この高負荷域での排気低減が重要な課題になる．しかし高負荷域では，煤（排出スモークと PM の主成分）の排出量が増加するため，排出 NOx 低減の切札である EGR 率を高く設定できない問題があった．この問題の効果的な解決策となったのが，新 ACE により提唱された「高過給と高 EGR（排

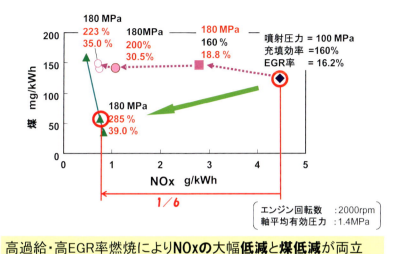

付図7-1　高過給・高EGR率燃焼による排気低減効果の一例[53]（3章図3-25から抜粋）

気再循環）率，および高圧噴射を組み合わせる方式」であり[51],[52]，本書ではこれを「**高過給・高EGR率の燃焼**」と称している．この燃焼法については，3章3-3-2項でその解析内容を含めて詳しく説明しており，重複する内容も少なくないが，本付録ではこの全体概要をまとめて記述するものである．

　「高過給・高EGR率の燃焼」による高負荷域での排気低減の一例を，付図7-1（図3-25（p.107）から抜粋）に示す．図の横軸と縦軸は，それぞれNOxと煤の排出率である．エンジン作動点は，高負荷域に属する回転数2,000rpm，軸平均有効圧力1.4MPaである．図中，右の赤丸で囲った点は，ベースとなる運転条件とその作動点での排気特性を示している．ここから，紫色破線矢印のとおり運転条件を変化させている．この図の詳しい説明は，3章3-3-2項に記したので，ここでは概説のみに留める．ベース条件（右の赤丸）から，紫色破線矢印に沿ってEGR率と噴射圧力および充填効率を順次増加させていくと，煤排出量をほぼ維持したままNOxが顕著に低減される．しかし，この紫色破線矢印の範囲では，NOxは低減できたものの要求される煤低減は実現できていない．そこで，緑色実線のトレードオフ線上にある左の赤丸で囲った作動点へシフトさせる．すなわち充填効率を285％まで大幅に増大させ，EGR率を39.0％までさらに増すことで，NOxと煤の顕著な同時低減が実現される．これが，「高過給・高EGR率の燃焼」の効果を示す一例である．なお，充填効率が250％を超えるような高過給になると，本来は噴射圧力もさらに増大させることが望まれる（この要因は後述してある）．しかし，この当時のコモンレールFIEでは180MPaが上限噴射圧力であったため，この実験ではこの噴射圧力に留めている．試作した特殊な「増圧コモンレールFIE」を用いて，さらに噴射圧力を上昇させた場合の結果は，3章3-3-2項の図3-25に付記したので参照されたい．

　次に，「高過給・高EGR率の燃焼」によりNOxと煤の同時低減が得られる要因については，その解析手法も含めて3-3-2項に詳述しているので，ここでは概要のみを説明しておく．シリ

188　付録　ディーゼルエンジンに関する技術項目の解説

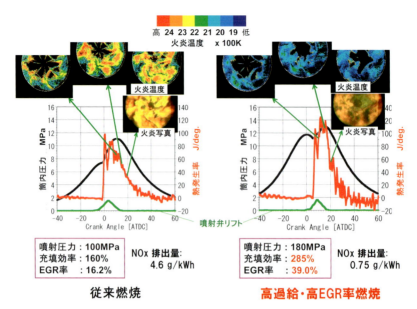

付図7-2　筒内圧力，熱発生率，火炎温度（従来燃焼と高過給・高EGR率燃焼の比較）[53]

ンダ内の現象解析から「高過給・高EGR率の燃焼」によるNOxと煤の同時低減のメカニズムを確認した結果が付図7-2である．この図は，付図7-1の赤丸で囲った2つの作動点，すなわち「ベース作動点（従来燃焼）」と「NOxと煤の同時低減が得られた作動点（高過給・高EGR率の燃焼）」の両場合について，熱発生率と筒内圧力の履歴，および火炎写真と二色法による火炎温度分布の推移を比較したものである．図の上段の火炎温度分布からわかるとおり，「従来燃焼」では火炎領域の大部分で火炎温度が2,200K以上になっており，ピーク温度は2,400Kを超えている．一方，「高過給・高EGR率の燃焼」ではすべての火炎領域で2,100K未満となり，さらに燃焼期間後半では大部分の領域で2,000～1,900K以下となっている．NOx生成量は火炎温度に対して指数関数的に変化するため，この火炎温度の顕著な低下がNOxの大幅低減につながっている．また，赤色実線の熱発生率パターンから，「高過給・高EGR率の燃焼」では，燃焼が促進されて熱発生率ピークが増大するとともに，燃焼期間が短縮されていることがわかる．そしてさらに，火炎写真からわかるとおり，「従来燃焼」では燃焼期間終盤でも高い輝度の輝炎（高温になった煤が強い輻射光を放つことによる）が多量に存在するのに対し，「高過給・高EGR率の燃焼」では輝炎の量が減少し，輝度も低下している．すなわち，「高過給・高EGR率の燃焼」では，NOxが低減されつつ，燃焼が促進されて燃え切りが早く，燃焼効率が向上し，煤の酸化も進んでいることが見て取れる．

　この要因は，各運転条件におけるシリンダ内ガスの成分比率を詳しく調査・考察した結果である3章3-3-2項の図3-28（p.109）に示されている．ここでは，その結果を要約しておく．付図7-1で示した各作動点にほぼ対応する作動点について「吸気酸素濃度」と「NOx排出率」の関係を整理した結果，充填効率や噴射圧力が変化しても，吸気酸素濃度の低下（すなわち

EGR率の増大)に比例して排出NOx量が低減することが確認される．これは，「NOx排出率が吸気酸素濃度に比例する」という従来の知見が「高過給・高EGR率」の下でも成立することを示している．また，「ベース作動点(従来燃焼)」と「NOxと煤の同時低減が得られた作動点(高過給・高EGR率燃焼)」の両場合で，「シリンダ内ガスの成分比率」を比較した結果，以下のことがわかっている．高過給・高EGR率燃焼の場合には，EGR率の増大により吸入新気の割合が低下して酸素濃度が低下するが，一方で，高過給化による充填効率の増大(総吸入ガス量の増加)により酸素の絶対量は増加している．煤に関しては，従来のように過給度一定(吸入ガス量一定)の下で酸素濃度を低下させると，酸素の絶対量も減少するため，煤の生成量が増大すると同時に酸化も進まなくなり，煤排出量が増大する結果となっていた．これに対し，「高過給・高EGR率の燃焼」の場合には，上記のとおり，酸素の絶対量は増加しているため，煤の生成が抑制されると同時に酸化が促進されて，煤排出量の低減につながっている．また，NOxについては，上述のとおり，吸気酸素濃度の低下(EGR率増大)に伴う火炎温度の低下により，NOxの生成量が減少して排出量も低減されている．つまり，高過給と高EGR率を組み合わせることで，酸素濃度の低下と酸素量の増加という，一見相反するような状態が実現されるため，NOxと煤の同時低減が得られるのである．

　なお「高過給・高EGR率の燃焼」では，冒頭で述べたとおり，従来以上に燃料を高圧で噴射する必要がある．この理由は，3章3-3-2項で図3-29(p.110)を例に採り説明しているが，要約すると以下のとおりである．高過給化により充填効率が増大してシリンダ内のガス密度が増加すると，燃料噴霧に導入される周囲ガス量が増加するために噴霧貫徹力が低下する．すなわち，噴射開始からの各時刻における噴霧先端の到達距離が減少して，適切な時期に燃焼室周辺部まで燃料を広く分布させることができなくなる．このため，ガス密度の増加に相応した「噴射圧力の増大」により，噴霧到達距離を回復・確保して，全域への燃料分配を維持することが必要になるからである．

　「高過給・高EGR率の燃焼」は，エンジンのダウンサイジングの実現に寄与するだけではなく，同一排気量のエンジンにおいても実用燃費の顕著な改善をもたらす．この点を，付図7-3により説明する．この左右の図はともに，横軸と縦軸にそれぞれエンジンの回転数とトルクをとって，エンジンの作動域とその中に等排出NOx線(黒色等高線)と等燃費線(茶色等高線)を示している．また，排出NOxが規制値以下になる領域を薄青色で表示してある．この図からわかるとおり，「従来燃焼」では，NOx規制値を満たすのは低負荷域に限られるため，燃費の良い中・高負荷側で運転できない．これに対し，「高過給・高EGR率の燃焼」では，高負荷域まで低NOx領域となるため，燃費の良い作動線上で運転することができる．この「作動点のシフト」により，実用燃費を顕著に改善することができる．この図は，排気量2Lクラスの4気筒ディーゼルエンジンの例であるが，この場合で約15%の燃費改善が見込まれる．

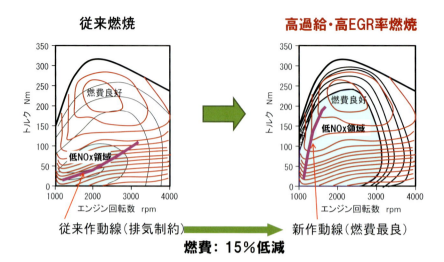

付図 7-3　高過給・高 EGR 率燃焼による排気低減と燃費改善の両立要因

付録 8　エンジンのダウンサイジング

　1 章 1-3-5 項および付録 5 で記した過給技術の進展により高過給が実用上可能になると，2 章 2-2-5 項や 2-2-6 項で述べたとおり，エンジンの**ダウンサイジング**が図られることになった．「エンジンのダウンサイジング」とは，エンジンの排気量を減少させる，つまりエンジンを小型・軽量化しながら，高過給化によって出力・トルクを元の大排気量エンジンでの値と同等に維持する，またはさらに増大させることを意味する．このダウンサイジングでは，エンジンが小型・軽量になるため，摩擦損失や熱損失が低減される．また，常用作動点が高負荷側にシフトして，より高熱効率域で運転される頻度が高くなることから，実用燃費の向上につながる．さらに，熱損失低減の 1 つでもあるが，エンジン構造体の小型化によりエンジンの熱容量も小さくなるため，冷間時のエンジン暖機時間が短縮されることで，冷間時の燃費向上と排気有害物質の低減にも効果がある．これらの効果のメカニズムについて，以下にもう少し詳しく説明する．

　「エンジンの小型・軽量化による摩擦損失や熱損失の低減」の要因は以下のとおりである．エンジンが小型になると，エンジン本体サイズをはじめ軸受，吸排気弁，クランク軸などの各部品サイズも小さくなる．すると，摺動面積や接触面積が小さくなって摩擦損失の絶対値が小さくなる．また熱損失についても，熱伝達や熱伝導に関わる伝熱面積(壁表面積)が小さくなるため，熱損失の絶対量が小さくなる．これに対して，出力の絶対値は元の値を維持または増大しているので，この出力(有効仕事)に対する損失の割合が低下する，すなわちエネルギ分配における摩擦損失や熱損失が低減される．

　「エンジン小型化によるエンジン熱容量減少の利点」については以下のとおりである．熱容量減少により，エンジン暖機に要する熱量(燃料量)が減少して，実用燃費が向上する．また，

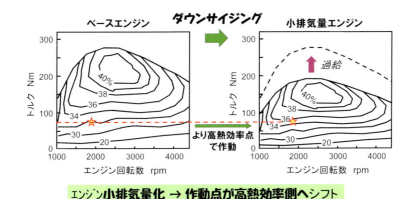

付図 8-1　ダウンサイジングによる燃費向上要因

暖機時間が短縮されて，排気温度上昇も早くなるため，排気浄化触媒への流入ガス温度が触媒の温度ウィンドウ（触媒が機能する温度範囲）に早く達することで積算の排気浄化率の向上につながるのである．

その他の利点を付記すると，吸排気弁，ピストン，コンロッドやクランク軸などの運動部品が小型になると，これら部品の慣性モーメント値が小さくなるため，慣性損失も低減して加速時などの過渡燃費が向上することで，実用燃費が改善される．以上がエンジン自体における効果であるが，車輌の観点からはさらに，エンジン小型化によりエンジンユニットの重量が減少することで，車輌としての摩擦損失や慣性損失が低減する効果も得られる．

「常用作動点の高負荷側へのシフトによる実用燃費の向上」要因は，原理的には 1 章 1-1-6 項で図 1-12（p.12）と図 1-13（p.13）に基づいて説明したとおりである．ここでは，ダウンサイジングの実用化という観点から改めて概説する．付図 8-1 の左図は，図 1-13 と同様の自動車用ディーゼルエンジンの作動域の一例を示し，右図は排気量を 30％程度減少させたダウンサイジング・エンジンの作動域を示す．また，両図ともに作動域中に等熱効率線も示してある．例えば，ある車輌をある速度で定常走行させる場合に，エンジンの回転数 1,800rpm でトルク 75Nm が必要であるとすると，エンジン作動点は図中の星印となる．すると，ベースエンジンでは熱効率 32％で，またダウンサイジング・エンジンでは熱効率 35％で，それぞれ運転することになる．すなわち，この場合で，熱効率（燃費）は相対的に約 9％余り改善されるのである．ただし，小排気量化したエンジンでは，最大トルクはベースエンジンより小さくなるため，高過給化して最大トルクを引き上げることになる．

一方で，ダウンサイジングには課題もある．具体的には，ターボ過給機は一般に極低速域では過給圧が上がらないため「発進・低速トルクが不足する」こと，小容量の燃焼室内で大量の燃料を燃焼させるため「燃焼室周りの熱負荷が増大する」こと，そして常用する「高負荷域では排出量が多い排気有害物質」の低減が必要になること，などである．「排気量の減少量／ベ

192 付録　ディーゼルエンジンに関する技術項目の解説

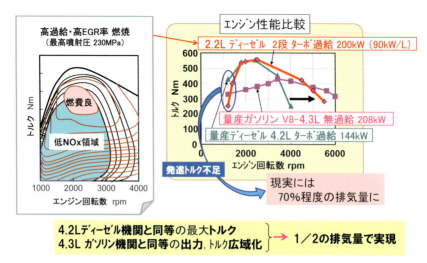

付図 8-2　排気量 1/2 のダウンサイジング例（数値シミュレーション結果）

ースエンジンの排気量」の比で定義される**ダウンサイジング率**が適度な範囲で大きいほど，燃費改善効果は大きくなるが，逆に上記の課題は厳しくなるため，該当エンジンで適用が許される要素技術に応じて，ダウンサイジング率を決めることになる．

　上記課題への対策であるが，「熱負荷の増大」に対しては，2 章 2-2-5 項で図 2-5(p.62) と図 2-6(p.62) を用いて詳述した．例えば，シリンダヘッドの冷却では，「クロスフロー・2 段水冷ジャケット化」により各気筒の冷却性を均一化して，高熱負荷時の冷却不足や気筒間温度差による亀裂発生などの問題を防止している．また，2-2-5 項で図 2-8(p.63) により説明した「シリンダヘッドとブロックの分離冷却」により，運転条件に応じておのおのの最適な水温と流量に設定するなど，種々の工夫がある．しかもこれらの対策技術は，「要求冷却性能の確保」と「摩擦損失やポンプ損失の低減」を両立するものである．

　「高負荷域での排気低減」については，特に NOx の低減が最大の課題である．従来この対策は困難であったが，付録 7 で説明した「高過給・高 EGR 率の燃焼」により，高負荷域でも NOx と煤の同時低減が可能になったことで，ダウンサイジングが可能になった．ただしこの場合には，出力に見合う以上の過剰な過給度が必要となるため，高いダウンサイジング率を実現するためには，2 段ターボ過給システムのような複雑で高コストな構成要素が必要になる．

　「発進・低速トルクの不足」への対応については，以下の具体例の中で説明する．付図 8-2 は，ダウンサイジング率を約 50%（すなわち排気量を約 1/2 にする）という高率に設定した場合の効果とその影響を，数値シミュレーションにて検討した結果である．ベースエンジンとしては，最大トルクについては，当時市販の直列 6 気筒 4.2L ターボ過給ディーゼルエンジン（最大トルク：550Nm）を設定した．また，最大出力については，市販の V 型 8 気筒 4.3L 無過給ガソリンエンジン（最大出力：208kW）を想定している．これに対するダウンサイジング・エンジンとして，2 ターボ 2 段過給システムを持つ直列 4 気筒 2.2L ディーゼルエンジン（比出力 90kW/L）

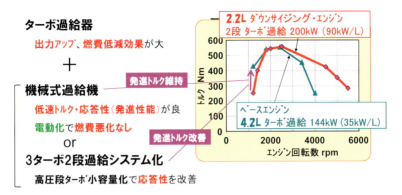

付図8-3　ダウンサイジング時の発進・低速トルク不足の解消策

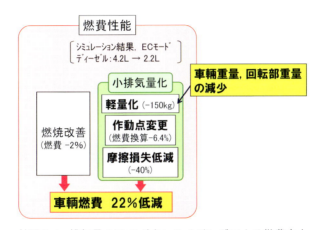

付図8-4　排気量1/2のダウンサイジングによる燃費向上効果とその内訳（数値シミュレーション結果）

を設定した．蛇足ながら，この比出力は，必要な技術要素を組み合わせることで，実現可能であることを数値シミュレーションにて確認している．この図からわかるとおり，このダウンサイジング・エンジンは，排気量2.2Lながら，4.2Lディーゼルエンジンと同一の最大トルクと4.3Lガソリンエンジンと同等の最大出力200kWを発揮し，しかも広域のトルク特性を実現できている．ただし課題として，トルクカーブ図からわかるとおり，「発進・低速トルクの不足」が生じる．この原因は，ダウンサイジング率が過大であることによる．このため，実用上のダウンサイジング率は30％程度に留める場合が多い．ダウンサイジング・エンジンで発進・低速トルクを向上させる方法は，付図8-3に示すとおり，ターボ過給システムに応答性の高い「機械式過給機」を組み合わせるか，付録5-4に記した「3ターボ2段過給システム」の小容量・低慣性な高圧段ターボ過給機で極低速時の過給を行う，などである．なお，1章1-3-5項で述べた機械式過給機による燃費悪化の問題は，近年広く用いられる電動化要素を組み合わせて，減速時エネルギを回生した電力で機械式過給機を駆動する電動機械式過給機（電動スーパーチ

194　付録　ディーゼルエンジンに関する技術項目の解説

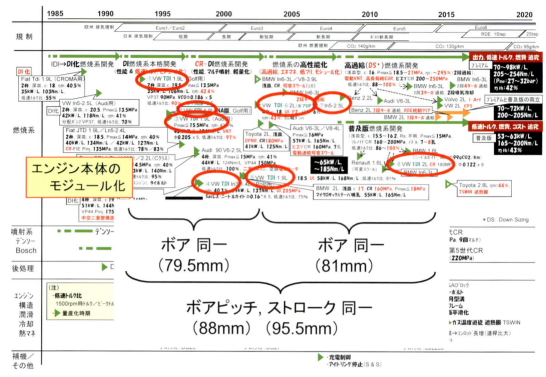

付図 9-1　モジュールディーゼルエンジンの例

ャージャー，Electric Super Charger）を用いることで解決できる．

　最後に，上述した付図 8-2 のダウンサイジング例について，効率改善効果をシミュレーションにより推算した結果を付図 8-4 に示しておく．この結果は上記の車輌ベースでの要因による効果も含むが，燃費の改善効果は約 22％と大きいことがわかる．

付録 9　エンジンのモジュール化

　エンジンの**モジュール化**と称するのは，前述したとおり，エンジンのシリンダ内径，ストローク，シリンダ・ピッチ（隣接するシリンダ中心間の距離）といったエンジンの基本諸元を固定し，異なるエンジン機種間で共用することである．

　VW グループの場合，2 章 2-2-2 項で述べた TDI ディーゼルエンジンシリーズがその実例で，図 2-3-A（巻末・折込み）にて例示したエンジン群の一覧の中で，モジュールエンジンに該当するものを赤マル枠で囲むと付図 9-1 のとおりである．また，詳しく列挙すると，付表 9-1（p.196-197）のとおりである．1993 年から現在に至るまで，直列と V 型両エンジンともにシリンダピッチ（ボアピッチとも称する）88mm とストローク 95.5mm は不変である．シリンダ内径（ボアとも称する）は前半の 1993〜2000 年の間が φ 79.5mm で，後半の 2001 年〜現在が φ 81mm である．

　もう 1 つの例として，BMW の場合を付表 9-2（p.198-199）に示す．直列エンジンと V 型エン

ジンで異なるモジュールを設定している．直列エンジンでは，やはり 1998 年から現在に至るまでシリンダピッチ 91mm とシリンダ内径φ 84mm は不変である．また，ストロークも 2001 年から現在まで 90mm で不変である．Ｖ型エンジンでは，シリンダ内径は直列エンジンと同じφ 84mm であるが，ストロークは 88mm，シリンダピッチは 98mm で一定である．

モジュール化すると生産設備を共通で使用し続けることができるため，エンジン本体の基本的な生産コストはもとより，周辺の部品や補機類についても共通化によりコストが低減できるメリットがある．一方で，例えばシリンダピッチが不変であることの厳しさについて付記しておく．VW の場合を例に採ると，シリンダ内径はφ 79.5mm（1993～2000 年）からφ 81mm（2001 年～現在）に拡大されているが，シリンダピッチは 88mm で一定であるので，隣接するシリンダボア間の肉厚は 8.5mm から 7mm と小さくならざるをえない．時代とともに，エンジンの比出力は右肩上りで増大し，これに呼応して筒内圧力および熱負荷が増大する状況下でシリンダボア間の肉厚が小さくなるため，増大する機械応力や熱応力が厳しくなる．BMW の場合でも詳しく見てみると，シリンダボア径φ 84mm とシリンダピッチ 91mm であるので，隣接するシリンダボア間の肉厚は元々7mm しかない．比出力と最高筒内圧力は，付表 9-2 からもわかるとおり，当初はそれぞれ 50kW/L と 16MPa 程度であったが，現在では 93kW/L と 20MPa 超にまで増加しており，構造部材に及ぶ熱負荷はほぼ 2 倍，応力は 25% 増になっている．これにも関わらず，シリンダボア間の肉厚 7mm という薄い構造で成立させるためには，冷却方式を含む構造設計や材料の革新を図る必要があり，実際に上記の VW や BMW では様々な革新や工夫を実施してきている．

付録 10　シリンダヘッドの 4 弁化

吸気 2 弁・排気 2 弁という構成である**4 弁化**の技術的特長を本付録で説明する．2 章で述べたとおり，1990 年代後半から**4 弁シリンダヘッド**構造が急速に広く採用されるようになったが，それ以前は吸気 1 弁・排気 1 弁という 2 弁式であった．この 2 弁式と 4 弁式の両場合における，シリンダヘッドとピストンキャビティおよび燃料噴射弁などを含む燃焼システムの構成例を付図 10-1 に示す．この図からもわかるとおり，2 弁式の場合には，以下の特徴や問題があった．

①　吸・排気弁がそれぞれ 1 か所であるため，各弁径をできるだけ大きく設定しても，そのポート断面積の大きさには限度がある（4 弁式には及ばない）．したがって，ガス流量が増大する高速運転時あるいは高過給時の流動抵抗が大きくなる．このため，充填効率が低くなってエンジン出力が制限され，また，圧力損失すなわち吸・排気行程でのポンピング損失が増大して，エンジン熱効率が低くなる．

②　吸・排気ポートの断面積を確保すべく，弁径をできるだけ拡大する必要があるため，インジェクタ（燃料噴射ノズル）の取付け位置はシリンダ中心からオフセットせざるをえない．しかし一方で，できるだけ良好な混合気分配を確保するには，ノズル噴孔位置はできるだ

（p.200 に続く）

付表 9-1 VW（Audi）モジュール

	Audi TDI 2.5L（1989）	VW TDI 1.9L Golf（1993）	Audi TDI 1.9L（1995）	VW SDI 1.9L Golf（1995）	VW TDI 1.9L Golf（1998）	VW TDI 1.9L Golf（2000）	VW TDI 5.0L SUV（2001）
シリンダ配置・数	In5	In4	←	←	In3	In4	90°-V10
ボアxストローク mm	Φ81 x 95.5	Φ79.5 x 95.5	←	←	←	←	Φ81 x 95.5
ストローク/ボア比	1.179	1.201	←	←	←	←	1.179
排気量 L	2.461	1.896	←	←	1.422	1.896	4.921
動弁系	2弁	2弁	←	←	←	←	←
吸気方式	T/C & I/C K14	T/C & I/C VNT15	←	NA	T/C & I/C GT12	T/C & I/C VNT GT1749V	2xT/C & I/C VNT GT18
燃料噴射系 ノズル 径mm x 孔数	VP37 Φ0.? x 5	VP37 Φ0.186 x 5	Φ0.205 x 5	VP37（90MPa）Φ0.17 x 5	UI（205MPa）Φ0.16 x 5	UI（205MPa）Φ? x 5	UI（205MPa）Φ? x ?
圧縮比	20.5	19.5	←	←	←	18.5	←
燃焼室形状	深皿型	深皿型	←	←	←	←	←
最高筒内圧 MPa	13.5	13.5	15.5	13.5		17	
最大出力 kW@rpm	103 @ 4000	66 @ 4000	81 @ 4150	47 @ 4000	55 @ 4000	110 @ 4000	230 @ 4000
比出力 kW/L	41.9	34.8	42.7	24.8	38.7	58	46.7
最大トルク Nm@rpm	290 @ 1900	202 @ 1900	235 @ 1900	125 @ 1900	195 @ 2200	320 @ 1900	750 @ 2000
比トルク Nm/L	117.9	106.5	123.9	65.9	137.1	168.8	
低速トルク比 %	70	90	97	98	75	81	
最小燃費率 g/kWh		197	197	222	207	198	
最高熱効率 %		42.4	42.4	37.6	40.3	42.2	
最大出力点 燃費率 g/kWh					253	236	
最大出力点 熱効率 %					33	35.4	
ボアピッチ mm	88	←	←	←	←	←	←
その他 構造 潤滑系 冷却系 熱マネージメント	ボア間厚：7.0mm ブロック材：FC ダンパプーリ	ボア間厚：8.5mm ブロック材：FC	ボア間厚：8.5mm ブロック材：FC 2マス フライホイール	ボア間厚：8.5mm ブロック材：FC	ボア間厚：8.5mm ブロック材：GG25 スワール比：⊿15%	ボア間厚：8.5mm ブロック材：GG27	ボア間厚：7.0（オフセット：1.7）ブロック材：Al金型鋳造 プラズマ溶射ライナ 斜破断コンロッド 二重Exマニ
参考文献	MTZ 50（1989）		5th Aachen Colloquium 1995	5th Aachen Colloquium 1995	19th Vienna Motor Sympo. 1998	MTZ 25 Jahre（2001）	22nd Vienna Motor Sympo. 2001

・ディーゼルエンジンシリーズ

VW TDI 2.5L 商用/SUV (2002)	VW TDI 2.0L Golf /Audi (2003)	Audi TDI 4.0L (2003)	VW TDI 2.5L 商用/SUV (2006)	VW TDI 2.0L BIN5 (2011)	VW TDI 2.0L Golf (2012)	VW TDI 2.0L EU6 (2013)
In5	In4	90°-V8	In5	In4	In4	In4
←	←	←	←	←	←	←
←	←	←	←	←	←	←
2.461	1.968	3.936	2.461	1.968	←	←
←	DOHC-4弁	←	2弁	DOHC-4弁	←	←
T/C & I/C VNT	T/C & I/C VNT	2x T/C & I/C 電動VNT GT17	T/C & I/C VNT?	T/C & I/C VNT	T/C & I/C VNT	T/C & I/C VNT
UI (205MPa) Φ? x 5	UI-P2 (205MPa) Φ? x 6	CR (160MPa) Φ? x 7 コーン角：158°	CR (160MPa) Φ? x 7 コーン角：158°	CR (180MPa) Φ0.117- 0.122 x 8 コーン角：162°	CR (180MPa) Φ? x ?	CR (200MPa) Φ? x ?
18	18	17.3	16.8	16.5	16.2	
←	←	浅皿型	←	←	←	←
17	←	16	←	←		
128 @ 3500	103 @ 4000	202 @ 4000	120 @ 3500	103 @ 4000	105 @ 3500-4000	135 @ ?
52	52.3	51.3	48.8	52.3	53.4	68.6
400 @ 2000	320 @ 1750-2500	650 @ 1800-2500	350 @ 2000-3000	320 @ 1500-2500	320 @ 1750-3000	? @ ?
162.6	162.6	165.1	142.2	162.6	162.6	
81	92	92	86	100	95	
198	194	205		204		
42.2	43	40.9		40.9		
	222	230				
	37.6	36.3				
←	←	←	←	←	←	←
ボア間厚：7.0 ブロック材： Al金型鋳造 プラズマ溶射 ライナ テンションボルト 板金二重 Exマニ	ボア間厚： 7.0mm INカムダンパ ブロック材： GG27	ボア間厚：7mm 可変スワール 二重Exマニ （830℃） 210g/kWh @2000rpm 全負荷	ボア間厚： 7.0mm	ボア間厚： 7.0mm 固定スワール比 In弁シート・ チャンファー	ボア間厚：7.0 ブロック材： GJL250 流量可変 水ポンプ 2系統冷却 カム軸 支持フレーム ヘッド 2段ジャケット	VVT I/C内蔵Inマニ ヘッド貫通EGR 通路 グロー内蔵 筒内圧センサ
11th Aachen Colloquium 2002	24nd Vienna Motor Sympo. 2003	MTZ 64 (2003)	27th Vienna Motor Sympo. 2006	32nd Vienna Motor Sympo. 2011	33rd Vienna Motor Sympo. 2012	34th Vienna Motor Sympo. 2013

198　付録　ディーゼルエンジンに関する技術項目の解説

付表9-2　BMW モジュール

	BMW 2.0L M47 (1998)	BMW 3.0L (1999)	BMW 3.9L (1999)	BMW 2.0L 320d (2001)	BMW 3.0L (2002)	BMW 3.9L (2002)
シリンダ配置・数	In4	In6	90°-V8	In4	In6	90°-V8
ボアxストローク mm	Φ84 x 88	←	←	Φ84 x 90	←	Φ84 x 88
ストローク/ボア比	1.048	←	←	1.071	←	1.048
排気量 L	1.95	2.925	3.901	1.995	2.993	3.901
動弁系	DOHC-4弁	←	←	←	←	←
吸気方式	T/C & I/C VNT	←	2xT/C 電気駆動VNT	T/C & I/C VNT	T/C & I/C VNT GT22	2xT/C 電動VNT GT17
燃料噴射系 ノズル径mmx孔数	VP44 (175MPa) Φ0.? x ?	CR (135MPa) Φ0.? x ?	←	CR (160MPa) Φ0.? x ?	CR (160MPa) Φ0.? x 6	←
圧縮比	19	18	←	17	←	18
燃焼室形状	深皿型	←	←	浅皿型	←	←
最高筒内圧MPa	16			18	←	17
最大出力 kW@rpm	100 @ 4000	135 @ 4000	180 @ 4000	110 @ 4000	160 @ 4000	190 @ 4000
比出力 kW/L	51.3	46.2	46.2	55.1	53.5	48.7
最大トルク Nm@rpm	280 @ 1750	410 @ 2000-3000	560 @ 1750-2500	330 @ 2000	500 @ 2000-3000	600 @ 2000-2600
比トルク Nm/L	143.6	140.1	143.6	165.4	167	153.8
低速トルク比 %	89		88		82	80
最小燃費率 g/kWh	202	203	207	202	203	205
最高熱効率 %	41.3	41.1	40.3	41.3	41.1	40.7
最大出力点 燃費率 g/kWh	245	243	250		233	240
最大出力点 熱効率 %	34.1	34.4	33.4		35.8	34.8
ボアピッチ mm	91	←	98	91	←	98
その他 構造 潤滑系 冷却系 熱マネージメント	ボア間厚： 7.0mm 中空二重壁 ブロック ブロック材：GG25 吸気モジュール ガラス繊維強化 ポリアミド	ボア間厚： 7.0mm ブロック材：GG25 斜め割コンロッド クロスフロー冷却 ヘッド	ボア間厚：14mm (オフセット：18mm) ブロック材： GGV50 斜め割コンロッド クロスフロー冷却 ヘッド	ボア間厚：7.0mm ブロック材：GG25	ボア間厚：7.0mm ブロック材：GG25 可変スワール (空圧) 板金二重Exマニ 粘性ダンパ ディープスカート 波打	ボア間厚：14mm (オフセット：18mm) ブロック材：GGV50 斜め割コンロッド クロスフロー冷却 ヘッド 主軸受キャップ 破断割
参考文献	ATZ/MTZ (1998)		MTZ 60 (1999)	MTZ 62 (2001) 11th Aachen Colloquium 2001	MTZ 63 (2002)	MTZ 63 (2002)

付録10　シリンダヘッドの4弁化　*199*

・ディーゼルエンジンシリーズ

BMW 3.0L 535d (2004) In6	BMW 2.0L 120d (2007) In4	BMW 3.0L 530d (2011) In6	BMW 2.0L 525d (2011) In4	BMW 3.0L 535d (2011) In6	BMW 3.0L X5 M50d (2012) In6
Φ84 x 90	←	←	←	←	←
1.071	←	←	←	←	←
2.993	1.995	2.993	1.995	2.993	2.993
←	←	←	←	←	←
2xT/C（2段）& I/C	T/C & I/C VNT	←	2xT/C（2段）& I/C VNT（HP段）LPコンプレッサ冷却	2xT/C（2段）& I/C 電動VNT（HP段）LPコンプレッサ冷却	3xT/C（2段）& 2xI/C
CR（180MPa）Φ0.? x 7	CR（180MPa）Φ0.? x 7	CR（180MPa）Φ0.? x 8	CR（200MPa）Φ0.? x 7	←	CR（220MPa）Φ0.? x 8
16.5	16		16	←	←
←	←	←	←	←	←
18	←	18.5	←	←	20
200 @ 4400	130 @ 4000	190 @ 4000	160 @ 4400	230 @ 4400	280 @ 4000-4400
66.8	65.2	63.5	80.2	76.8	93.6
560 @1900-2500	350 @1750-3000	560 @1500-3000	450 @1600-2400	630 @1500-2600	740 @2000-3000
187.1	175.4	187.1	225.6	210.5	247.2
93	85	100	98	100	88
91	←	←	←	←	←
ボア間厚：7.0mm 二重旋回型 フィルタ オイルセパレータ	ボア間厚：7.0mm ブロック材：Al（FCライナ鋳込）カム軸支持フレーム オフセット高 2軸バランサ バランサ・ニードル軸受→Mo-C コート歯車	ボア間厚：7.0mm ブロック材：Al（FCライナ鋳込）クランク軸 カウンタウェイト数 半減（8→4）クランクケース 補強板（Pre-tension）	ボア間厚：7.0mm ブロック材：Al（FCライナ鋳込）#2,3,4主軸受キャップ→クランクケース補強板ネジ止 クランクケース内蔵バランサ オイル&真空ポンプ一体ユニット EGRクーラ 管束型→平板型	ボア間厚：7.0mm ブロック材．Al（FCライナ鋳込）#5,6主軸受キャップ→クランクケース補強板ネジ止 オイル&真空ポンプ一体ユニット EGRクーラ 管束型→平板型	ボア間厚：7.0mm ブロック材：Al（HIP）（1mm厚FCライナ鋳込）アンカータイボルト #4,5,6主軸受キャップ→クランクケース補強板ネジ止 主軸受三日月溝 ピストンピンDLCコート 吸気ポート 偏芯チャンファ
13th Aachen Colloquium 2004	28th Vienna Motor Sympo. 2007	32nd Vienna Motor Sympo. 2011	20th Aachen Colloquium 2011	←	33rd Vienna Motor Sympo. 2012

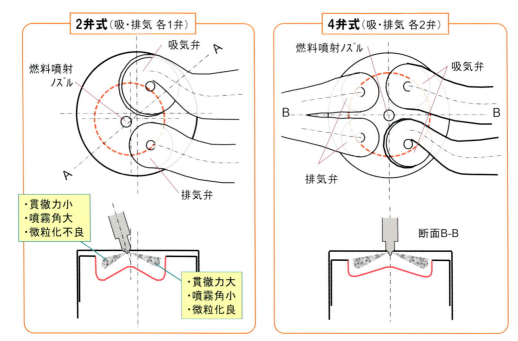

付図 10-1　シリンダヘッドの弁構成（2弁式／4弁式）が燃焼システムに及ぼす影響

けシリンダ中心に近づける必要があるため，インジェクタはシリンダヘッド面に対して傾斜して取り付けることになる．さらに，噴射ノズル位置のオフセットに伴い，燃焼室となるピストンキャビティもシリンダ中心からオフセットする必要がある．ただし，噴射ノズルがキャビティ中心に位置するまでキャビティをオフセットさせることは，ピストンの構造上の制約から困難であるか，あるいは大きな悪影響（ガス流動の対称性の崩れによる混合気分布の極端な偏在）を招くため，一般にキャビティのオフセット量は噴射ノズル位置のそれよりも小さく設定される．この結果，シリンダ中心，キャビティ中心，そしてインジェクタ中心（ノズル噴孔位置）はすべて異なることになる．このため，キャビティやインジェクタのオフセット量をできるだけ小さくしたとしても，吸気行程において生成させたシリンダ中心軸周りのスワール（図 1-27 (p.28) の緑色矢印）やピストン運動に伴い生じるスキッシュ（図 1-27 の紫色矢印）の軸対称性は崩れ，燃焼室内で混合気分布の均等性が崩れることになる．

③　また，上述したインジェクタの傾斜により，放射状に複数本噴射される燃料噴霧の特性（噴霧速度（貫徹力），噴霧形状（角度），燃料液滴粒径など）と噴射率が噴霧間で不揃いになる（付図 10-1 参照）．このことも，混合気分布の均等性を崩すと同時に，部分的に混合気形成を遅延または阻害することになる．

④　上記の②，③の要因，およびその程度に応じて，燃焼室内の空気利用率の低下，および混合気の分布や濃度の不均一化（過濃混合気塊の残存）などによる燃焼期間の増大や煤の増

加が生じる．また，火炎温度の不均一化に伴う NOx 増加も招くことになる．

以上の①〜④により，吸気1弁・排気1弁の場合には，エンジンの高速化や高比出力化を図ろうとする際に，出力増大の阻害，燃費悪化，および排気有害物質の生成などの問題が生じやすい．これに対して，4弁化することで，上記の諸問題は基本的にすべて解消され，比出力増大（すなわち，同じ燃焼室空間でより大量の燃料を完全燃焼させる）や厳しい排気規制への対応性など，良好な素性をエンジンに持たせることができる．

以上のことから，1990年代後半以降のエンジン高性能化トレンドと排気規制強化に呼応する形で，自動車用ディーゼルエンジンではシリンダヘッドの4弁化が急速に進展・普及した．現在では，自動車用 DI ディーゼルエンジンはほぼすべて4弁化されている．

付録11　ユニットインジェクタ

ユニットインジェクタは，ディーゼルエンジンの技術開発史において留意すべき項目の1つである．この燃料噴射システムは，大分類としては従来の「カム駆動ジャーク式噴射システム」の一種である．しかし，その構成や構造は従来のポンプ−パイプ（噴射管）−ノズルから成る噴射システムとは大きく異なっている．参考までに，ユニットインジェクタの一例を付図11-1に示す．ユニットインジェクタでは燃料を圧送するジャーク式噴射ポンプとインジェクタが一体になっていて，両者をつなぐ噴射管（高圧燃料を輸送する管）はない．従来の「カム駆動ジャーク式噴射システム」では，噴射ポンプはクランク軸からの動力により駆動されるため，通常はシリンダブロック側面に設置され，インジェクタはシリンダヘッド上部に取り付けられることから，噴射管は50〜100cm程度のかなり長いものになる．このため，この管路中に生じる圧力波や噴射管の変形・振動など種々の要因で，安定した高噴射圧力化が難しい問題がある．これに対し，ユニットインジェクタではこの長い噴射管がなく，ポンプで増圧された燃料はすぐにインジェクタ内管路を経由してノズルに送られるため，極めて高い圧力での噴射が可能になるという特長がある．実際に，コモンレール噴射システムの最高噴射圧力が140〜145MPaであった1990年代終盤に，VW が開発したユニットインジェクタは最高噴射圧力205MPaを実現している．

一方で，ユニットインジェクタには，「カム駆動ジャーク式噴射システム」の欠点である「噴射圧がエンジン回転数と負荷（噴射量）に依存する」こと，および「噴射は圧縮 TDC 近傍でのみ可能である」という制約を，当然ながら有している．

また，ユニットインジェクタでは噴射ポンプとインジェクタが一体になっていることによる必然として，ユニットインジェクタの直径が大きくなりがちなため，エンジン（シリンダヘッド）への搭載性に問題が生じる場合が多い．付図11-1の例（2弁式シリンダヘッドの場合）では，右側図に示した搭載形態を想定してインジェクタを設計しているので，噴射制御用のピエゾアクチュエータはプランジャ部と並行配置されており，この部分の断面積は大きなものになって

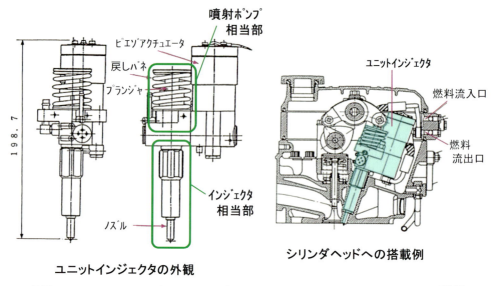

付図 11-1　ユニットインジェクタの一例：インジェクタの外観とエンジン搭載状態[85],[86]

いる．インジェクタ全体の直径（断面積）の最小化を図る場合には，噴射制御用アクチュエータ部はインジェクタと同軸に配置されることになる．しかし，そのような同軸配置をしても，プランジャ部の直径は一般にインジェクタ部の直径よりも大きくなるため，ユニットインジェクタの直径は通常のインジェクタ単体よりも大きくなる．実際，2 章 2-2-4 項で概説した VW のユニットインジェクタ搭載エンジンの例でも，第 1 世代のユニットインジェクタではその径が大きかった．このため，当時主流となっていた 4 弁シリンダヘッド構成が実現できず，2 弁ヘッドを長い間用い続けざるをえなかった．この問題を解決するため，VW は，2003 年に第 2 世代ユニットインジェクタとして細径化を図った UI-P2 インジェクタを開発し，ようやく 4 弁シリンダヘッド化を実現している．この例は，ユニットインジェクタの宿命である搭載性の問題を如実に示している．

なお，1990 年代終盤当時，ユニットインジェクタとコモンレール噴射システムとで達成可能な最高噴射圧力に大きな差があった要因は以下のとおりである．ユニットインジェクタでは，高圧状態になるのはカムが噴射ポンプのプランジャを押す短期間に限られるため，部品の破壊や高圧燃料漏れの問題が起きにくい．一方，コモンレール噴射システムでは，高圧燃料を蓄圧する方式であることから構成部材が高い圧力を常時受ける．このため，部材の肉厚が必然的に薄くなる噴射ノズル先端部の破壊や，各接続部での燃料漏れなどが生じやすかった．これらの問題が，両者の最高噴射圧力に差を生じさせていた．コモンレール噴射システムのこれらの問題に対処する技術開発は，設計の工夫と材料進化の両面から段階的に進められ，その最高噴射圧力は第 3 世代で 200MPa とユニットインジェクタと同等になり，第 4 世代ではさらに高圧の 250MPa が実現されるに至っている．さらに，近い将来には，300MPa が実用化される見込み

である．

付録 12　壁温スイング遮熱

　内燃機関では，現在まで種々の技術要素が投入され，熱効率の向上が図られてきた．その現状において，さらに顕著な熱効率向上につながる数少ない項目の 1 つが**熱マネージメント**であり，より広範な観点からは**エネルギマネージメント**である．これは廃棄熱の抑制や回収などにより熱損失を低減すると同時に，その熱を有効に利用して熱効率の向上(燃費の改善)につなげようとする取組みである．エンジンにおける第一の根源的な熱損失低減策は，シリンダ内の燃焼で発生した熱エネルギをできるだけ有効なピストン仕事に変換することである．このためにまず，燃焼室触火面を構成するシリンダヘッド面，ピストン頂面，シリンダライナ面からの熱損失を低減することが必要になる．

　上記の「燃焼で発生した熱の燃焼室触火面からの損失を低減する」という目的で，1980 年代後半から 1990 年代前半にかけて「断熱エンジン」や「遮熱エンジン」の開発が世界中で試みられた．これらのコンセプトとしては，燃焼室壁面を構成する各部材を低熱伝導率のセラミック製とするか，あるいは表面にセラミック溶射層を形成して，燃焼室壁面を高温化することで，燃焼ガスと燃焼室壁表面との温度差を減少させて熱損失を低減しようと意図するものであった．この原理は，燃焼室壁面からの熱損失を示す次の(6)式から容易に理解できる．

$$Q = A \cdot h \cdot (T_{gas} - T_{wall}) \tag{6}$$

ここで，

　　Q：熱流束(熱損失)

　　A：壁面積

　　h：熱伝達率

　　T_{gas}：筒内ガス温度

　　T_{wall}：燃焼室壁の表面温度

　しかし，上記のコンセプトでは，図 2-23 (p.77) のオレンジ色線(従来遮熱)で示されるように，燃焼室壁面がサイクルの全期間を通じて常に高温になるため，吸気行程から圧縮行程の間で吸入空気が加熱される．このため，狙いとは裏腹に，吸気質量が減少して出力が低下し，また圧縮行程終盤でのガス温度が上昇することにより燃焼が緩慢化して(ガスの層流化による混合不良などによる)サイクル効率低下と煤の増大を招き，さらに燃焼温度も上昇して NOx 生成量が増大するなど種々の弊害が生じた．そのうえ，セラミックは破壊の問題を抱え，また潤滑油も高温化してデポジットの生成や潤滑油の劣化が生じるなど，種々の点で信頼・耐久性の確保が困難という問題も抱えていた．このため，結局「断熱エンジン」「遮熱エンジン」は実用化

には至らなかった.

上記の課題を克服するものとして,図 2-23（p.77）にその概要を示す「**壁温スイング遮熱**」という技術が開発・提案された[35],[36]. この技術は,燃焼室壁表面に厚さ 100 μm 程度の低熱伝導率かつ低熱容量の薄膜を形成することにより,燃焼室壁表面の温度を筒内ガスの温度変化にミリ秒オーダーの応答性で追従させるものである. すなわち,図 2-23 の赤色線に示されるように,燃焼室壁表面の温度は,吸気行程では従来の金属壁と同等あるいはそれ以下に,圧縮行程終盤～燃焼期間～膨張行程前半では筒内ガス温度の履歴に合わせて上昇し,排気行程後半では再び金属壁と同等にまで低下する. これにより,上記の「断熱エンジン」や「遮熱エンジン」が抱えた問題点を克服すると同時に,熱損失が最も大きくなる燃焼期間付近で「筒内ガスと燃焼室壁表面との温度差の減少」を図ることができ,熱損失の低減が実現されるものである.

この「壁温スイング遮熱」の技術は,2 章 2-2-9 項でも述べたとおり,トヨタ自動車により世界に先駆けて実用化され,ESTEC-GD エンジン（4 気筒,排気量 2.8L,比出力 47kW/L,比トルク 163Nm/L,低速トルク比 94%,圧縮比 15.6,熱効率 44%）に適用されて,ランドクルーザープラドに搭載され,2015 年に発売された[37]. 上記の実用例について以下に補足説明しておく. 壁温スイング遮熱膜を実用化するに際しては,低熱伝導かつ低熱容量の薄膜を形成することが鍵になる. 要求される低熱伝導かつ低熱容量という特性を実現するためには「空隙を多数有する多孔質膜」であることが必須となる. 一方,このような多孔質膜でありながら,高い燃焼圧を繰り返し受ける厳しい環境下での強度の確保,また大きな温度振幅 200～300℃という温度変動がミリ秒オーダーで生じることによる激しい熱衝撃への対処など,多くの課題を克服する必要がある. これに対し,本実用例では,アルミニウム合金製ピストン頂面に形成した特殊な多孔質アルマイト膜に,特殊なコーティング処理を施すことで表面封孔および膜構造の補強を施すなどの工夫により,上記の課題を克服している. この技術は TSWIN と称されている. より詳しい内容については,参考文献[35],[87],[88],[89]を参照されたい.

この「壁温スイング遮熱」の技術開発は現時点ではまだ萌芽的な第 1 段階にあり,上記 ESTEC-GD エンジンの例では,壁温スイング膜の形成はピストン頂面のみとなっている. 今後は,「壁温スイング遮熱」の効果を最大限に引き出すため,より大きな温度振幅を達成できる膜の実現,ピストンとシリンダヘッドの全表面への膜形成,そしてこの壁温スイングの作用に対する燃焼システムの最適化など,関連する技術開発の進展が望まれる.

付録 13　予混合圧縮着火燃焼（PCCI 燃焼）

予混合圧縮着火燃焼は,圧縮行程中に形成された予混合気が自着火する燃焼形態であり,一

般に **PCCI 燃焼**（PCCI：Premixed Charge Compression Ignition の略）と称される．この PCCI 燃焼での燃料供給法には，圧縮行程中にシリンダ内に直接燃料噴射する方法と，吸気管内に燃料噴射する方法がある．後者の，ポート噴射型ガソリンエンジンのように空気と燃料を同時に吸入する方式で，ほぼ完全に均一な予混合気を形成して自着火させる燃焼形態を，特に **HCCI 燃焼**（HCCI：Homogeneous Charge Compression Ignition）と称する．PCCI 燃焼は，排出スモークと NOx の両者を極低レベルに低減でき，また高熱効率を実現できる可能性があることから注目され，1990 年代中盤以降に様々なコンセプトの下に開発が続けられている．しかし，極低負荷時の失火や高負荷時の過早着火と過大燃焼率などの問題から，作動域が低・中負荷域に限られること，それゆえに従来の通常燃焼との組合せが必須になるにも関わらず両者の円滑な切替え制御が困難なことなどから，現在でも本格的な実用化には至っていない．現時点でこの燃焼形態が広く実用されているのは，3 章 3-2-2 項で述べたとおり，早期パイロット噴射燃料の燃焼のみである．しかし，PCCI 燃焼は，上記のように排気と燃費の改善に高いポテンシャルを有するため，この燃焼形態を成立させる燃焼システムの構築は現在でも重要な開発課題となっている．

　PCCI 燃焼が本格的な実用に至った例がないことから，1〜4 章でもこの燃焼に関して詳しい記述をしている箇所がない．そこで，本付録では，PCCI 燃焼の基本的な特性および具体的な課題などについて詳細に解説する．

　PCCI 燃焼は，ガソリンや軽油などの炭化水素燃料と空気との予混合気が，圧縮行程中の連鎖分岐反応を経て，上死点付近で大きな熱発生を伴う燃焼反応に至る現象である．この反応過程の概要を記したものが付図 13-1 である．図では，横軸と縦軸に時間と熱発生率をそれぞれとり，時間経過に伴う熱発生のパターンを模式的に示している．吸気ポート内で噴射された燃料，または，およそ −40° ATDC 以前の圧縮行程中にシリンダ内に直接噴射された燃料は，空気と混合して予混合気を形成する．この予混合気は，圧縮行程の進行に伴う筒内ガス温度の上昇につれて，燃料分子の脱水素反応から 2 段階の連鎖分岐反応へと進行していく．一般に，この第 1 段階の連鎖分岐反応時にはわずかながら熱発生を生じ，これを **低温酸化反応** と称する．この反応過程では淡い青色の「冷炎」を発する場合がある．その後，第 2 段階の連鎖分岐反応を経て，大きな熱発生を伴う反応である **高温酸化反応** に至る過程を辿ることになる．なお，ディーゼル燃料である軽油ではまさに上記態様の過程を辿るが，ガソリンでは低温酸化反応の熱発生は生じないなど，炭化水素の種類によって反応過程の細部の態様には若干の違いがある．また上述のとおり，PCCI 燃焼には，燃料の供給形態として圧縮行程中にシリンダ内に直接噴射する方式と吸気管内に燃料噴射する方式があるが，前者の場合には噴射の時期や方式によっては完全な均一混合気にはならない場合もある．この場合には，この不均一性（燃料濃度分布）も燃焼過程に影響することになる．

　上記の PCCI 燃焼に対して，拡散燃焼を主とする通常ディーゼル燃焼では，十分に高温にな

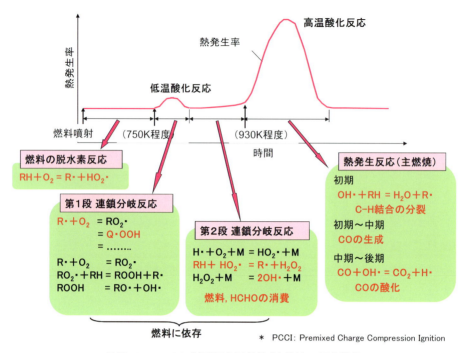

付図 13-1　PCCI*（予混合圧縮着火）燃焼の反応機構

った上死点付近で燃料が噴射される．このような高温場に噴射された燃料は，ミリ秒オーダーで蒸発し，空気と混合しながら反応を急速に進めて，一気に高温酸化反応に至る．通常のディーゼル燃焼の熱発生は，低温酸化反応の小さな熱発生を伴う2段燃焼ではなく，1段燃焼の形態となる．

上述したPCCI燃焼の反応の基本的な特徴を付図13-2に示す．図は，シリンダ内圧力，熱発生率，およびシリンダ内ガス温度（指圧線図解析から求めた筒内の質量平均ガス温度）の時間経過を示したものである．左図は「燃料の自着火性」の影響を，また右図は「燃料噴射量」の影響をおのおの示している．本実験では，ディーゼルエンジンを用いているが，純粋に化学反応特性を把握するために，混合気の不均一性の影響を排除する目的で吸気管内燃料噴射を行うHCCI燃焼としている．また，燃料の自着火性は2種類の単一炭化水素（高自着火性燃料と低自着火性燃料）の混合比率により調整している．なお念のために付記しておくが，本図では燃料の自着火性を，自着火のし難さの指標である**オクタン価**（**RON**：Research Octane Number）で示したが，自着火のしやすさの指標である**セタン価**（**CN**：Cetane Number）とはおおむね次式により換算できる．

$$CN ≒ 0.5 × (120 − RON) \tag{7}$$

この付図13-2から，燃料の自着火性や噴射量に関わらず，低温酸化反応と高温酸化反応の開始時期は，燃焼場のガス温度がある特定の値になる時（この場合では筒内ガス温度がおのおの約750Kと約930Kに至る時）であることがわかる[56]．また，燃料の自着火性の影響について

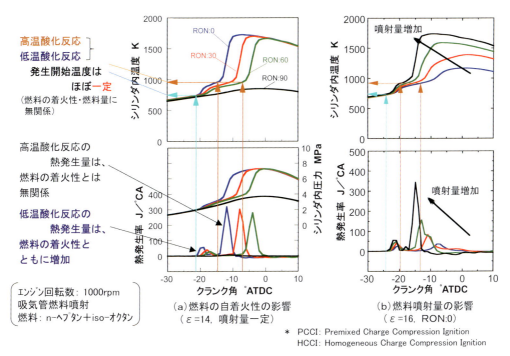

付図 13-2　PCCI(HCCI)* 燃焼の特徴

は，低温酸化反応の熱発生量は，燃料の自着火性が高くなるほど大きくなる．一方，高温酸化反応の熱発生量は，自着火性の影響を受けず，ほとんど一定である．燃料噴射量の影響については，当然であろうが，噴射量増加につれて低温酸化反応と高温酸化反応の熱発生量はともに増加する．低温酸化反応と高温酸化反応の両燃焼ともにその開始時期が場の温度で決まるという興味深い結果は，圧縮温度に影響する「圧縮比」や，吸気温度を変化させる「過給度」などがPCCI燃焼の制御因子となることを示唆している．なお念のために付記しておくが，上記の低温酸化反応と高温酸化反応が開始される温度の絶対値は，指圧線図解析から求めた筒内ガスの質量平均温度であり，誤差があるうえ反応域での化学反応と直接結び付けて論じられる数値ではない．したがって，上記の温度は，実用上の一種の目安値と認識すべきである．

次に，PCCI燃焼の排気低減と燃費低減の両ポテンシャルを示す例を，それぞれ付図13-3と付図13-4に挙げる．付図13-3は，軽油を燃料とし低負荷条件でPCCI燃焼を行った場合の熱発生率と，その燃焼過程中の各矢印で示した時点におけるピストンキャビティ内の可視化結果を示している．可視化結果としては，シャドウグラフ撮影，照明を行って撮影した直接撮影，照明なしの増感直接撮影の3種の撮影結果を併載してある．本図より，PCCI燃焼特有の2段の熱発生パターンが見て取れるうえ，主燃焼である高温酸化反応の初期に，反応開始を示すシャドウグラフ像に揺らぎが観察される．そして，高温酸化反応期間の中期（熱発生率のピーク時）には，シャドウグラフ像の激しい揺らぎとともに，ガソリンエンジンと同様の青炎燃焼が生じており，高温酸化反応の全期間を通じて輝炎は観察されない（高温酸化反応終盤の小さな輝炎

208 付録　ディーゼルエンジンに関する技術項目の解説

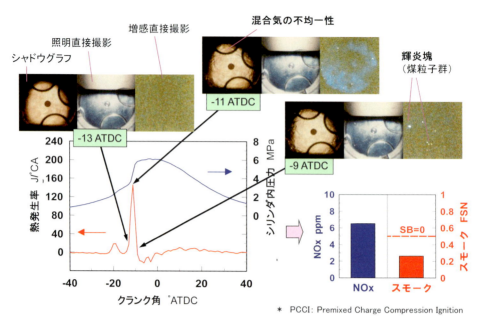

付図 13-3　PCCI*燃焼の排気低減ポテンシャル

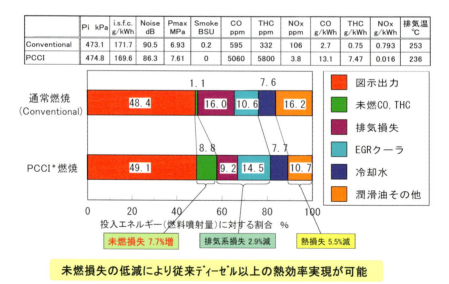

付図 13-4　通常燃焼と PCCI*燃焼との熱勘定の比較

塊は潤滑油ミスト等に着火したものと考えられる)．この結果より，この燃焼形態が，通常ディーゼル燃焼のような輝炎を伴う拡散燃焼ではなく，ポート噴射型ガソリンエンジンと同様の予混合燃焼であることが確認される．そして，この燃焼により生じる排気有害物質は，付図13-3の右下図のように，NOxとスモークはともに極低濃度のニアゼロのレベルである．

付図13-4は，軽油を燃料とした中負荷条件(燃料噴射量一定)で，通常ディーゼル燃焼と

付録13 予混合圧縮着火燃焼（PCCI燃焼） 209

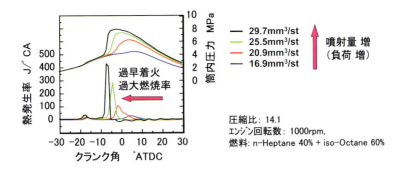

付図13-5　PCCI（HCCI）*燃焼の問題点

PCCI燃焼を行った場合のエンジン性能・排気（上段の表）と熱勘定（棒グラフ）の結果を示している．PCCI燃焼では，付図13-3の結果と同様に，NOxとスモークはニアゼロのレベルを実現しているものの，COやTHC（全炭化水素，THC：Total Hydrocarbon，すべての排出炭化水素種の総計）などの部分酸化物や未燃物の排出量が大幅に増加している．これは，PCCI燃焼の本質的な課題の1つであるが，この実験時の燃焼システムと実験方法（PCCI燃焼で過大になりがちな燃焼騒音を抑制する設定）も影響している．この事実を認識したうえで，両者の熱勘定を見ると，以下の点がわかる．PCCI燃焼では，上記のとおり未燃成分が多い（燃焼効率が低い）にも関わらず図示出力が大きい（すなわち燃費が良い）．また損失の内訳では，PCCI燃焼は通常燃焼に比べて，排気系損失と熱損失が減少している反面，未燃損失が大幅に増加している．したがって，PCCI燃焼では，上記の未燃物や部分酸化物を低減できれば，さらに熱効率（燃費）を向上できることがわかる．実際に，この未燃物や部分酸化物をさらに低減する余地はあると考えられることから，PCCI燃焼は高い燃費向上ポテンシャルを有していると言える．

次に，今日までPCCI燃焼の本格的な実用化を阻んでいる課題について，以下に順次説明する．付図13-5は，燃料噴射量を変化させた場合の筒内圧力と熱発生率の履歴を示している．本実験では，付図13-2の場合と同様に，純粋に化学反応特性を調査するために，2種類の単一炭化水素の混合燃料を吸気管内噴射するHCCI燃焼としている．この図からわかるとおり，本例では，噴射量が最少の低負荷時（紺色線）にはほとんど熱発生しておらず，噴射燃料の大部分が未燃で排出されるミスファイア（Misfire，失火）が生じている．一方，負荷上昇（噴射燃料量の増加）につれて，主燃焼（高温酸化反応）の開始時期が早まり，その熱発生率ピークも増大していき，高負荷時（黒色線）には過早着火と過大燃焼率となる．これは，過大な圧力上昇率とピーク圧力を招き，過大な燃焼騒音を引き起こす．また同時に，熱損失や摩擦損失の増大による熱効率の低下（燃費の悪化）をもたらすことになる．なお，上記のミスファイアは，軽油を燃料とす

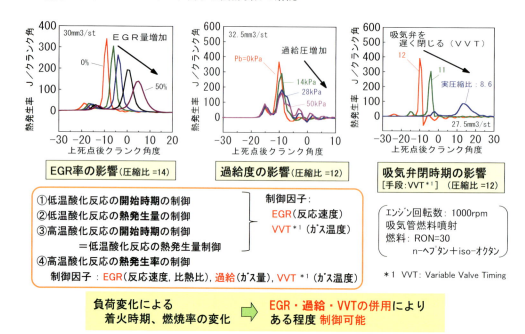

付図 13-6 PCCI(HCCI)*2 燃焼の着火・燃焼率の制御因子[56]

るディーゼルエンジンベースの PCCI 燃焼では一般に生じ難く，その生起はエンジン諸元や運転時の環境条件に依存する．しかし，ミスファイアにまでは至らなくとも，低負荷時には未燃成分が増加する問題は常に生じ，この要因は部分的なミスファイアとも考えられるため，広義の意味ではミスファイア対策が必要である．以上より，結局，PCCI 燃焼では運転条件に応じた「着火と燃焼率の制御」が 1 つの大きな課題となることがわかる．

上記の課題「着火と燃焼率の制御」の具体策の例を付図 13-6 に挙げる[56]．付図 13-2 からもわかるとおり，着火時期は筒内ガス温度に，また燃焼率は反応速度にそれぞれ強く支配される．そこで，本例では具体的な制御因子として，EGR 率，過給度(充填効率)，そして吸気弁開閉時期をとって，その影響を調べている．この吸・排気弁開閉時期の変更は，**可変動弁システム**(**V**VT：**V**ariable **V**alve **T**iming)にて行うものである．エンジン性能の観点からは，高温酸化反応(主燃焼)の特性が主な制御対象と一見考えられる．しかし，高温酸化反応の開始時期は低温酸化反応での熱発生量の影響を強く受けるため，結局制御すべき項目は低温酸化反応の①開始時期と②熱発生量，および高温酸化反応の③開始時期と④熱発生率(熱発生量とそのパターン)となる．付図 13-6 の結果より，上記の 3 つの制御因子がこれらの制御対象項目に及ぼす影響は以下のとおりである．「EGR 率」と「吸気弁開閉時期(以後 VVT と略記する)」は制御対象①〜④のすべてに影響し，「過給度」は制御対象④に影響している．つまり，これらの制御因子によって，PCCI 燃焼の着火時期と燃焼率をある程度制御できることが確認される．

PCCI 燃焼の本格的な実用化を阻んでいる他の大きな課題は，限られる「PCCI 燃焼の運転

付録13　予混合圧縮着火燃焼(PCCI燃焼)　　211

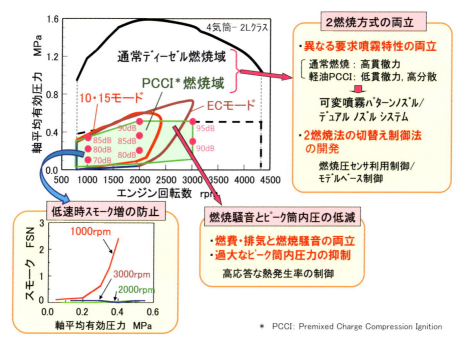

付図13-7　PCCI燃焼の運転可能域と課題

可能域の拡大」と，自動車用途では実用上必須となるPCCI燃焼と通常ディーゼル燃焼との組合せにおける「両燃焼法の円滑な切替え制御」の問題である．PCCI燃焼の運転可能域と具体的な課題をまとめた一例を付図13-7に示す．上段の図は，4気筒で排気量2Lクラスのディーゼルエンジンによる結果の一例であるが，この場合には緑色の領域が事実上のPCCI燃焼可能域である．この領域の上限は，ピーク筒内圧力の制限値と燃焼騒音の許容値によって決まることになる．この理由は，負荷の上昇(燃料噴射量の増加)につれて，高温酸化反応(主燃焼)が活発になり，熱発生率ピークが過大(燃焼期間が過小)になるため，筒内ガス圧力がエンジン構造上から制限される筒内圧力上限値を超える，あるいは燃焼騒音が過大になって自動車用途には使えなくなるなどの事態が生じるため，そのような状況が生じる高負荷域では運転できないからである．本例のPCCI燃焼の可能域(緑色領域)は，燃焼騒音値で約90dB(中速域)～約95dB(高速域)を許容した場合である．乗用車用として例えば騒音を85dB程度以下に抑える場合には，運転可能域の上限トルクはさらに約10%(中速時)～約15%(高速時)おのおの低下することになる．PCCI燃焼の運転可能域を拡大するには，この燃焼騒音とピーク筒内圧力を抑制するために，中負荷以上での高温酸化反応の熱発生率を高応答に制御できる方策が必要になる．

いずれにしても，PCCI燃焼の運転域は限られるため，高負荷域では通常ディーゼル燃焼を用いる必要がある．したがって，自動車用エンジンのように実用上の負荷範囲が広く急な負荷変動が頻発する用途では，両燃焼形態を良好に成立させる燃焼システムの構築と，両燃焼方式の速やかで円滑な切替え制御が重要な鍵になる．

前者の「良好な各燃焼形態の成立」に関しては，以下の点が鍵になる．高負荷域の通常ディ

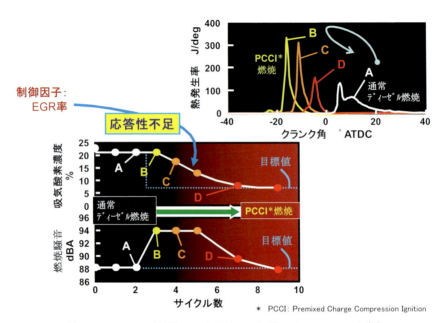

付図 13-8 PCCI*燃焼と通常燃焼との切替え時の課題の一例[64]

ーゼル燃焼では，混合気を燃焼室周辺部まで分布させるため，多噴孔ノズルから噴射される燃料噴霧に高貫徹性が求められる．これに対し，PCCI燃焼では，ガスの温度と密度がともに低い早期に燃料を噴射するため，燃料の壁面付着防止などの観点から，低貫徹・高分散な噴霧特性が求められる．この相反する噴霧特性を理想的なレベルで実現するには，可変噴射弁や複数噴射弁などが望まれるが，開発の困難性や搭載性とコストなどの問題から実用には至っていない．したがって，例えば燃料の流動性に基づく噴霧特性の自発的な変化を活用するような，噴射システムの工夫が必要になる．また，筒内ガスの密度や温度が低くなる低速時には，燃料の壁面付着に起因するスモーク増加の問題が生じやすいため，噴射システムにはこの問題への対応性も求められる．

後者の「両燃焼方式の速やかで円滑な切替え制御」に関しては，付図 13-8 を例に採り説明する．この図は，制御性の優れた PCCI 燃焼の制御因子の 1 つである EGR 率の調整により，通常ディーゼル燃焼から PCCI 燃焼に切り替える過程を示す数値シミュレーション結果である[64]．図は，両燃焼方式の切替え過程の数サイクル(サイクル A, B, C, D)における，燃焼パターンを示す熱発生率(上段図)と，吸気酸素濃度と燃焼騒音の推移(下段図)である．なお，この数値シミュレーションは，3章3-5節で詳述したディーゼル燃焼モデル「UniDES」[61]を吸・排気行程シミュレータである市販ソフト GT-Power と組み合わせたもので[64]，その精度は検証済である．この図から以下の点がわかる．一般に，付図 13-6(p.210)でも示したとおり，PCCI 燃焼は吸気酸素濃度(すなわち EGR 率)に敏感で，適切な着火時期や燃焼率を得るためにはある特定の吸気酸素濃度が必要であるため，この濃度に至る高応答で精密な制御が必要になる．付

付録 13　予混合圧縮着火燃焼(PCCI 燃焼)　*213*

図 13-8 の例では，この運転条件での通常燃焼時の吸気酸素濃度 21% から，PCCI 燃焼が要求する吸気酸素濃度 6% にすべく EGR 率を増大させようとするものの，実際に目標の吸気酸素濃度付近に至るのは 5 サイクル後のサイクル D となる．この吸気酸素濃度の応答遅れが生じている間のサイクル B，C では，PCCI 燃焼の過大な燃焼率による過高な熱発生率ピークとなり，燃焼騒音の急峻で大幅な増大を招いている．この一過性の騒音増大は極めて耳障りなもので，自動車用途では許容できないものである．この吸気酸素濃度すなわち EGR 率の応答遅れには，制御法の応答性の問題のほかに，EGR ガスが配管を通過するに要する時間遅れと，EGR ガスの成分組成が目標条件時の成分組成になるに要する時間遅れなどの本質的な要因が関与している．このような本質的な応答遅れの要因があるため，両燃焼方式の切替え制御においては，高応答なフィードバック制御だけでは対応が困難であり，数値モデルベースのフィードフォワード制御との組合せが必要であることがわかる．そのためには，実時間ベースの短時間で数サイクル先の状態量までを必要な精度で予測可能な数値モデルの構築と，高応答な制御システムの開発がともに今後重要になる．

　なお，3 章 3-2-2 項において「早期パイロット噴射燃料が PCCI 燃焼の形態で燃焼する」と説明した．この点に関して，実際の実験結果などを交えて，本付録で少し詳しく説明しておく．付図 13-9 と付図 13-10 は，早期パイロット噴射燃料の着火・燃焼特性(図中で緑色の長円枠で囲んだ箇所)に注目したもので，前者がパイロット噴射の「噴射時期」を変更した場合，後者が「負荷(燃料噴射量)」を変更した場合である．両図からわかるとおり，早期パイロット噴射燃料の燃焼は 2 段燃焼となり，低温酸化反応と高温酸化反応の各開始時期も，噴射時期や負荷の変化に関わらず，おのおのほぼ同一の筒内ガス温度に至った時点となっている．これらの結果は，付図 13-2(p.207)で示した PCCI 燃焼の特性と合致している．また，付図 13-11 に示されるとおり，早期パイロット噴射燃料の燃焼は，低温酸化反応と高温酸化反応の両燃焼ともに，直接撮影には感度がないもののシャドウグラフに揺らぎが認められることから，不輝炎の燃焼つまり予混合燃焼となっていることが確認される．以上の事実から，早期パイロット噴射燃料の燃焼は PCCI 燃焼であることがわかる．

　以上，PCCI 燃焼の特性を包括的に説明した．この燃焼方式はいくつかの難しい課題を有するものの，低排気と高効率の両立が実現できる高いポテンシャルを持っている．一方近年では，電子デバイスや制御コンピュータなどの高性能化と低コスト化，そして制御理論の進展などの周辺技術の進化が顕著である．このため，これらの周辺技術を活用しつつ地道な工夫を加えながら，PCCI 燃焼の本格的な活用の動きが出始めている．

214　付録　ディーゼルエンジンに関する技術項目の解説

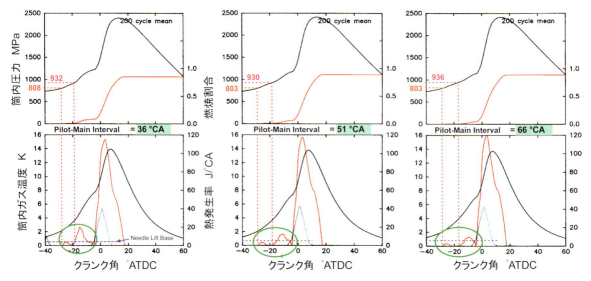

（エンジン回転数：1200rpm, 全負荷, 主噴射時期：−4°ATDC, パイロット噴射量：4.5mm³/st）

早期パイロット噴射燃料の燃焼は；
・2段燃焼
・低温酸化反応と高温酸化反応の開始温度は一定
} → PCCI*燃焼

* PCCI: Premixed Charge Compression Ignition

付図 13-9　早期パイロット噴射燃料の着火・燃焼特性（噴射時期の影響）

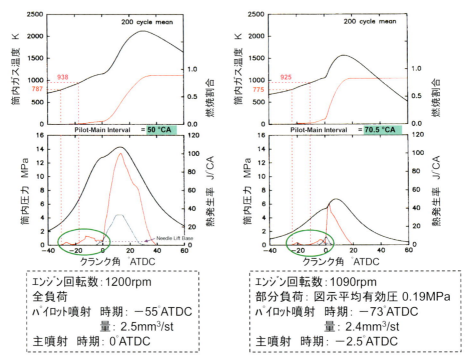

付図 13-10　早期パイロット噴射燃料の着火・燃焼特性（負荷の影響）

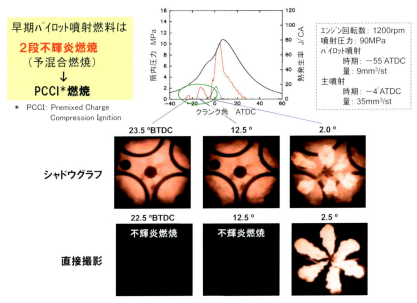

付図 13-11 早期パイロット噴射燃料の燃焼状況[43]

付録14 排出ガス規制

モータリゼーションの進展により自動車の走行台数が増加するにつれ，各地(特に都市部)において渋滞が発生するとともに，沿道における大気汚染の問題が顕在化するようになった．この状況は，日本に限らず，欧米を含む世界共通の問題である．この問題に対処するために，主に先進国を中心に，自動車の排出ガスを規制することになった．

自動車の排出ガス規制の一例として，日本におけるディーゼル車排出ガス規制の推移を付図14-1に示す[90]．図は，上段から順に，大型重量車(トラック，バス)とディーゼル乗用車の各排出ガス規制値を，また下段には排出ガスに大きな影響がある燃料(軽油)中の硫黄含有率を，それぞれ年代順に示してある．排出ガスの規制は，排出量の多い大型重量車のNOxについては1970年代から存在したが，濃度規制であるうえ規制値も穏やかなものであった．その後，上述したとおり，モータリゼーションの進展により増加したディーゼル乗用車も大気汚染の問題に影響するに至り，1986年にはディーゼル乗用車に対する詳細な排出ガス成分ごとの排出量規制が開始された．これによりディーゼル車の排出ガスは段階的に改善されるようになったが，自動車保有台数の増加により都市部の大気改善は期待どおりには進まなかった．しかも，ディーゼル車から排出される微粒子状物質(PM)による健康被害が，特に大型重量車の通行量が多い沿道住民に生じるようになった．これを受けて，1994年からは，大型重量車と乗用車の両者に対してPMの排出量規制が加えられた．また，大型重量車の排出ガス成分についても，NOxのほかにHCとCOの規制(付図14-1では省略)も加えられ，さらに濃度規制から排出量規制に変更された．この1994年以降，厳格な排出ガス規制が段階的に進められて，規制開始

216　付録　ディーゼルエンジンに関する技術項目の解説

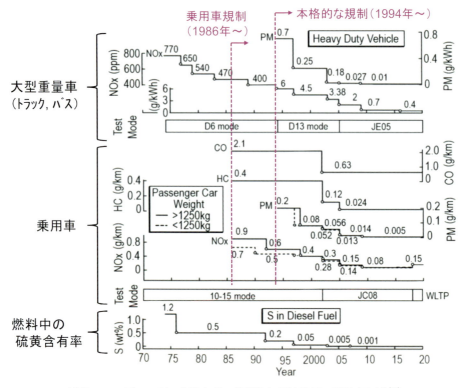

付図 14-1　ディーゼル車排出ガス規制値と軽油性状の推移(日本)[90]

当初に比べると現在では各成分ともにゼロに近いレベルまで低減されるに至っている．このような排出ガス規制の推移は，欧米諸国でも，各国の交通事情に応じた規制方法や規制値の若干の違いはあるものの，おおむね同様の動きとなっている．

　参考までに述べておくが，排出ガス規制では，自動車は車輌の種類や重量に応じて多数のクラスに分類されており，そのクラスごとに試験方法や規制値がきめ細かく設定されている．これは，車輌の使用形態や重量に応じて排出ガス低減対策の難易度に大きな差があるうえ，各時代の技術の進展度も考慮して実質的に有効な規制を設定する必要があるためである．付図14-1は，排出ガス規制の中から代表して，車輌重量3.5ton超の大型重量車と乗用車に対する規制値の推移を一例として示したものにすぎない．

　ここからは，排出ガス規制の方法や規制値について，具体例に基づき，もう少し詳しく説明する．まず，「排出ガスの試験法」について述べる．付図14-2は，自動車の排出ガス試験の方法を示している．試験方法は，**エンジンベース試験**(Engine-Based Test)と**シャシベース試験**(Shassis-Based Test)の2種類に大別される．前者では，エンジンシステム単体(排気後処理システムを含む)を動力計に接続して，所定のエンジン回転数と負荷をかけるパターン運転を行い，この間の排出ガスの各成分量を測定する．後者は，車輌の駆動輪をシャシダイナモメータ(Shassis

付録14　排出ガス規制　　217

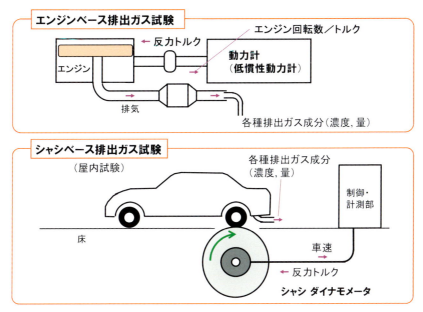

付図 14-2　自動車排出ガスの計測方法

Dynamometer)のローラ上に載せた状態で車輌を固定し，所定の車速と走行抵抗の変動を伴う走行パターンを走らせ，この間に車輌の排気管から排出される各成分ガス量を測定するものである．また，両者ともに屋内での試験であり，排出ガス量の測定は，その室内の環境条件やエンジン各部の温度などを規定の値に調整した状態で行われる．また，排出ガス規制では，加減速を含む過渡運転状態における排出ガス量を測定する場合が多いが，両試験方法ともに過渡試験に対応することが可能である．エンジンベース試験においても，動力計を低慣性ダイナモメータとし，該当車輌の変速機や走行抵抗の値を基に算出したエンジンの負荷と回転数の時間推移を動力計にプログラム設定しておくことで，過渡運転状態に対応するエンジン試験が可能である．一般に，乗用車の試験ではシャシベース試験が，大型車の試験ではエンジンベース試験がそれぞれ用いられる場合が多い．

　次に，排出ガス試験の「運転モードと試験概要」について概説する．まず，日本の例を挙げて説明することにする．付図 14-3 は，ディーゼル乗用車に対する排出ガス試験の走行モードを示している．上述のとおり，大気汚染問題は渋滞の多い都市部で発生する場合が多いことから，規制開始当初から 2000 年代終盤までは，都市部の市街地走行を模擬した渋滞走行パターンに自動車専用道の走行パターンを組み合わせた **10・15 モード**が用いられた．しかしその後，幹線道路の多車線化や都市高速道の増設・整備の進展などに伴い車速が上がるようになり，10・15 モードが実情に合致しなくなった．この事態を受けて，自動車専用道の最高車速を引き上げ，市街地走行の車速を高めたパターンを加えた，**JC08 モード**が 2000 年代終盤から用いられるようになった．また，10・15 モードではエンジン暖機後にその走行モードで排出ガ

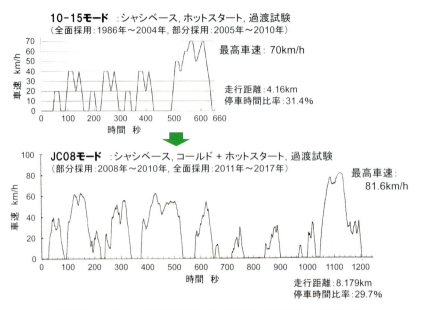

付図14-3 ディーゼル乗用車の排出ガス試験走行モード(日本)

スを測定する**ホットスタート試験**であったが，JC08モードではエンジン冷間時からそのモード走行を開始して排出ガスを計測する**コールドスタート試験**が組み合わされている．後者の場合には，エンジン暖機が進むまでは燃焼室壁温が低く未燃成分が増加しやすいうえに，排気後処理システムも未暖機で触媒活性が不十分な状態での計測を含むため，一般的には排出ガス低減の観点でより厳しい．しかし，実社会ではエンジン冷間時から走行を開始する場合が多いため，実情をより反映させるために近年ではコールドスタート試験が採用される場合が多くなっている．ただし，高燃焼温度で増加するNOx排出量については，ホットスタート試験時の方が多くなる場合もあるため，日本JC08モードや後述する米国LA-4(FTP75)モードのように両スタート試験を組み合わせる場合もある．

　付図14-4は，ディーゼル大型重量車に対する排出ガス試験の走行モードを示す．大型重量車の場合には，シャシベース試験は試験設備の大型化などにより現実的に難しい場合があるため，エンジンベース試験が採用される．規制開始当初から2000年代中頃までは，低慣性ダイナモメータやこれを用いた過渡試験方法などが普及していなかったこともあり，代表的な複数の作動点における定常運転時の排出ガス計測結果に基づき，モード全体での排出ガス有害成分量を算出する方法が採られた．この試験法で用いられた運転モードの代表例が，付図14-4の上段に示す**ディーゼル13モード**である．図中に示す13か所の代表作動点を紫色○内の数字順に運転して，各作動点での排出ガス測定を行う．そして，各作動点での測定値に各作動点に記した割合で重みづけを行って合算し，モード全体での有害物質排出量を求めるものである．トラックなどは荷物を積載して走行する時間割合や頻度が高いことから，この大型重量車に対する運転モードでは高負荷運転の割合が多くなっている．

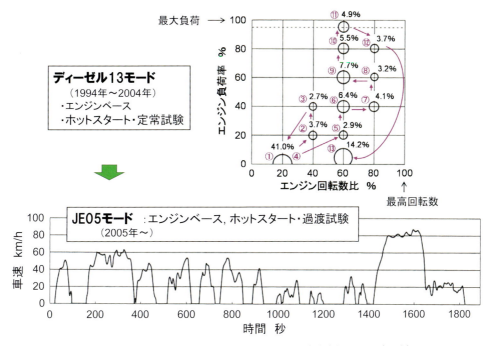

付図14-4　ディーゼル大型重量車の排出ガス試験走行モード（日本）

　一方，大型重量車においても現実の走行では加減速の頻度が高く，しかも有害排出物質は加速時に顕著に増加する場合が多い．したがって，定常運転による試験法では正確な評価が困難であるため，過渡運転に基づく評価が求められていた．2000年代中盤になると，低慣性ダイナモメータやこれを用いた過渡試験方法などの技術も進化し，現実に実用・普及できる素地が整ったこともあり，2005年に過渡運転ベースの排出ガス評価法に切り替えられた．これが付図14-4の下段に示すJE05モードである．この評価法では，対象車輌がこのJE05モードの走行パターンで運転される際のエンジン負荷とエンジン回転数を，変速機や走行抵抗の値などに基づき，各時刻で算出する．これにより，1,800秒間のエンジン負荷とエンジン回転数のパターンが得られる．このエンジン作動パターンをプログラミングした低慣性ダイナモメータに該当エンジンを接続して運転し，この間の排出ガスを計測する．この方法により，過渡運転での排出ガスの評価を行うものである．欧米諸国における状況もおおむね同様である．

　以降では，本書で主に対象としてきた乗用車用ディーゼルエンジンに関して，欧米の排出ガス規制も含めて，さらにもう少し詳しく紹介する．上述のとおり，日本におけるディーゼル乗用車の排気規制運転モードは，付図14-3に示したとおり，主に市街地を念頭に置いたうえ，「ホットスタート試験の10・15モード」から「コールドスタートを含み，車速上昇を反映させたJC08モード」に基づく試験に変遷してきた．このように，実情を反映させるために規制を見直す動きは欧米でもおおむね同様である．ただし，各国の道路や交通の実情を反映して，各国間で規制内容には若干の違いがある．欧州と米国におけるディーゼル乗用車に対する排気規制

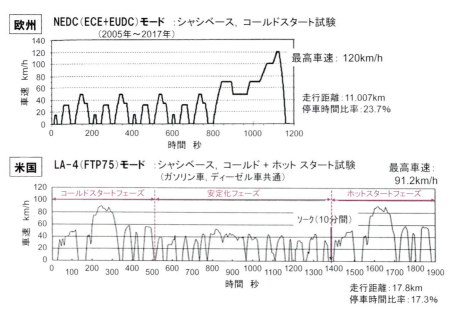

付図 14-5　ディーゼル乗用車の排出ガス試験走行モード例（欧州，米国）

における現在の運転モードを付図 14-5 に示す．両者ともに，発進・加速が頻発する市街地と車速が高くなる郊外道路や高速道路での走行パターンを組み合わせたものになっている点は，日本のものと同様である．しかし，モードで設定される最高速度の高さは日米欧で異なっており，欧州の NEDC モード（ECE-EUDC モード）が最も高い．制限速度が高く速度無制限の区間を有する高速道路のある欧州では，最高時速 120km/h に設定されている．次いで多車線の自動車道が整備されている米国では最高時速約 91km/h であり，日本では約 82km/h である．また，モード全体に占める停車（アイドリング）時間比率は，交通状況を反映して，米国 17.3%，欧州 23.7%，日本 29.7% であり，日本が最も大きくなっている．なお，いずれの運転モードも，実情を反映させるべくコールドスタート試験を含むものになっている．米国の LA-4 モードでは，第 3 段階のホットスタート試験フェーズに入る前に 10 分間のホットソーク（エンジン停止）を行う点が独特である．これは，LA-4 モードがガソリン車と共通の試験モードであることに起因している．

　排気規制の運転モードについては，上述した現在のモードでも実情を十分には反映していないという問題意識の高まりと，後述する経済合理性の観点から，さらに見直しの動きが生じている．付図 14-6 は，日本におけるディーゼル乗用車に対する排気規制の最新の動向を示している．現在の JC08 モードから，国連の部会で議論・決定された世界標準の排気規制運転モードである WLTP モード（Worldwide Harmonized Light Vehicles Test Procedure）に，2018 年 10 月から変更される予定である．WLTP モードは，平均車速がさらに上昇している現状を反映して，最高車速を 130km/h とし，都市部での渋滞走行，幹線道路や郊外道路での中速走行，そして高速道路での高速走行を，それぞれ模擬した走行パターンが組み合わされたものになって

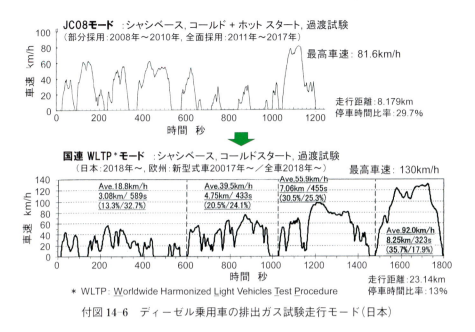

付図 14-6　ディーゼル乗用車の排出ガス試験走行モード（日本）

いる．なお，この WLTP 規制の運転モードは **WLTC モード**（Worldwide Harmonized Light-Duty Test Cycle）と呼ばれることもある．この世界標準の WLTP 規制が策定された「経済合理性の観点からの理由」は以下のとおりである．従来は自動車排出ガスの規制は国ごとに異なっていたため，自動車メーカは各国別に排ガス対策をきめ細かく実施する必要があった．そのうえ，段階的に厳格化されてきた現在の規制をクリアするための技術開発は複雑化し，開発に要する工数，コスト，時間のすべてが膨大なものになってきた．この実情は，いずれ自動車の開発が破綻することを示唆しているうえ，開発コストひいては自動車価格の不合理な上昇を招くもので，経済合理性にも反する事態であるという認識が各国で共有された．この結果，WLTP の策定に至ったものである．欧州でも，2017 年（新型式車）から 2018 年（全新規登録車）にかけて，NEDC モードからこの WLTP モードに切り替わることになる．今後，この WLTP モードの採用が各国で広がっていくものと考えられる．

　排気規制の運転モードについては，さらに特筆すべき動きがある．それは，欧州で実施される **RDE 規制**（RDE：Real Driving Emissions）である．この概要を付表 14-1 に示す[91],[93]．RDE 規制が従来の規制と最も大きく異なる点は，付図 14-2 で示したような，屋内での厳密な条件設定下での「決められた走行モードによる評価」ではなく，付表 14-1 に示されるルールに則した「実路走行での評価」になることである．これに伴い，排出ガスの規制対象成分の排出量を測定する車載型の計測装置 **PEMS**（Portable Emissions Monitoring System）が開発されており，これが使用されることになる．従来の規制と比べて RDE 規制で厳しくなる主な点は，「実路上での実走行の排ガス評価」であるうえ，最大高度が 1,300m になる高地走行や，厳冬時に対応した気温 −7℃ からのスタートなど，排気低減が難しい条件での評価を組み込んでいること

222　付録　ディーゼルエンジンに関する技術項目の解説

付表 14-1　実路走行排出ガス規制（RDE[*3]規制）の概要（欧州）

計測項目	・排出ガス成分　－ Euro6規制で規定される成分（NOx, HC, CO, PM, PN） 　　　　　　　 － 車載型排気計測装置 PEMS[*1] 使用 ・車輌, エンジンの規定項目（車速, 燃料消費量, ……） ・大気条件（温度, 湿度, 大気圧力）
境界条件	・通常条件：高度 700m以下, 気温 0〜30℃ ・拡張条件：高度 700〜1,300m, 気温−7〜0℃, 30〜35℃ 　　　　　　（拡張条件での排ガス量＝計測排ガス量/1.6 と規定）
走行要件	・市街路, 郊外路, 高速道路での各走行距離割合が34±10%となること ・総走行時間は90〜120分とする
規制内容	モニタリングフェーズ：2016年4月〜 Step1： 2017年9月〜新型式車（NOx, PN）　　　　　　　規制実施　NOxの CF[*2]値＝2.1 　　　　 2018年9月〜全新登録車（PN）　　　　　　　　　　　　　　　 PNの CF値＝1.5 　　　　 2019年9月〜全新登録車（NOx） Step2： 2020年1月〜新型式車　　　　　　　　　　　　規制実施　NOxの CF値＝1.5 　　　　 2021年1月〜全新登録車　　　　　　　　　　　　　　　　　 PNの CF値＝1.5

＊1　PEMS： Portable Emissions Monitoring System
＊2　CF： Conformity Factor（下式で定義）……Euro6規制値に対する比率を示す.

$$例　NOx の CF=\frac{実路排出NOx量（g）}{実路排出CO_2量（g）}\div\frac{Euro6\ NOx規制値\ 0.88\ g^{\#}}{NEDCの排出CO_2量（g）}$$

注#： 80mg/km ×11.007km=0.88g
＊3　RDE： Real Driving Emissions

である. また, 試験時間も従来の5〜6倍と大幅に長くなる. この内容からは, 都市部の大気環境を実際に確実に改善すべく, 実走行での評価を妥協なく厳格に実施しようとする姿勢が明確である. 欧州では, 前述した WLTP モードによる屋内でのシャシベース試験とこの RDE 試験の両者により, 排出ガス評価を行うことになる.

　排出ガス規制の運転モードについては以上のとおりである. なお, 補足しておくが, 上述した種々の運転モードは排出ガスの他に燃費の評価にも用いられる.

　次に「排出ガス規制値」について概説する. 付表 14-2 に, 一例として, 日本と欧州におけるディーゼル乗用車の排出ガス規制値の詳細を示す[91]. 上段の表が日本の排気規制値の推移である. 最も問題になる NOx と PM については, 車輌重量に応じた2段階の規制を設定してきたが, 2009 年以後の最近の規制では大型乗用車にも同じ規制値を課すこととし, より厳しいものになっている. なお, 最新の規制値では, 運転モードの JC08 から WLTP への変更に伴い NOx 規制値が増大しているが, これは WLTP モードではより高速域や急加速の走行パターンが頻度高く組み込まれていることを考慮したもので, 実質的には NOx 排出量の一層の低減を規定するものである.

　付表 14-2 下段の表は欧州の排出ガス規制値の推移である. 特徴的なのは, HC 成分単独の規制値はなく, NOx と HC の合計排出量で規制される形態となっていることである. ただし,

付表 14-2　ディーゼル乗用車排出ガス規制値の例（日本, 欧州）

日本

規制段階	規制実施年	試験モード	規制値　g/km　（）内は最大値						
			NOx		PM		CO	HC	
			EIW≤1,250kg	EIW>1,250kg	EIW≤1,250kg	EIW>1,250kg		THC	NMHC
	1986		0.70 (0.98)	0.90 (1.26)			2.1 (2.7)	0.40 (0.62)	
	1990		0.50 (0.72)	0.60 (0.84)			2.1 (2.7)	0.40 (0.62)	
短期	1994	10·15	0.50 (0.72)	0.60 (0.84)	0.20 (0.34)		2.1 (2.7)	0.40 (0.62)	
長期	1997		0.40 (0.55)	0.40 (0.55)	0.08 (0.14)		2.1 (2.7)	0.40 (0.62)	
新短期	2002		0.28	0.3	0.052	0.056	0.63	0.12	
新長期	2005	JC08	0.14	0.15	0.013	0.014	0.63		0.024
ポスト新長期	2009		0.08		0.005		0.63		0.024
	2018	WLTP	0.15		0.005		0.63		0.024

EIW： Equivalent Inertia Weight, 等価慣性重量. EIW=1,250kg は車輌重量=1,265kg に相当.
NMHC： Non-Methane Hydrocarbon, メタンを除く炭化水素
THC： Total Hydrocarbon, 全炭化水素

欧州

規制段階	規制実施年	試験モード	規制値　（）内は最大値				
			NOx	NOx + HC	PM	PN	CO
			g/km			個/km	g/km
Euro 1	1992	ECE15+		0.97 (1.13)	0.14 (0.18)		2.72 (3.16)
Euro 2, IDI	1996	EUDC		0.7	0.08		1
Euro 2, DI	1996	（ホットスタート）		0.9	0.1		1
Euro 3	2000		0.5	0.56	0.05		0.64
Euro 4	2005	NEDC	0.25	0.3	0.025		0.5
Euro 5a	2009	（コールドスタート）	0.18	0.23	0.005		0.5
Euro 5b	2011		0.18	0.23	0.005	$6×10^{11}$	0.5
Euro 6	2014		0.08	0.17	0.005	$6×10^{11}$	0.5
Euro 6	2018	WLTP	0.08	0.17	0.005	$6×10^{11}$	0.5

PM： Particulate Mass, 微粒子質量
PN： Particulate Number, 微粒子数

Euro3 規制以降は NOx 単独の規制値も設定されている. 一般に NOx 低減が難しいことから, 実際の NOx 排出量はこの NOx 規制値となる場合が多く, 事実上は（NOx + HC）規制値と NOx 規制値との差が HC 規制値となると考えられる. 一方で, 低負荷時など, NOx 低減よりも HC 低減が相対的に困難な場合などには,（NOx + HC）規制は融通性があると言える. また, もう 1 つの特徴として, 微粒子状物質 PM（Particulate Matter）の規制については, Euro5b 規制からは, 従来からの **PM 規制**（PM : Particulate Mass, 微粒子質量）に加えて新たな **PN 規制** （PN : Particulate Number, 微粒子数）も課すこととし, より厳格化している. さらに, 最新の 2018 年規制では, NOx 規制値は低減されていないが, 運転モードがより厳しい WLTP モードに変更されるため, 事実上は規制強化となっている. なお, 付表 14-1 に示したとおり, この最新の Euro6 規制値は RDE 規制にも適用される. ただし, RDE 規制に則った走行条件は WLTP モードよりもさらに厳しいことから, 同一の規制値であっても RDE 規制の方がより厳しいものになる. このため, 排気対策技術の開発期間を確保するなどの観点から, RDE 規制の開始当初は, Euro6 規制値を若干緩和する（規制値に 1 以上の係数を掛ける）こととし, 付表

224 付録 ディーゼルエンジンに関する技術項目の解説

付表 14-3 米国の乗用車排出ガス規制値：Tier2（〜2016 年，ガソリン車・ディーゼル車共通）

規制段階 Tier2（2004年開始〜2009年完全実施）

区分 Bin	規制値 g/km									
	寿命中間時（5年/80,000km）					全使用期間（10年[*2]/193,000km）				
	NOx	PM	CO	NMHC[*1]	HCHO	NOx	PM	CO	NMHC	HCHO
8	0.087		2.11	0.062	0.0093	0.124	0.0124	2.61	0.078	0.0112
7	0.068		2.11	0.047	0.0093	0.093	0.0124	2.61	0.056	0.0112
6	0.050		2.11	0.047	0.0093	0.062	0.0062	2.61	0.056	0.0112
5	0.031		2.11	0.047	0.0093	0.043	0.0062	2.61	0.056	0.0112
4						0.025	0.0062	1.30	0.043	0.0068
3						0.019	0.0062	1.30	0.034	0.0068
2						0.012	0.0062	1.30	0.006	0.0025
1						0.000	0.0000	0.00	0.000	0.0000

＊1：NMHC：Non-Methane Hydrocarbon, メタンを除く炭化水素
＊2：6,000lbs（約2.7ton）を超える重量車は11年
・元表の規制値単位 g/mile を g/km に変換して表示（1mile≒1.6093km）
・仮区分のBin9〜Bin11については省略
・規制はNOxに対する企業別フリート規制：該当するガソリン車・ディーゼル車の
　全販売車の平均NOx＜0.07g/mile（0.043g/km）→ Tier2-Bin5に対応
・燃料種によらず本規制適用…ガソリン車, ディーゼル車, 代替燃料車に共通（ガソ
　リン, 軽油中の硫黄含有量は規定）
・車重10,000lbs（約4.5ton）の中量乗用車（SUV, Van）まで本規制を適用
・本規制の完全実施時期…軽量車：2007年, 重量車：2009年. それまでは一定割
　合の車輌について規制基準を満たせばよい

14-1 の注[*2] に示す一種の緩和係数 CF（CF：Conformity Factor）を導入している.

　次いで，米国における自動車排出ガス規制値について概説しておく. 米国では，CARB（California Air Resource Board, カリフォルニア大気保全局）が制定するカリフォルニア規制とEPA（Environmental Protection Agency, 環境保護局）が制定する米国連邦規制の両排気規制がある. この理由は，地形的な要因から大気汚染が特に深刻であったカリフォルニア州では，連邦規制よりも厳しい排気規制を制定する必要があったからである. しかし，連邦排気規制も段階的に厳格化された結果，近年では後述する Tier3 規制で両規制は同等になっている. そこで以下では，連邦規制を例に採り，米国の排出ガス規制値について概説する.

　米国での規制値の設定方式は，日本や欧州よりも複雑である. その実例として，近年用いられてきた Tier2 規制を付表 14-3 に，また現在以降適用される最新の Tier3 規制を付表 14-4 にそれぞれ示す[91]. 付表 14-3 に概説しているとおり，米国規制が日・欧の規制と大きく異なる点は，①ガソリン車とディーゼル車の区別なく共通の規制であること，②NOx 低減を重視してNOx 規制値を基準とする企業別フリート規制であること，③個々の新型式車ごとに規制区分（Tier2 の場合は Bin1〜8 の 8 段階）から 1 つ選択して認証を受けること，④規制値が厳しいため 5 年（Tier2）〜9 年（Tier3）をかけて段階的に最終規制値に適合させる方式であることなどである. また，規制対象となる車輌についても，車輌重量や車種に関する細かな規定が設けられている（付表 14-3 と付表 14-4 の該当車輌に関する説明は簡略化した概説である）. 企業別フ

付録14 排出ガス規制 *225*

付表 14-4　米国の乗用車排出ガス規制値：Tier3（2017 年～，ガソリン車・ディーゼル車共通）

規制段階 Tier3（2017年導入～2025年完全実施）

区分 Bin	規制値				Tier2との対応 (NOx + NMHC 規制値)
	全使用期間（240,000km）				
	NOx + NMHC*	PM	CO	HCHO	
	mg/km		g/km	mg/km	
160	99.4	1.86	2.61	2.49	Tier2-Bin5 と同等
125	77.7	1.86	1.30	2.49	
70	43.5	1.86	1.06	2.49	
50	31.1	1.86	1.06	2.49	
30	18.6	1.86	0.62	2.49	Tier2-Bin2 と同等
20	12.4	1.86	0.62	2.49	
0	0.0	0.00	0.00	0.00	

＊：NMHC：Non-Methane Hydrocarbon, メタンを除く炭化水素

規制方式はおおむねTier2と同様

・(NOx + NMHC)に対する企業別フリート規制

・規制は段階的に強化する方式

　（スケジュールは下表のとおり）

・最終規制値, 完全実施時期は：

　NOx+NMHC＜30mg/mile（18.6mg/km）, 2025年

　PM＜3mg/mile（1.86mg/km）, 2022年

企業別フリート平均（NOx + NMHC）規制値導入スケジュール

車両区分	各規制年の規制値　mg/km								
	2017	2018	2019	2020	2021	2022	2023	2024	2025
軽量車*1	53.4	49.0	44.7	40.4	36.0	31.7	27.3	23.0	18.6
中量車*2	62.8	57.2	51.6	46.0	40.4	34.8	29.2	23.6	18.6

＊1：車重 8,500lbs（約3.86ton）以下

＊2：車重 10,000lbs（約4.54ton）以下

個別車輌PM規制値導入スケジュール

段階的導入項目	規制年					
	2017	2018	2019	2020	2021	2022
対販売台数割合　％	20	20	40	70	100	100
認証規制値　mg/km	1.86	1.86	1.86	1.86	1.86	1.86
使用過程 規制値　mg/km	3.73	3.73	3.73	3.73	3.73	1.86

リート規制とは，該当するガソリン車とディーゼル車の全販売車の NOx 平均排出値が NOx のフリート平均規制値，すなわち Tier2 の場合は Bin5 に該当する 0.07g/mile（0.043g/km）以下にすべきとする規制方式である．Tier2 規制の場合には，2004 年から規制の導入が開始され，軽量車では 2007 年に，重量車では 2009 年に規制に完全適合させるものである．

　付表 14-4 に示す Tier3 規制では，規制区分は Bin0～160（この数字 160 は NOx + NMHC の g/mile 規制値）の 7 段階であり，規制は主に（NOx + NMHC）を基準としたフリート規制値自体の段階的厳格化（低減）方式である．また，PM 規制が大幅に強化される（Tier2 規制値の約 1/3 になる）ため，PM についても段階的厳格化方式を採用している．これらの点が Tier2 規制

226　付録　ディーゼルエンジンに関する技術項目の解説

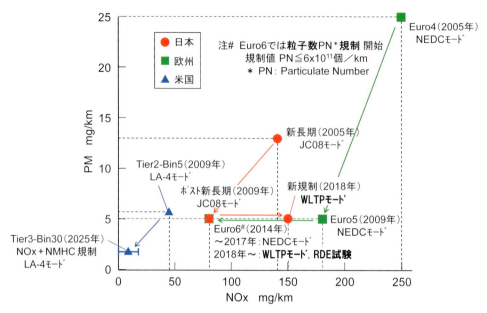

付図 14-7　日米欧のディーゼル乗用車排出ガス規制値の比較（2005 年以降）

と異なる．なお，HC の規制を **NMHC**（メタンを除く炭化水素，Non-Methane Hydrocarbon の略）で実施する主な理由は，メタンだけは触媒でも容易に浄化できず，また深刻な健康上の毒性はないため，HC の規制値が極めて低くなると NMHC で規制することが合理的であることによる．また，Tier3 規制の PM 規制については，企業別フリート規制ではなく，個別車輛ごとに付表 14-4 下段の表に記す規制値を満たす必要がある．また，段階的厳格化も，規制を満たす車輛台数の総販売台数に対する割合を順次引き上げる方式を採っている．このように米国の排出ガス規制は極めて複雑なものになっている．

　最後に，ディーゼル車の場合に最も問題となる NOx と PM の規制値について，先進各国の規制レベルを比較する意図で，最近（2005 年以降）の代表的な規制値を付図 14-7 に図示してみた．もちろん，上述したとおり，各国の規制方法には異なる点があるので単純には比較できないものの，1 つの目安としては参考になると思われる．日・欧・米ともに，2005 年以降だけでも急速に規制が厳格化され，ゼロエミッションに近づけていることがわかる．敢えて補足しておくと，日本の規制において，ポスト新長期規制（2009 年）から新規制（2018 年）に切り替わる際に NOx の規制値が後退したように見えるが，前述のとおり，試験運転モードが JC08 から WLTP に変更になることで運転条件が大幅に厳しく（NOx が大幅に増加する走行パターンに）なるので，実質的には規制強化になっている．欧州の規制では，この図にはプロットできないが，前述のとおり Euro5 規制後半（2011 年）から PM（微粒子質量）規制に加えて PN（微粒子数）規制が併設されている（本図中の注記 # を参照）．また，2018 年以降は，WLTP シャシベース試験に加えて，一般道走行で評価するより厳しい RDE 試験も並行実施して評価することになる．米国規制は，前述のとおり，当初から一貫して NOx の規制が極めて厳しいものになっており，2025 年完全

付録14 排出ガス規制　227

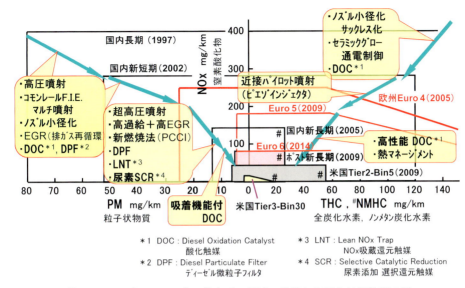

付図 14-8　ディーゼル車の排出ガス低減の推移と主要な対策技術の例

実施予定のTier3規制からはPMも格段に厳しい約1/3の規制値になる．

　また参考までに，1章から4章および付録の各該当箇所で述べてきた，排気有害物質の低減に寄与した技術項目を，各規制段階に対応づけて略記したグラフを付図14-8に示す．噴射・燃焼システムに関わる要素技術項目，排気浄化後処理システム関係の項目，さらには熱マネージメント関係の技術などを総動員して対応してきたことがわかる．

　以上，先進国を例に採り，乗用車用（および軽量商用車用）ディーゼルエンジンに対する主要な排出ガス規制について，その概要を説明した．しかし，実際の規制は，多数のカテゴリーに分かれ，それぞれに詳細な規制が設定されており，極めて複雑なものである．また，前述のとおり近年になって世界統一規制に向けた動きがあるが，現状では各国で異なっているのが実情である．世界各国の正確で詳細な排気規制の内容は，参考資料[91],[92]に詳しく記されているので，必要に応じて参照されたい．

　なお最後に，蛇足ではあるが，究極的に厳しい欧州のRDE規制について，その厳しさを示す例を挙げておきたい．この一例を付図14-9に示す[94]．この図で，排ガス評価試験モードのRTS-95は，RDE走行をおおむね模擬した走行パターンである．図の横軸は，加速の激しさを表す「車輌運動パラメータ（Vehicle Dynamics Parameter）」である．縦軸は，「各モード走行の各加速状態で排出されるNOx量／各モードの排出NOx総量」の比で定義される，各加速状態において占める「NOx排出割合」である．NEDCモード（黒色棒グラフ）では，相対的に穏やかな加速時のNOx排出がほとんどであり，全体に占める加速時のNOx排出割合も50％程度に留まっている．これに対し，WLTPモード（緑色棒グラフ）では，より激しい加速時の

228　付録　ディーゼルエンジンに関する技術項目の解説

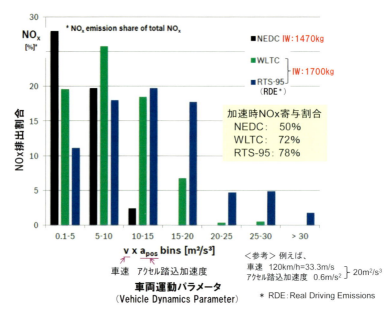

付図14-9　各排ガス試験モードでの加速時NOx排出量の寄与度の比較[94]

NOx排出が現れ，加速時のNOx排出割合が72%程度にまで増加する．さらに，RDE対応のRTS-95（紺色棒グラフ）では，大幅に激しい加速時のNOx排出の割合が大きくなり，加速時のNOx排出割合が80%近くに達している．過渡状態である加速時には，NOx排出に関わる「燃焼システム諸因子」や「後処理システム諸因子」が最適状態から外れることや，制御に遅れが生じることなどから，NOx排出量がスパイク状に急増しがちである．したがって，この加速時の割合が大きくなることは，排気浄化には極めて厳しい事態と言える．RDE規制に対応できる排気浄化を達成するためには，ハードとソフトの両面での技術革新が必要になる．具体的には，ハード面では，基本性能と応答性の素性を磨いたエンジン，高応答で高性能な排気浄化後処理要素や，多くの情報を高速処理できる制御システムなどである．またソフト面では，高応答なフィードバック制御に加えて，実時間で数サイクル先の状態までを予測できる数値モデルに基づくフィードフォワード制御の実現などである．

　また，RDE規制に関してさらに，欧州で上記のような究極とも言える厳格な規制が実際に制定された背景・理由について触れておきたい．前述したとおり，排出ガス規制は順次段階的に厳格化されて，有害排出物は大幅に低減されてきた．しかし，欧州都市部の大気質の改善が期待に反して進まないことから，規制当局が調査を行った．その結果，排気規制の運転モードにおいて試験設定条件の下では排出ガスが浄化されているが，それ以外の条件になると有害排出物の排出量が増加し，規制値内に収まっていない場合が少なからずあることが判明した．この状況の技術的背景としては，以下の点が挙げられよう．近年の極めて厳しい規制値を満たすには，開発途上とも言える最新の排気後処理要素（触媒など）も使用せざるをえない．これによ

り，排気後処理システムの「10年および10万〜20万km走行」の耐久・信頼性を確保するために，規制の範囲外の走行時には，「排出ガス質」と「耐久・信頼性」の両者を考慮した制御を行う必要がある場合が少なくなかったものと推察される．また，規制の条件は，大気汚染問題が主に生じる都市部市街地を重視した走行モードになっていることから，上記の技術的対応には一定の合理性もあったと言えよう．しかし，この「排出ガス質が規制値を超える程度」が問題であり，近年の厳しい規制値に対しては，自動車メーカによっては，規制条件外での有害排出物の排出量増加が極端に大きい例が生じるようになった．また，自動車走行台数の増加や，道路整備の進展に伴う実車速の上昇などに起因した規制値を上回る有害排出物の排出頻度の増大なども，大気質の改善を阻んだ．このような現実から，特に欧州において，従来の「排出ガス規制の対象条件下での有害排出物」のみならず「実走行での有害排出物」の低減の必要性が意識されるに至ったものである．

　この状況に追い打ちをかけ，RDE規制制定の動きを決定的に加速したのが，2015年9月に米国で発覚したVW(フォルクスワーゲン)による排気不正事件である．これは，排気規制試験では規制値限度内に排出ガス質が浄化されるが，排出ガス試験以外の実走行では動力性能優先の制御に切り替わり，市街地でも有害排出物の排出量が大幅に増加するという悪質なものであった．この制御の切替えは，排気規制のシャシベース試験では屋内に車輛が固定されて評価され(付図14-2(p.217)参照)，この際にハンドル操作は行われないため，このハンドル操作の有無により排気試験か実走行かを判断するなど巧妙なものである．したがって，これは明らかに意図的な不正であった．この不正の背景としては，背反する「動力性能」と「排出ガス低減」において，商品性に直結する動力性能を優先させ，また複雑化する排気後処理システムをできるだけ簡素なものに留めて，開発期間とコストの低減を図ることを意図したものと推察される．自動車の技術開発史上の汚点と言えるこの残念な事件もあって，あらゆる実路走行下での排出ガス浄化の必要性がより強く意識され，RDE規制の制定が急速に進められたものである．

資料

主要エンジンの諸元表

232 資料 主要エンジンの諸元表

表 A-1 VW（Audi）モジュール

	Audi TDI 2.5L (1989)	VW TDI 1.9L Golf (1993)	Audi TDI 1.9L (1995)	VW SDI 1.9L Golf (1995)	VW TDI 1.9L Golf (1998)	VW TDI 1.9L Golf (2000)	VW TDI 5.0L SUV (2001)
シリンダ配置・数	In5	In4	←	←	In3	In4	90°-V10
ボアxストローク mm	φ81 x 95.5	φ79.5 x 95.5	←	←	←	←	φ81 x 95.5
ストローク/ボア比	1.179	1.201	←	←	←	←	1.179
排気量 L	2.461	1.896	←	←	1.422	1.896	4.921
動弁系	2弁	2弁	←	←	←	←	←
吸気方式	T/C & I/C K14	T/C & I/C VNT15	←	NA	T/C & I/C GT12	T/C & I/C VNT GT1749V	2xT/C & I/C VNT GT18
燃料噴射系 ノズル径mm x 孔数	VP37 φ0.? x 5	VP37 φ0.186 x 5	φ0.205 x 5	VP37 (90MPa) φ0.17 x 5	UI (205MPa) φ0.16 x 5	UI (205MPa) φ? x 5	UI (205MPa) φ? x ?
圧縮比	20.5	19.5	←	←	←	18.5	←
燃焼室形状	深皿型	深皿型	←	←	←	←	←
最高筒内圧 MPa	13.5	13.5	15.5	13.5		17	
最大出力 kW@rpm	103 @ 4000	66 @ 4000	81 @ 4150	47 @ 4000	55 @ 4000	110 @ 4000	230 @ 4000
比出力 kW/L	41.9	34.8	42.7	24.8	38.7	58	46.7
最大トルク Nm@rpm	290 @ 1900	202 @ 1900	235 @ 1900	125 @ 1900	195 @ 2200	320 @ 1900	750 @ 2000
比トルク Nm/L	117.9	106.5	123.9	65.9	137.1	168.8	152
低速トルク比 %	70	90	97	98	75	81	
最小燃費率 g/kWh		197	197	222	207	198	
最高熱効率%		42.4	42.4	37.6	40.3	42.2	
最大出力点 燃費率g/kWh					253	236	
最大出力点 熱効率 %					33	35.4	
ボアピッチ mm	88	←	←	←	←	←	←
その他 構造 潤滑系 冷却系 熱マネージメント	ボア間厚：7.0mm ブロック材：FC ダンパプーリ	ボア間厚：8.5mm ブロック材：FC	ボア間厚：8.5mm ブロック材：FC 2マス・フライホイール	ボア間厚：8.5mm ブロック材：FC	ボア間厚：8.5mm ブロック材：GG25 スワール比：⊿15%	ボア間厚：8.5mm ブロック材：GG27	ボア間厚：7.0（オフセット：1.7）ブロック材：Al金型鋳造プラズマ溶射ライナ斜破断コンロッド二重Exマニ
参考文献	MTZ 50 (1989)		5th Aachen Colloquium 1995	5th Aachen Colloquium 1995	19th Vienna Motor Sympo. 1998	MTZ 25 Jahre (2001)	22nd Vienna Motor Sympo. 2001

・ディーゼルエンジンシリーズ主要諸元　　　　　　　　　　　　　　　　表 A-2（p.238）に続く.

VW TDI 2.5L 商用/SUV (2002)	VW TDI 2.0L Golf /Audi (2003)	Audi TDI 4.0L (2003)	VW TDI 2.5L 商用/SUV (2006)	VW TDI 2.0L BIN5 (2011)	VW TDI 2.0L Golf (2012)	VW TDI 2.0L EU6 (2013)
In5	In4	90°-V8	In5	In4	←	←
←	←	←	←	←	←	←
←	←	←	←	←	←	←
2.461	1.968	3.936	2.461	1.968	←	←
←	DOHC-4弁	←	2弁	DOHC-4弁	←	←
T/C & I/C VNT	T/C & I/C VNT	2x T/C & I/C 電動VNT GT17	T/C & I/C VNT?	T/C & I/C VNT	T/C & I/C VNT	T/C & I/C VNT
UI (205MPa) Φ? x 5	UI-P2 (205MPa) Φ? x 6	CR (160MPa) Φ? x 7 コーン角:158°	CR (160MPa) Φ? x 7 コーン角:158°	CR (180MPa) Φ0.117-0.122 x 8 コーン角:162°	CR (180MPa) Φ? x ?	CR (200MPa) Φ? x ?
18	18	17.3	16.8	16.5	16.2	
←	←	浅皿型	←	←	←	
17	←	16	←	←		
128 @ 3500	103 @ 4000	202 @ 4000	120 @ 3500	103 @ 4000	105 @ 3500-4000	135 @ ?
52	52.3	51.3	48.8	52.3	53.4	68.6
400 @ 2000	320 @ 1750-2500	650 @ 1800-2500	350 @ 2000-3000	320 @ 1500-2500	320 @ 1750-3000	? @ ?
162.6	162.6	165.1	142.2	162.6	162.6	
81	92	92	86	100	95	
198	194	205		204		
42.2	43	40.9		40.9		
	222	230				
	37.6	36.3				
←	←	←	←	←	←	←
ボア間厚:7.0 ブロック材: Al金型鋳造 プラズマ溶射 ライナ テンションボルト 板金二重 Exマニ	ボア間厚: 7.0mm INカムダンパ ブロック材: GG27	ボア間厚:7mm 可変スワール二重 Exマニ (830℃) 210g/kWh @2000rpm 全負荷	ボア間厚: 7.0mm	ボア間厚: 7.0mm 固定スワール比 In弁シート・チャンファー	ボア間厚:7.0 ブロック材: GJL250 流量可変 水ポンプ 2系統冷却 カム軸 支持フレーム ヘッド 2段ジャケット	VVT I/C内蔵Inマニ ヘッド貫通EGR通路 グロー内蔵 筒内圧センサ
11th Aachen Colloquium 2002	24nd Vienna Motor Sympo. 2003	MTZ 64 (2003)	27th Vienna Motor Sympo. 2006	32nd Vienna Motor Sympo. 2011	33rd Vienna Motor Sympo. 2012	34th Vienna Motor Sympo. 2013

234　資料　主要エンジンの諸元表

表B　Audi用V型・モジュール

	Audi TDI 2.5L A8(1997)	Audi TDI 3.3L (1999)	Audi TDI 4.0L A8 (2003)	Audi TDI 3.0L A8 (2004)
シリンダ配置・数	90°-V6	90°-V8	90°-V8	90°-V6
ボアxストローク　　mm	Φ78.3 x 86.4	←	Φ81 x 95.5	Φ83 x 91.4
ストローク/ボア比	1.103	←	1.179	1.101
排気量　　　　L	2.496	3.328	3.937	2.967
動弁系	DOHC-4弁	←	←	←
吸気方式	T/C & I/C VNT20	2xT/C & I/C VNT15	2T/C & 2I/C 電動VNT GT17	T/C & I/C 電動VNT
燃料噴射系 ノズル径mm x 孔数	VE-VP44(150MPa) Φ0.172 x 5 (1本はリフトセンサ付)	CR (120MPa) Φ? x 6 160°コーン角	CR (160MPa) Φ? x 7 (ミニサックホールノズル)	←
圧縮比	19.5	18.5	17.3	17
燃焼室形状	深皿型	緩浅皿型	浅皿型	←
最高筒内圧　　MPa	15	15	16	18
最大出力　kW@rpm	110 @ 4000	165 @ 4000	202 @ 4000	171 @ 4000
比出力　　　kW/L	44.1	49.6	51.3	57.6
最大トルク　Nm@rpm	310 @ 1500-3200	480 @ 1800	650 @ 1400-3250	450 @ 1400-3250
比トルク　　　Nm/L	124.2	144.2	165.1	1517
低速トルク比　　%	100	96.7	92.3	100
最小燃費率　g/kWh	204	205	205	202
最高熱効率　　%	40.9	40.9	40.7	41.3
最大出力点燃費率 g/kWh	234	241	230	235
最大出力点熱効率 %	35.7	34.7	36.3	35.5
ボアピッチ　　mm	88	←	90	←
その他 構造 潤滑系 冷却系 熱マネージメント	ボア間厚：9.7mm ブロック材：GG25 二重Ex.マニ 斜め破断コンロッド ダブルマスフライホイール	ボア間厚：9.7mm ブロック材：GGV 斜め破断コンロッド 3系統冷却 (ポンプ：メカ1,電動2)	ボア間厚：9mm ブロック材：GGV 電動連続可変スワール 二重遮熱Ex.マニ タービン入ガス：830℃	ボア間厚：7.0mm ブロック材：GGV レーザ照射ボア 可変スワール 2系統冷却 (ヘッド・クランクケース) 可変オイルポンプ (流量連続&圧2段)
参考文献	18th Vienna Motor Sympo. 1997	MTZ 10 Jahre (1999)	MTZ 64 (2003)	25th Vienna Motor Sympo. 2004

・ディーゼルエンジンシリーズ主要諸元

Audi TDI 3.0L A8 (2010)	Audi TDI 3.0L (2011)	Audi TDI 3.0L A7 (2014)
←	←	←
←	←	←
←	←	←
←	←	←
←	←	←
T/C & I/C 電動VNT GT2260	2xT/C (2段) & I/C VNT GT1749 GT3067	T/C & I/C 電動VNT CTD2060
CR (180MPa) φ? x ?	CR (200MPa) φ? x ?	CR (200MPa) φ? x ? ピエゾ
16.8	16	16
←	←	← (キャビティ径拡大)
18.5	←	
184 @ 4000	230 @ 4250	200 @ 3200-4200
62	77.5	67.4
550 @ 1250-3000	650 @ 1500-2750	600 @ 1500-3000
185.4	219.1	202.2
←	←	←
196	199	
42.6	42	
227		
36.8		
←	←	←
ボア間厚：7.0mm ブロック材：GJV450 可変スワール 2系統冷却 (ヘッド・クランクケース) 可変オイルポンプ (流量連続&圧2段)	←	← + 水ジャケット容積:-0.4L リング張力:-25% DLCコート・ピストンピン 近接触媒 (バンク内) 樹脂吸気フランジ キャビティ径拡大 モデルベース吸気制御
31st Vienna Motor Sympo. 2010	32nd Vienna Motor Sympo. 2011	35nd Vienna Motor Sympo. 2014

表C-1　BMWモジュール

	BMW 2.0L M47 (1998)	BMW 3.0L (1999)	BMW 3.9L (1999)	BMW 2.0L 320d (2001)	BMW 3.0L (2002)	BMW 3.9L (2002)
シリンダ配置・数	In4	In6	90°-V8	In4	In6	90°-V8
ボアxストローク mm	Φ84 x 88	←	←	Φ84 x 90	←	Φ84 x 88
ストローク/ボア比	1.048	←	←	1.071	←	1.048
排気量 L	1.95	2.925	3.901	1.995	2.993	3.901
動弁系	DOHC-4弁	←	←	←	←	←
吸気方式	T/C & I/C VNT	←	2xT/C 電気駆動VNT	T/C & I/C VNT	T/C & I/C VNT GT22	2xT/C 電動VNT GT17
燃料噴射系 ノズル径mmx孔数	VP44 (175MPa) Φ0.? x ?	CR (135MPa) Φ0.? x ?	←	CR (160MPa) Φ0.? x ?	CR (160MPa) Φ0.? x 6	←
圧縮比	19	18	←	17	←	18
燃焼室形状	深皿型	←	←	浅皿型	←	←
最高筒内圧MPa	16			18	←	17
最大出力 kW@rpm	100 @ 4000	135 @ 4000	180 @ 4000	110 @ 4000	160 @ 4000	190 @ 4000
比出力 kW/L	51.3	46.2	46.2	55.1	53.5	48.7
最大トルク Nm@rpm	280 @ 1750	410 @ 2000-3000	560 @ 1750-2500	330 @ 2000	500 @ 2000-3000	600 @ 2000-2600
比トルク Nm/L	143.6	140.1	143.6	165.4	167	153.8
低速トルク比 %	89		88		82	80
最小燃費率 g/kWh	202	203	207	202	203	205
最高熱効率 %	41.3	41.1	40.3	41.3	41.1	40.7
最大出力点 燃費率 g/kWh	245	243	250		233	240
最大出力点 熱効率 %	34.1	34.4	33.4		35.8	34.8
ボアピッチ mm	91	←	98	91	←	98
その他 構造 潤滑系 冷却系 熱マネージメント	ボア間厚:7.0mm 中空二重壁 ブロック材:GG25 吸気モジュール ガラス繊維強化ポリアミド	ボア間厚:7.0mm ブロック材:GG25 斜め割コンロッド クロスフロー冷却 ヘッド	ボア間厚:14mm (オフセット:18mm) ブロック材:GGV50 斜め割コンロッド クロスフロー冷却 ヘッド	ボア間厚:7.0mm ブロック材:GG25	ボア間厚:7.0mm ブロック材:GG25 可変スワール(空圧) 板金二重Exマニ 粘性ダンパ ディープスカート 波打	ボア間厚:14mm (オフセット:18mm) ブロック材:GGV50 斜め割コンロッド クロスフロー冷却 ヘッド 主軸受キャップ 破断割
参考文献	ATZ/MTZ (1998)		MTZ 60 (1999)	MTZ 62 (2001) 11th Aachen Colloquium 2001	MTZ 63 (2002)	MTZ 63 (2002)

・ディーゼルエンジンシリーズ主要諸元　　　　　　　　　　　表 C-2（p.239）に続く.

BMW 3.0L 535d (2004)	BMW 2.0L 120d (2007)	BMW 3.0L 530d (2011)	BMW 2.0L 525d (2011)	BMW 3.0L 535d (2011)	BMW 3.0L X5 M50d (2012)
In6	In4	In6	In4	In6	←
ϕ84 x 90	←	←	←	←	←
1.071	←	←	←	←	←
2.993	1.995	2.993	1.995	2.993	2.993
←	←	←	←	←	←
2xT/C（2段）& I/C	T/C & I/C VNT	←	2xT/C（2段）& I/C VNT（HP段） LPコンプレッサ冷却	2xT/C（2段）& I/C 電動VNT（HP段） LPコンプレッサ冷却	3xT/C（2段）& 2xI/C
CR（180MPa） ϕ0.? x 7	CR（180MPa） ϕ0.? x 7	CR（180MPa） ϕ0.? x 8	CR（200MPa） ϕ0.? x 7	←	CR（220MPa） ϕ0.15 x 7
16.5	16		16	←	←
←	←	←	←	←	←
18	←	18.5	←	←	20
200 @ 4400	130 @ 4000	190 @ 4000	160 @ 4400	230 @ 4400	280 @ 4000-4400
66.8	65.2	63.5	80.2	76.8	93.6
560 @1900-2500	350 @1750-3000	560 @1500-3000	450 @1600-2400	630 @1500-2600	740 @2000-3000
187.1	175.4	187.1	225.6	210.5	247.2
93	85	100	98	100	88
91	←	←	←	←	←
ボア間厚:7.0mm 二重旋回型 フィルタ オイルセパレータ	ボア間厚:7.0mm ブロック材:Al （FCライナ鋳込） カム軸支持フレーム オフセット高 2軸バランサ バランサ・ニードル 軸受→Mo-C コート歯車	ボア間厚:7.0mm ブロック材:Al （FCライナ鋳込） クランク軸 カウンタウェイト数 半減（8→4） クランクケース 補強板 （Pre-tension）	ボア間厚:7.0mm ブロック材:Al （FCライナ鋳込） #2,3,4主軸受 キャップ→ クランクケース補強 板ネジ止 クランクケース内蔵 バランサ オイル&真空ポンプ 一体ユニット EGRクーラ 管束型→平板型	ボア間厚:7.0mm ブロック材:Al （FCライナ鋳込） #5,6主軸受 キャップ→ クランクケース補強 板ネジ止 オイル&真空ポンプ 一体ユニット EGRクーラ 管束型→平板型	ボア間厚:7.0mm ブロック材:Al（HIP） （1mm厚FCライナ 鋳込） アンカータイボルト #4,5,6主軸受 キャップ→ クランクケース補強 板ネジ止 主軸受三日月溝 ピストンピンDLCコート 吸気ポート 偏芯チャンファ
13th Aachen Colloquium 2004	28th Vienna Motor Sympo. 2007	32nd Vienna Motor Sympo. 2011	20th Aachen Colloquium 2011	←	33rd Vienna Motor Sympo. 2012

238　資料　主要エンジンの諸元表

表A-2　VW（Audi）モジュール・ディーゼルエンジンシリーズ主要諸元

	VW TDI 1.4L Polo（2014）	VW TDI 2.0L Passat（2014）	VW TDI 2.0L Transporter（2015）
シリンダ配置・数	In3	In4	←
ボアxストローク　mm	Φ79.5 x 95.5	Φ81 x 95.5	←
ストローク/ボア比	1.201	1.179	←
排気量　L	1.422	1.968	←
動弁系	←	←	←
吸気方式		2xT/C（2段）& I/C 電動VNT（HP段） 3.8 bar	2xT/C（2段）& I/C VNT（HP段） ? bar
燃料噴射系 ノズル 径mm x 孔数	CR（200MPa） Φ0.? x 7 500cc/min	CR（250MPa） Φ? x 10 コーン角：?°	CR（?MPa） Φ? x ? コーン角：?°
圧縮比	16.1	15.5	←
燃焼室形状	←	←（Rs：-50%）	
最高筒内圧　MPa		20	
最大出力　kW@rpm	77 @ 3500-3750	176 @ 4000	150 @ 4000
比出力　kW/L	54.1	89.4	76.2
最大トルク　Nm@rpm	250 @ 1750-2500	500 @ 1750-2500	450 @ 1500-2500
比トルク　Nm/L	175.8	254	228.7
低速トルク比　%	80	93	100
最小燃費率　g/kWh			
最高熱効率　%			
最大出力点熱効率　%			
ボアピッチ　mm	←	←	←
その他 構造 潤滑系 冷却系 熱マネージメント	ボア間厚：8.5mm ブロック材：Al	CPS（1気筒） ボア間厚：7.0mm ブロック材：GJL250 流量可変水ポンプ 2系統冷却 カム軸支持フレーム ヘッド2段ジャケット	
参考文献	35th Vienna Motor Sympo. 2014	23rd Aachen Colloquium 2014	36th Vienna Motor Sympo. 2015

表 C-2　BMWモジュール・ディーゼルエンジンシリーズ主要諸元

	BMW 1.5L Mini (2014)	BMW 2.0L X3 (2014)	BMW 3.0L 750xd (2016)
シリンダ配置・数	In3	In4	In6
ボアxストローク　mm	φ84 x 90	←	←
ストローク/ボア比	1.071	←	←
排気量　L	1.496	1.995	2.993
動弁系	DOHC-4弁	←	←
吸気方式	T/C & I/C VNT VTG35 （BMTS製）	T/C & I/C VNT GT17（HTT） ボール軸受	4xT/C（2段）& 2xI/C 4 bar, 1,500kg/h
燃料噴射系　ノズル 径mm x 孔数	CR（200MPa） φ0.? x 7, 370cc/m ノズル針弁ガイド	←	CR（250MPa） φ? x 7 Conically Shaped
圧縮比	16.5	←	16
燃焼室形状	緩浅皿型	←	←
最高筒内圧　MPa			21
最大出力　kW@rpm	85 @ 4000	140 @ 4000	294 @ 4000-4400
比出力　kW/L	56.8	70.2	98.2
最大トルク　Nm@rpm	270 @ 1750-2000	400 @ 1750-2500	760 @ 2000-3000
比トルク　Nm/L	180.5	200.5	253.9
低速トルク比　%	93	94	88
最小燃費率　g/kWh	205		
最高熱効率　%	40.7		
最大出力点燃費率　g/kWh			
最大出力点熱効率　%			
ボアピッチ　mm	91	←	←
その他　構造　潤滑系　冷却系　熱マネージメント	新モジュールエンジン ブロック材：Al LDS*¹ボアコーティング 主軸受キャップ：鋼 補強版ネジ止 PVDコート・チェーン 自動開閉（by圧力） オイルジェット フル可変オイルポンプ	← ＋ 筒内圧センサ （CA50制御） ボール軸受ターボ	X5 M50d用3ターボ 3L （2012）の項目 ＋ ライナレス Wire Arc Spray 吸気系絞り部排除 吸気バルブ断面積+2mm 排気バルブ 2層化 オイルポンプ 流量制御 Dual-EGR（HP+LP）
参考文献	35th Vienna Motor Sympo. 2014	←	37th Vienna Motor Sympo. 2016

＊1 LDS：Laser Direct Structuring

240　資料　主要エンジンの諸元表

表 D　普及版ディーゼルエンジンシリーズ主要諸元

	VW TDI 1.6L (2009)	VW TDI 1.6L (2009)	VW TDI 1.6L (2009)	VW TDI 1.2L Poro (2010)
シリンダ配置・数	In4	←	←	In3
ボアxストローク　mm	Φ79.5 x 80.5	←	←	←
ストローク/ボア比	1.013	←	←	←
排気量　L	1.598	←	←	1.199
動弁系	DOHC-4弁	←	←	←
吸気方式	T/C & I/C VNT	←	←	←
燃料噴射系　　ノズル 径mm x 孔数	CR（160MPa）Φ? x 7 コーン角：162°	←	←	CR（180MPa）Φ? x 7 コーン角：162°
圧縮比				16.5
燃焼室形状	浅皿型	←	←	←
最高筒内圧　MPa				
最大出力　kW@rpm	55 @ 4000	66 @ 4200	77 @ 4400	55 @ 4200
比出力　kW/L	34.4	41.3	48.2	45.9
最大トルク　Nm@rpm	195 @ 1500-2000	230 @ 1500-2500	250 @ 1500-2500	180 @ 2000
比トルク　Nm/L	122	143.9	156.4	150.1
低速トルク比　%	100	←	←	87.8
最小燃費率　g/kWh	199	←	←	203
最高熱効率　%	42	←	←	41.1
ボアピッチ　mm				
その他　　構造　　潤滑系　　冷却系　　熱マネージメント	カム軸支持フレーム 可変スワール ピストンピンDLCコート ブロック材：GJL	←	←	← ブロック材：GJL250
参考文献	30th Vienna Motor Sympo. 2009	←	←	31st Vienna Motor Sympo. 2010

（VW，BMWの例）

	BMW 1.6L MINI（2010）	BMW 1.6L （2012）
シリンダ配置・数	In4	←
ボアxストローク mm	φ78 x 83.6	←
ストローク/ボア比	1.072	←
排気量 L	1.598	←
動弁系	DOHC-4弁	←
吸気方式	T/C & I/C VNT	←
燃料噴射系 ノズル径mm x 孔数	CR（？MPa） φ？x？	CR（200MPa） φ？x 8
圧縮比	16.5	
燃焼室形状	浅皿型	←
最高筒内圧 MPa		15
最大出力 kW@rpm	82 @ 4000	85 @ 4000
比出力 kW/L	51.3	53.2
最大トルク Nm@rpm	270 @ 1750-2250	260 @ 1750-2500
比トルク Nm/L	169	162.7
低速トルク比 ％	90	
最小燃費率 g/kWh		
最高熱効率 ％		
ボアピッチ mm	91	←
その他 構造 潤滑系 冷却系 熱マネージメント	ボア間厚：13.0mm カム軸支持フレーム コンロッド長増： 143 → 147.7 ブロック材：Al （FCライナ鋳込）	←
参考文献	19th Aachen Colloquium 2010	21st Aachen Colloquium 2012

242 資料 主要エンジンの諸元表

表 E-1 Benzディーゼル

	M.Benz CDI 1.7L Aクラス (1998)	M.Benz CDI 2.2L Cクラス (1998)	M.Benz CDI 0.8L Smart (2000)	M.Benz CDI 4.0L S400 (2000)
シリンダ配置・数	In4	←	In3	75°-V8
ボアxストローク mm	φ80 x 84	φ88 x 88.4	φ65.5 x 79	φ86 x 86
ストローク/ボア比	1.05	1.005	1.206	1
排気量 L	1.689	2.1506	0.799	3.996
動弁系	DOHC-4弁	←	2弁	DOHC-4弁
吸気方式	T/C & I/C KKK	T/C & I/C	T/C & I/C max 290,000rpm	2xT/C & I/C 電動VNT
燃料噴射系 ノズル径mm x 孔数	CR (135MPa)	←	CR (135MPa) φ0.121 x 5	CR (135MPa) φ0.? x 7
圧縮比	19	←	18.5	←
燃焼室形状	浅皿型	←	←	←
最高筒内圧 MPa	14	←	14	14
最大出力 kW@rpm	66 @ 4200	92 @ 4200	30 @ 4200	184 @ 4000
比出力 kW/L	39.1	42.8	37.5	46.05
最大トルク Nm@rpm	180 @ 1600-3200	300 @ 1800-2600	100 @ 1800-2800	560 @ 1700-2600
比トルク Nm/L	106.6	139.5	125.2	140.1
低速トルク比 %	95	90	77	94
最小燃費率 g/kWh	208	202	204	202
最高熱効率 %	40.1	41.4	40.9	41.4
ボアピッチ mm	90		73	97
その他 構造 潤滑系 冷却系 熱マネージメント	ボア間厚：10mm ブロック材：Alダイカスト (FCライナ鋳込) オープンデッキ構造 主軸受キャップ・ タイボルト締結	4本ヘッドボルト ブロック材：FC (クローズドデッキ)	ボア間厚：7.5mm ブロック材：Alダイカスト (FCライナ鋳込) スワール比：4.2	ボア間厚：11mm (オフセット：21mm) ブロック材：Alダイカスト (FCライナ鋳込) 斜め割コンロッド
参考文献	ATZ/MTZ (1997)	19th Vienna Motor Sympo. 1998	MTZ 60 (1999)	MTZ 61 (2000)

エンジン主要諸元　　　　　　　　　　　　　　　　　　　表 E-2(p.244)に続く.

M.Benz CDI 2.2L Cクラス (200#)	M.Benz CDI 3.0L (2007)	M.Benz CDI 2.2L C&Eクラス (2008)	M.Benz CDI 3.0L (2010)
In4	72°-V6	In4	72°-V6
Φ88 x 88.3	Φ83 x 92	Φ83 x 99	Φ83 x 92
1.003	1.108	1.193	1.108
2.148	2.987	2.143	2.987
←	←	←	←
T/C & I/C	T/C & I/C 電動VNT	2xT/C (2段) & I/C	T/C & I/C 電動VNT
	CR (180MPa) Φ0.? x ?	CR (200MPa) Φ0.? x ?	CR (180MPa) Φ0.? x 8
17.5	17.7	16.2	15.5
←	←	←	←
		20	
125 @ 3800	165 @ 3800	150 @ 4200	195 @ 3800
58.2	55.2	70	65.3
400 @ 2000	510 @ 1600-2800	500 @ 1600-1800	620 @ 1600-2400
186.2	170.7	233.3	207.6
74	94	93	94
97		94	
	ボア間厚：? mm 　（オフセット：106mm) ブロック材：Alダイカスト 　　（FCライナ鋳込）	ヘッド 2段ジャケット オイルジェット流量可変 切替式冷却水ポンプ	ボア間厚：? mm 　（オフセット：106mm) ピストンリップ 再溶融 ヘッド 2段ジャケット ブロック材：Alダイカスト 　　（FCライナ鋳込） ボア微細ホーニング 切替式EGRクーラ 切替式冷却水ポンプ 可変オイルポンプ ボール軸受ターボ
17th Aachen Colloquium 2008	19th Aachen Colloquium 2010	17th Aachen Colloquium 2008	19th Aachen Colloquium 2010

244　資料　主要エンジンの諸元表

表 E-2　Benzディーゼルエンジン主要諸元

	M.Benz CDI 2.0L Eクラス（2015）
シリンダ配置・数	In4
ボアxストローク　mm	ϕ82 x 92.3
ストローク/ボア比	1.126
排気量　L	1.95
動弁系	DOHC-4弁
吸気方式	T/C & I/C 電動VNT
燃料噴射系 ノズル 径mm x 孔数	CR（205MPa） ϕ? x 8
圧縮比	15.5
燃焼室形状	緩浅皿 w 段付リップ
最高筒内圧　MPa	19.5
最大出力　kW@rpm	140 @ 3500-4100
比出力　kW/L	71.8
最大トルク　Nm@rpm	400 @ 1600-2800
比トルク　Nm/L	205.1
低速トルク比　%	95
最小燃費率　g/kWh	199
最高熱効率　%	42
最大出力点燃費率　g/kWh	
最大出力点熱効率　%	
ボアピッチ　mm	90
その他 構造 潤滑系 冷却系 熱マネージメント	ボア間厚：8mm （オフセット：12mm） Feピストン(CH：-28%) バルブ挟角：10.5° ブロック材：Alダイカスト （NanoSlide コーティングライナ) 燃料フィード量制御 MW(HP&LP)-EGR DOC+SDPF+SCR （WLTP, RDE対応）
参考文献	24th Aachen Colloquium 2015

参 考 文 献

(1) 谷下市松,「工業熱力学 応用編」, 裳華房, (1964)

(2) 廣安博之,「ディーゼル噴霧の到達距離と噴霧角」, 自動車技術会論文集, No.21, (1980), pp.5-11

(3) 八田桂三 他,「内燃機関計測ハンドブック」, 朝倉書店, (1979)

(4) Morello, L. et al., "A High Speed Direct Injection Diesel Engine for Application on Passenger Cars", SAE Tech. Pap. Ser., No.890460, (1989)

(5) Basshuysen, R. et al., "Audi Turbodiesel mit Direkteinspritzung. Teil 2: Konstruktion und Entwicklung der Mechanik des Audi 2.5-liter 5-zylinder Motors", MTZ, Vol.50, No.12, (1989)

(6) Miyaki, M. et al., "Development of New Electronically Controlled Fuel Injection System ECD-U2 for Diesel Engines", SAE Tech. Pap. Ser., No.910252, (1991)

(7) 宮木正彦, 基調講演「コモンレールシステムの開発と進化」, 第22回内燃機関シンポジウム, (2011)

(8) Hotta, Y. et al., "Achieving Lower Exhaust Emissions and Better Performance in an HSDI Diesel Engine with Multiple Injection", SAE Tech. Pap. Ser., No.2005-01-0928, (2005)

(9) 鈴木孝,「ディーゼルエンジンの挑戦」, 三樹書房, (2003)

(10) Maiorana, G. et al., "Die Common-rail-motoren von Fiat", MTZ, Vol.59, No.9, (1998)

(11) Piccone, A. et al., "Fiat Third Generation DI Diesel Engines", I.Mech.E-Ricardo Seminar, (1997)

(12) Steffens, C. et al., "Measures for the Improvement of Comfort Aspects at Modern Efficiency Optimized Diesel Engines", 21st Aachen Colloquium Automobile and Engine Technology, (2012)

(13) Hotta, Y. et al., "Cause of Exhaust Smoke and Its Reduction Methods in an HSDI Diesel Engine under High-speed and High-load Conditions", SAE Tech. Pap. Ser., No.2002-01-1160, (2002)

(14) Fujimura, T. et al., "Development towards Serial Production of a Diesel Passenger Car with Simultaneous Reduction System of NOx and PM for the European Market", 23rd Int. Vienna Motor Symposium, (2002)

(15) Bauder, R. et al., "The New High-performance Diesel Engine from Audi, the 3.0L V6 TDI with Dual-stage Turbocharging", 32nd Int. Vienna Motor Symposium, (2011)

(16) Werner, P. et al., "The New V6-Diesel Engine from Mercedes-Benz", 19th Aachen Colloquium Automobile and Engine Technology, (2010)

(17) Bauder, R. et al., "The Second-generation 3.0l V6 TDI from Audi—the Systematic Evolution of an Efficient Engine", 19th Aachen Colloquium Automobile and Engine Technology, (2010)

(18) Steinparzer, F. et al., "The New BMW 2.0L 4-Cylinder Diesel Engine", 28th Int. Vienna Motor Symposium, (2007)

(19) Nefischer, P. et al., "The New BMW Inline 6-Cylinder Diesel Engine", 17th Aachen Colloquium Automobile and Engine Technology, (2008)

(20) Neutser, H-J. et al., "Volkswagen's New Modular TDI generation", 33rd Int. Vienna Motor Symposium, (2012)

(21) Bauder, R. et al., "The New Generation of the Audi 3.0 TDI Engine—Low Emission, Powerful, Fuel-efficient and Light Weight", 31st Int. Vienna Motor Symposium, (2010)

(22) Cover Story, "New Modular Engine Platform from Volvo", MTZ, 0912013, Vol.74, (2013)

(23) Moeller, N. et al., "The New 2.0-L Diesel Engine for the All-new Volvo XC90", 23rd Aachen Colloquium Automobile and Engine Technology, (2014)

(24) Hatano, J. et al., "The New 1.6L 2-Stage Turbo Diesel Engine for HONDA CR-V", 24th Aachen Colloquium Automobile and Engine Technology, (2015)

(25) Matsuura, H. et al., "New Generation 1.6L Diesel Engine for the Honda CR-V", 36th Int. Vienna Motor

Symposium, (2015)

(26) Ardey, N. et al., "The All New BMW Top Diesel Engines", 33rd Int. Vienna Motor Symposium, (2012)

(27) Blanchard, E. et al., "The New Renault dCi 130 1.6L Diesel Engine", 19th Aachen Colloquium Automobile and Engine Technology, (2010)

(28) Yamato, Y. et al., "The New "Earth Dreams Technology i-DTEC" 1.6L Diesel Engine from Honda", 34th Int. Vienna Motor Symposium, (2013)

(29) Neutser, H-J. et al., "Volkswagen's New Modular TDI generation", 33rd Int. Vienna Motor Symposium, (2012)

(30) Lueckert, P. et al., "The New Mercedes-Benz 4-Cylinder Diesel Engine OM654—The Innovative Base Engine of the New Diesel Generation", 24th Aachen Colloquium Automobile and Engine Technology, (2015)

(31) Eder, T. et al., "Launch of the New Engine Family at Mercedes-Benz", 24th Aachen Colloquium Automobile and Engine Technology, (2015)

(32) Braun, T. et al., "Mercedes-Benz Diesel Technology OM654 Near-engine-mounted SCR System for WLTP and RDE", 16th Stuttgart Int. Symposium, (2016)

(33) Sakono, T. et al., "MAZDA SKYACTIV-D 2.2L Diesel Engine", 20th Aachen Colloquium Automobile and Engine Technology , (2011)

(34) Shimo, D. et al., "The New Small Diesel Engine MAZDA SKYACTIV-D 1.5", 24th Aachen Colloquium Automobile and Engine Technology, (2015)

(35) 小坂英雅 他,「壁温スイング遮熱法によるエンジンの熱損失低減―第 1 報 数値計算による適切な遮熱膜特性の検討―」, 自動車技術会学術講演会前刷集, No.20125270, (2012-5)

(36) Kawaguchi, K. et al., "Toyota's Innovative Thermal Management Approaches— Thermo Swing Wall Insulation technology—", 24th Aachen Colloquium Automobile and Engine Technology, (2015)

(37) 山本崇 他,「新型 2.8L 直列 4 気筒ディーゼルエンジン(ESTEC GD)の開発」, 自動車技術会学術講演会前刷集, No.20155295, (2012-5)

(38) 中北清己 他,「高圧噴射時のディーゼル燃焼解析」, 自動車技術会論文集, Vol.23, No.1, (1992), pp.9-14

(39) 中北清己 他,「高圧噴射によるディーゼル機関の燃焼・排気改善効果」, 自動車技術会 ディーゼル機関部門委員会シンポジウム, No.9303, (1993), pp.40-48

(40) 松井幸雄 他,「ディーゼル機関の火炎温度の測定に関する研究」, 日本機械学会論文集, Vol.44, No.377, (1978), pp.228-238

(41) 中北清己 他,「高圧噴射時の NOx 生成とすす低減メカニズムの解析」, 自動車技術会論文集, Vol.24, No.1, (1993), pp.5-9

(42) 中北清己 他,「高圧噴射時のパイロット噴射パターンの最適化とその効果」, 日本機械学会論文集(B 編), Vol.59, No.559, (1993), pp.228-234

(43) 堀田義博 他,「マルチ噴射による HSDI ディーゼルの排気・性能改善」, 自動車技術会論文集, Vol.36, No.1, (2005), pp.79-85

(44) 塩路昌宏 他 .,「画像処理によるディーゼル火炎の解析」, 日本機械学会論文集(B 編), Vol.54, No.504, (1988), pp.2228-2235

(45) Yamaguchi, I. et al. "An Image Analysis of High-Speed Combustion Photographs for D.I. Diesel Engine with High Pressure Fuel Injection", SAE Tech. Pap. Ser., No.901577, (1990)

(46) 堀田義博 他,「小型高速 DI ディーゼルの燃焼改善―第 1 報 高速・全負荷時のスモーク生成要因―」, 自動車技術会論文集, Vol.31, No.3, (2000), pp.5-10

(47) 堀田義博 他,「気流速度抑制による HSDI ディーゼル機関の高速時スモーク低減」, 自動車技術会論文集, Vol.32, No.3, (2001), pp.17-23

(48) Kawamura, K. et al., "Measurement of Flame Temperature Distribution in Engines by using a Two-color High Speed Shutter TV Camera System", SAE Tech. Pap. Ser., No.890320, (1989)

(49) Fuyuto, T. et al., "Diesel In-cylinder Measurement Technique Using a Multi-direction Optically Accessible

Engine", Journal of Environment and Engineering, Vol.5, No.1, (2010), pp.72–83

(50) Fuyuto, T. et al., "A New Generation of Optically Accessible Single-cylinder Engines for High-speed and High-load Combustion Analysis", SAE Tech. Pap. Ser., No.2011-01-2050, (2011)

(51) Misawa, M. et al., "High EGR Diesel Combustion and Emission Reduction Study by Single Cylinder Engine", COMODIA 2004, (2004), pp.59–64

(52) Aoyagi, Y. et al., "Diesel Combustion and Emission Study by Using of High Boost and High Injection Pressure in Single Cylinder Engine", COMODIA 2004, (2004), pp.119–129

(53) Nakakita, K., "Special Review：Research History of High-speed Direct-injection Diesel Engine Combustion Systems for Passenger Cars", R&D Review of Toyota CRDL, Vol.45, No.3, (2014), pp.43–56

(54) Wakisaka, Y. et al., "Emissions Reduction Potential of Extremely High Boost and High EGR Rate for an HSDI Diesel Engine and the Reduction Mechanisms of Exhaust Emissions", SAE Tech. Pap. Ser., No.2008-01-1189, (2008)

(55) Fuyuto, T. et al., "In-cylinder Stratification of Exhaust EGR Gas for Diesel Combustion", Proc. of COMODIA 2008, DE2-3, (2008), pp.173–180, Fig.4

(56) 稲垣和久 他 ,「2 燃料成層自着火による高効率 PCCI 燃焼—第 1 報 EGR レス PCCI 制御の実験的研究—」, 自動車技術会論文集 , Vol.37, No.3, (2006), pp.135–140

(57) Inagaki, K. et al., "Dual-Fuel PCI Combustion Controlled by In-cylinder Stratification of Ignitability", SAE Tech. Pap. Ser., No.2006-01-0028, (2006)

(58) Splitter, D. et al., "Reactivity Controlled Compression Ignition (RCCI) Heavy-duty Engine Operation at Mid- and High-loads with Conventional and Alternative Fuels", SAE Tech. Pap. Ser., No.2011-01-0363, (2011)

(59) 稲垣和久 他 ,「高分散噴霧と筒内低流動を利用した低エミッション高効率ディーゼル燃焼—燃焼コンセプトの提案と単筒エンジンによる基本性能の検証—」, 自動車技術会論文集 , Vol.42, No.1, (2011), pp.219–224

(60) Inagaki, K. et al., "Low Emissions and High-efficiency Diesel Combustion Using Highly Dispersed Spray with restricted In-cylinder Swirl and Squish Flows", SAE Tech. Pap. Ser., No.2011-01-1393, (2011)

(61) 稲垣和久 他 ,「サイクルシミュレーションによるディーゼル燃焼の過渡性能予測—第 1 報 マルチゾーン PDF モデルを用いた燃焼予測法の開発—」, 自動車技術会論文集 , Vol.38, No.5, (2007), pp.71–76

(62) Uchida, H. et al., "Transient Performance Prediction of the Turbocharging System with Variable Geometry Turbochargers", 8th Int. Conf. of Turbochargers and Turbocharging (2006), C674/018, I.Mech.E.

(63) 瀧昌弘 他 ,「燃焼期間が HCCI 燃焼騒音に及ぼす影響」, 自動車技術会学術講演会前刷集 , No.20065179, (2006)

(64) 上田松栄 他 ,「サイクルシミュレーションによるディーゼル燃焼の過渡性能予測—第 2 報 燃焼モデルを利用した加速時エンジン性能推定—」, 自動車技術会論文集 , Vol.38, No.5, (2007), pp.77–82

(65) Inagaki, K. et al., "Universal Diesel Engine Simulator (UniDES) 1st Report：Phenomenological Multi-zone PDF Model for Predicting the Transient Behavior of Diesel Engine Combustion", SAE Tech. Pap. Ser., No.2008-01-0843, (2008)

(66) 稲垣和久 他 ,「サイクルシミュレーションによるディーゼル燃焼の過渡性能予測—第 5 報 ʼバーチャルエンジン適合ʼ を可能にする全運転域での燃焼特性予測精度の向上—」, 自動車技術会論文集 , Vol.43, No.6, (2012), pp.1221–1226

(67) Murakami, A. et al., "Swirl Measurements and Modeling in Direct Injection Diesel Engines", SAE Tech. Pap. Ser., No.880385, (1988)

(68) Halstead, M. P. et al., "The Auto-ignition of Hydrocarbon Fuels at High Temperatures and Pressures-Fitting of a Mathematical Models", COMBUSTION AND FLAME 30, (1977), pp.45–60

(69) Kong, S-C. et al., "The Development and Application of a Diesel Ignition and Combustion Model for Multidimensional Engine Simulation", SAE Tech. Pap. Ser., No.950278, (1995)

(70) Zeldovich, Y. B., "The Oxidation of Nitrogen in Combustion Explosions", Acta Physicochimica USSR, Vol.21,

(1946), pp.577-628

(71) 例えば，中北清己 他，「ディーゼルすす生成過程の多次元シミュレーション」，日本機械学会論文集（B 編），Vol.56, No.521, (1990), pp.221-226

(72) Nakakita, K. et al., "Photographic and Tree-Dimensional Numerical Studies of Diesel Soot Formation Process", (1990) SAE 1990 Transactions, Journal of Engines, Section 3—Vol.99, Part 2, (1991), pp.2132-2144. (SAE Tech. Pap. Ser., No.902081)

(73) 中北清己 他，「高圧噴射ディーゼル機関の燃焼解析（小噴孔径ノズルによる燃焼・排気改善効果）」，日本機械学会論文集（B 編），Vol.60, No.577, (1994), pp.254-262

(74) 中北清己 他，「過流室式ディーゼル機関の燃焼改善による排気浄化—第 3 報 中負荷時のスモーク生成要因とその低減—」，自動車技術会論文集，Vol.27, No.4, (1996), pp.45-51

(75) 堀田義博 他，「高圧噴射と噴射率制御による HSDI ディーゼル機関の燃焼改善」，自動車技術会論文集，Vol.39, No.3, (2008), pp.171-176

(76) 中北清己 他，「直接噴射式ディーゼル機関」，特許第 3751462, (2005) ／ "Direct-Injection Diesel Engine", EP0945602B1, (2005) など

(77) 池上詢，「内燃機関の燃焼 6. 直接式噴射機関における燃焼（下）」，山海堂，(1973)　または　Loeffler, B., Trans. SAE, Vol.62, (1954), p.243

(78) 佐々木静夫 他，「ディーゼル機関の無煙低温燃焼法—第 1 報 冷却された大量 EGR ガスを用いた理論空燃比前後での無縁燃焼—」，自動車技術会論文集，Vol.34, No.1, (2003), pp.65-70

(79) 秋濱一弘，「Φ-T マップとエンジン燃焼コンセプトの接点」，日本燃焼学会誌，Vol.56, No.178, (2014), pp.291-297

(80) 稲垣和久 他，「ディーゼル機関の無煙低温燃焼法—第 2 報 数値解析によるメカニズムの解明—」，自動車技術会論文集，Vol.34, No.1, (2003), pp.71-76

(81) Kamimoto, T. et al., "High Combustion Temperature for the Reduction of Particulate in Diesel Engines", SAE Tech. Pap. Ser., No.880423, (1988)

(82) 例えば Watson, N. et al., "Turbocharging the Internal Combustion Engine", London Macmillan Education, Ltd. (1982)

(83) Steinparzer, F. et al., "Two Stage Turbocharging for the BMW 3.0L 6-Cylinder Diesel Engine", 13rd Aachen Colloquium Automobile and Engine Technology, (2004)

(84) Steinparzer, F. et al., "The New BMW Six-Cylinder Top Engine with Innovative Turbocharging Concept", 37th Int. Vienna Motor Symposium, (2016)

(85) 斎藤昭則 他，「小型直噴ディーゼル機関用高圧噴射装置の開発とその燃焼改善効果—第 1 報 ユニットインジェクタの試作とその噴射特性—」，自動車技術会論文集，Vol.25, No.2, (1994), pp.48-52

(86) 高橋岳志 他，「小型直噴ディーゼル機関用高圧噴射装置の開発とその燃焼改善効果—第 3 報 機関性能と排出ガス特性の検討—」，自動車技術会論文集，Vol.25, No.2, (1994), pp.59-64

(87) 脇坂佳史 他，「壁温スイング遮熱法によるエンジンの熱損失低減—第 2 報 単筒エンジンによる遮熱効果の先行検討—」，自動車技術会学術講演会前刷集，No.20155027, (2015-5)

(88) 川口暁生 他，「壁温スイング遮熱法によるエンジンの熱損失低減—第 3 報 列型過給ディーゼルエンジンへの適用—」，自動車技術会学術講演会前刷集，No.20155028, (2015-5)

(89) 西川直樹 他，「壁温スイング遮熱法によるエンジンの熱損失低減—第 4 報 スイング遮熱膜の材料—」，自動車技術会学術講演会前刷集，No.20155029, (2015-5)

(90) 森一俊 他，「ディーゼルエンジン開発」，自動車技術，Vol.70, No.1, (2016-1), pp.58-67

(91) https://www.dieselnet.com/standards/（最終閲覧日：2018 年 5 月）

(92) 中村成男，「日米欧 排出ガス規制値と走行モード」，Engine Technology, Vo.7, No.3, (2005-6), pp.8-11

(93) 「RDE（Real Driving Emissions）について」，Applus IDIADA 社講演資料，2016 自動車技術会春季大会ワークショップ，(2016-5)

(94) Krueger, M. et al., "Emission Optimization of Diesel Passenger Cars to Fulfill "Real Driving Emissions

(RDE)" Requirements", 24th Aachen Colloquium Automobile and Engine Technology, (2015)

(95) 高鳥芳樹 他 ,「燃焼の化学反応―粒子状物質生成の反応素過程―」, 燃焼研究．No.122．(2000)．pp.21-34

(96) 堀田義博 他 ,「高過給・高 EGR と高圧噴射による HSDI ディーゼル機関の大幅排気低減」, 自動車技術会
論文集 , Vol.37, No.6, (2006), pp.139-145

あ と が き

　1892 年に Rudolf C. K. Diesel により発明されたディーゼルエンジンは，その後今日まで 125 年の時を経て長足の進歩を遂げ，高い熱効率（低燃費）と静粛で優れた動力性能を併せ持つ，現代では中核の原動機の 1 つとなっている．2 章で今日までの主要な技術開発の例を紹介したが，特に直近の 30 年余りの間の進歩には目覚ましいものがあり，この進歩は主として，コモンレール噴射システムの出現，ターボ過給技術の進展，排気後処理システムの開発・実用化，そして電子制御の高度化などによりもたらされたものである．この間の進歩を通じて，課題であった排気有害物質の低減についても，ガソリンエンジンと同等レベルの低排気を実現できるまでに至っている．そして，さらに排気有害物質の排出量ゼロ化に向かった取組みが，ガソリンエンジンともども進められている．したがって，技術的合理性はもとより経済的合理性の観点からも，ディーゼルエンジンは，少なくとも適材適所の対象車に対しては，動力源として今後も活用されるべきものと考える．

　一方で，環境意識の高まりや，特定の国の政治的思惑に基づく国策など，様々な要因により電動化車輌の究極である電気自動車（EV : Electric Vehicle）に注目が集まり，「すべての車輌を EV にすれば良い」といった極端で過剰な風潮も広がりを見せているように思われる．しかし，現在の世界中のすべて（あるいは大多数）の車輌が EV に置き換わるには，その莫大な充電電力の確保（再生可能エネルギ由来での確保が必須），地方に至るまでの種々の関連社会インフラの整備，そして電池の耐久性と裏腹の充電時間の問題（特に家庭での充電時間の問題）などがあり，当面は全面的な EV 化の実現は困難かつ非現実的であると言えよう．

　このような状況下において，ドイツの最大手自動車メーカによるディーゼル車の排気浄化装置の不正が 2015 年に米国で発覚した事件に端を発し，世界の先進国を中心にディーゼル車を否定し排除する風潮や，極論として「ガソリン車ともどもエンジン車を全面的に排除して，すべて EV にすべき」といったさらに強硬な風潮がますます勢いづいているように見受けられる．ディーゼルエンジンの技術開発一筋に取り組んできた著者にとって，上記の状況は残念であり，また客観的見地からも憂慮するものである．著者は，ディーゼルエンジンやディーゼル車を一方的に擁護するつもりはまったくなく，市街地の短距離用途などには EV が好適で，普及が進むことが望ましいと考えている．読者の方々には，自動車の原動機としては種々のものがあり，各原動機は適材適所で使われることがすべての観点から合理的であるということを理解していただきたい．ディーゼルエンジンは，特に SUV などの多目的乗用車や商用車および大型車など，高トルクと優れた低燃費性（すなわち長い航続距離），および高い信頼・耐久性を必要とする車輌には好適であり，他を以て代え難いものなのである．また，ディーゼルエンジンの課題である排気有害物質の低減についても，付録 14 に詳述した究極の規制とも言える欧州 RDE 排気

規制をクリアすべく，実際の道路でのあらゆる実用走行状況下で，排気有害物質を0に近いレベルにまで低減する技術開発が急速に進展している．このため，先進国の都市部で問題となっている大気環境悪化の問題も，全面的なEV化という極端な施策を実施することなく，改善することができると考えられる．したがって，繰返しになるが，ディーゼルエンジンも，電動化要素との組合せも含めて，適材適所で活用すべき有用な動力源であることを，一般の方々にも是非知っていただきたい．そして，そのためにも，少しでもディーゼルエンジンに対する正しい認識を持っていただきたく，本書がその一助になればと願う次第である．また，今後ディーゼルエンジン開発に直接的あるいは間接的に関わられる方々に，本書が少しでもお役に立てば望外の喜びである．

　最後に，本書執筆の契機を与えていただいたうえ背中を押していただいた，株式会社豊田中央研究所・代表取締役所長・菊池昇氏に深甚なる感謝の意を表します．また，本書の執筆に際してご協力をいただいた，同所の小池誠，稲垣和久，石野実，冬頭孝之の各氏，および日本大学教授・秋濱一弘氏に感謝の意を表します．

　なお，3章と4章で取り上げた研究例は，株式会社豊田中央研究所の稲垣和久，堀田義博の両氏をはじめとする多数の研究者各位の熱意と献身的な取組みにより得られた成果である．また，これらの研究を遂行するに際して，トヨタ自動車株式会社，株式会社豊田自動織機，株式会社デンソー，TPR株式会社など関係各社から多大なご支援・ご協力をいただきました．ここに記して，関係各位に厚くお礼申し上げます．

　2018年6月

中　北　清　己

索　　引

あ

浅皿型キャビティ　38, 104
浅皿型燃焼室　55, 56, 101, 172
圧縮圧力　23
圧縮行程　3
圧縮自着火　17
圧縮端温度　120
圧縮比　8, 163
圧力　163
圧力上昇率　24
圧力比　9
アフター噴射　96
エネルギ／熱マネージメント　60, 63
エネルギマネージメント　203
エンジンサイクルシミュレーション　128
エンジンの熱勘定　11
エンジンベース試験　216
エンドガス　20
オイルジェット流量の可変化　64
オイルポンプ／真空ポンプ一体ユニット　65
オープンデッキ　55
オクタン価　115, 206
オットーサイクル　9

か

回転運動　164
化学的着火遅れ　27
拡散燃焼　16
拡散燃焼部　27
確率密度関数 PDF　123
下死点　3
ガソリン　17
可燃限界　19
過濃混合気　6

可変スワール機構　57
可変動弁系　113
可変動弁システム　210
可変ノズルタービン・ターボ過給機　40, 53, 178
カム駆動ジャーク式噴射システム　34, 170
カム軸駆動モジュール　65
可溶性有機成分　22
間接噴射式　49
完全燃焼　6
輝炎　17
機械効率　10
機械式過給機　39
機械損失　10
気筒　3
希薄混合気　6
希薄燃焼　6
逆スキッシュ　29, 168
吸気行程　3
吸気絞り　17
吸入スワール　32, 168
狭コーン角ノズル　118
切替式 EGR クーラ　64
近接パイロット噴射　87
空気過剰率　6
空調の電気ヒータ化　53
空燃比　5
クランク角　3
クローズドデッキ　55
クロスフロー・2段水冷ジャケット　61
軽油　17
高圧 EGR　32
高温酸化反応　205
高過給・高 EGR 率の燃焼　74, 106, 187
高過給化　60
行程　3
コールドスタート試験　218
コモンレール DI ディーゼルエ

ンジン　54
コモンレール燃料噴射システム　53
コモンレール噴射システム　34, 170
混合気　5
コンロッド　10

さ

サージ限界　176
サージング　176
サイクル　3
最大圧力上昇率　24
サバテサイクル　9
酸化触媒　22, 42
三元触媒　21
3 次元 CFD　128
指圧解析　83
指圧線図解析　83
シートチョーク　89, 93
軸径低減　65
軸出力　11
軸トルク　11
軸熱効率　10
軸燃費　11
軸平均有効圧力　11
自己着火　5
自着火　5, 14
失火　209
絞り損失　19
絞り弁　14
締切比　9
シャシベース試験　216
シャドウグラフ法　136
充填効率　34
10・15 モード　217
出力　11
シュリーレン法　136
上死点　3
小噴孔径　118

正味仕事　10
正味仕事量　10
シリンダ　3
シリンダピッチ　52
振動運動　164
スイーパ触媒　44
スキッシュ　29, 168
スキッシュエリア　29, 168
図示仕事　8
図示出力　11
図示トルク　11
図示熱効率　7
図示燃費　11
図示平均有効圧力　11
スチールピストン　72
ストローク　3
スパークプラグ　14
スモーク限界当量比　31, 148
スロットルバルブ　14
スワール　15, 29, 167
スワール比　168
セタン価　206
接線ポート　33
全炭化水素　209
増圧機構付コモンレール FIE
　　107
増圧機構付コモンレール噴射シ
　　ステム　142, 151
増圧コモンレール FIE　142
早期ダブルパイロット噴射　94
早期パイロット噴射　91
相互相関法　97

た

ターボ過給機　39, 175
ターボチャージャ　39, 175
ダウンサイジング　13, 39, 61,
　　62, 101, 186, 190
ダウンサイジング率　192
多環芳香族炭化水素　154
多孔　118
多領域・PDF モデル　124
タンジェンシャルポート　33
段付リップ　72
着火遅れ　23, 27
中空二重構造のエンジンブロッ
　　ク　53

直接噴射式　49
直接噴射式ディーゼルエンジン
　　3
直噴　49
直噴ディーゼルエンジン　3
低圧 EGR　32
定圧比熱　165
ディーゼル 13 モード　218
ディーゼル PM & NOx 浄化シ
　　ステム　58
ディーゼルエンジンシステムシ
　　ミュレータ　123
ディーゼルエンジンシミュレー
　　タ UniDES　123
ディーゼルノック　18
ディーゼル微粒子フィルタ
　　22, 44
低温酸化反応　205
低温燃焼　156
低速トルク比　51, 185
低摩擦化　60, 65
定容比熱　165
低流動燃焼システム　78
点火栓　14
電動連続可変スワール機構　57
筒内圧力　23, 55
当量比　6
トルク　11
トルクバンド　180

な

ナノ粒子　44
二重構造の排気マニホールド
　　53
二重断熱排気マニホールド　63
二色法　84, 97, 139
2 段ターボ過給システム　40,
　　60, 180
2 燃料成層 PCCI 燃焼　115
尿素添加・選択還元触媒　23,
　　43
熱効率　7
熱発生率　23
熱マネージメント　53, 203
燃空比　6
燃焼期間　23
燃費　11

燃料消費率　11
燃料噴射　17
燃料噴射率　23
ノッキング　17

は

排気行程　3
排気再循環　32, 58
排気量　3
背景拡散照明法　136
ピエゾ・コモンレールインジェ
　　クタ　57
微細ホーニング　65
比出力　31, 45
ピストンキャビティ　15
比トルク　31, 45
比熱　165
比熱比　8, 163, 166
火花点火　17
Φ-T マップ　139, 155
4 ストロークエンジン　3
深皿型キャビティ　38, 104
深皿型燃焼室　38
普及版エンジン　66, 68
副室式　49
物理的着火遅れ　27
部品のモジュール化　60, 65
プレミアム版エンジン　66
噴射圧力設定の自在性　35, 54,
　　170
噴射率　34
平均有効圧力　11
併進運動　163
壁温スイング遮熱　77, 204
ヘッド・ブロック分離冷却
　　63, 64
ヘリカルポート　33
膨張行程　3
膨張比　163
ポート噴射ガソリンエンジン
　　3
ボール軸受け　65
ホットスタート試験　218
ポンピング損失　19

ま

マルチ早期パイロット噴射　94
マルチ噴射　35, 54, 170
ミスファイア　209
未燃燃料　20
メカニカル・スーパーチャージ
　　ャ　39
モジュール化　52, 194
モリブデン系コーティング　65

や

ユニットインジェクタ　57, 59,
　　201
予混合圧縮着火燃焼　94, 113,
　　204
予混合気　14
予混合燃焼　14
予混合燃焼部　27
4弁化　53, 195
4弁シリンダヘッド　53, 195

ら

ライナレス　72
螺旋ポート　33
リーン混合気　6
リーンバーン　6
リッチ混合気　6
粒子状物質　22
量論空燃比　6
量論混合気　6
理論空燃比　6
理論混合気　6
理論熱効率　8, 163
冷却水ポンプ／オイルポンプ吐
　　出量の可変化　64

連接棒　10
ローラ(ニードル)軸受け　65

わ

ワイドなトルクバンド　186
ワイドバンドなトルク特性　60

アルファベット

ATDC　84
A/F　5
BDC　3
Benz　52
BSU　88
CN　206
CO　21
CR　54
DI　49
DIディーゼルエンジン　5, 50
DOC　22, 42
DPF　22, 44, 58
ECE-EUDCモード　220
EGR　32, 58
EGR率　32
Fiat　51
FIE　83
FSN　91
HC　20
HCCI　115
HCCI燃焼　115, 205
HPIE　83
i-ART　172
i-ARTコモンレール噴射システ
　　ム　67, 172
IDI　49
JC08モード　217
JE05モード　219
JIS%　91

LA-4モード　220
LNT　22, 42
NEDCモード　220
NMHC　226
NOx　21
NOx吸蔵還元触媒　22, 42
NSC　22
NV　23
O_2センサ　21
PAH　154
PCCI　94
PCCI燃焼　113, 205
PEMS　221
PIV法　97
PM　22
PM規制　223
PMトラップ　22
PN規制　223
PV線図　7
RDE　44
RDE規制　221
RON　115, 206
SOF　22
/st　88
TDC　3
THC　209
Tier2規制　224
Tier3規制　224
UI　59
Urea-SCR　22, 43
VGTターボ過給機　40, 178
VNTターボ過給機　40, 53, 178
VVT　113, 210
VW　47, 51
WLTCモード　221
WLTP　44
WLTPモード　220

著者略歴

中北清己（なかきた・きよみ）

1952 年、京都市生まれ。

1979 年　東京大学大学院 工学研究科 修士課程（機械工学専攻）修了、久保田鉄工株式会社（現 株式会社クボタ）入社。汎用小型ディーゼルエンジンの開発に従事。1985 年 同社退社、株式会社豊田中央研究所入社。以後、自動車用ディーゼルエンジンの燃焼システムの研究・開発に一貫して取り組む。2005 年 同社シニアフェロー、2012 年 同社リサーチアドバイザー。2017 年 同社退社。

受賞歴として、自動車技術会賞論文賞（1992 年、2000 年、2005 年、2009 年）、日本機械学会 エンジンシステム部門 技術業績賞（1996 年）、SAE（米国自動車技術会）Harry L. Horning Memorial Award（2003 年）、自動車技術会賞技術貢献賞（2018 年）などがある。自動車技術会フェロー、日本機械学会フェロー、工学博士。

ディーゼル燃焼とは何だろうか
──その実際と進化した今

2018 年 10 月 31 日　初版発行

著作者　　中 北 清 己　　© Kiyomi NAKAKITA, 2018

発行所　　**丸善プラネット株式会社**
　　　　　〒101–0051　東京都千代田区神田神保町 2–17
　　　　　電話（03）3512–8516
　　　　　http://planet.maruzen.co.jp/

発売所　　**丸善出版株式会社**
　　　　　〒101–0051　東京都千代田区神田神保町 2–17
　　　　　電話（03）3512–3256
　　　　　https://www.maruzen-publishing.co.jp/

組版／株式会社 明昌堂
印刷／富士美術印刷株式会社　製本／株式会社 星共社

ISBN 978–4–86345–393–7 C 3053

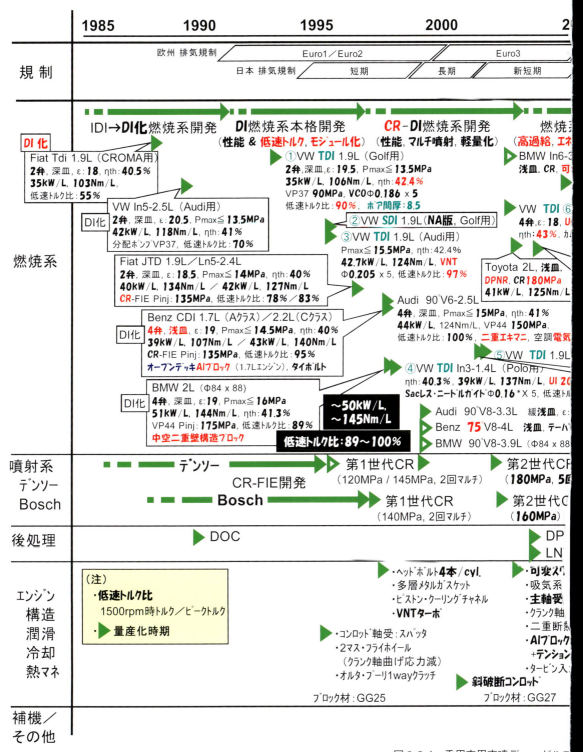

図 2-3-A 乗用車用直噴ディーゼルエ

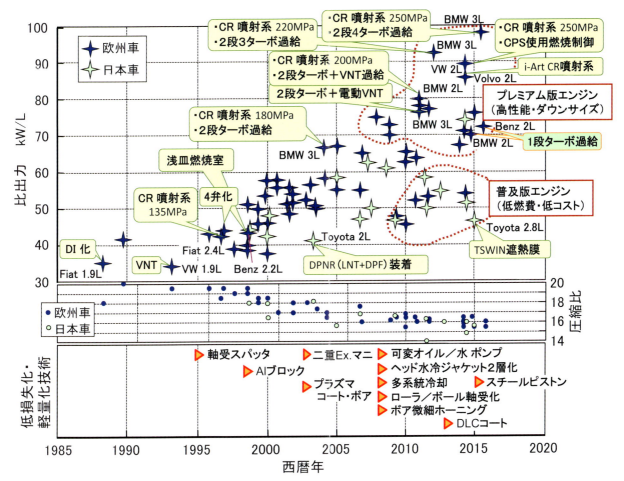

図 2-3-B　乗用車用直噴ディーゼルエンジンの技術トレンド（2）

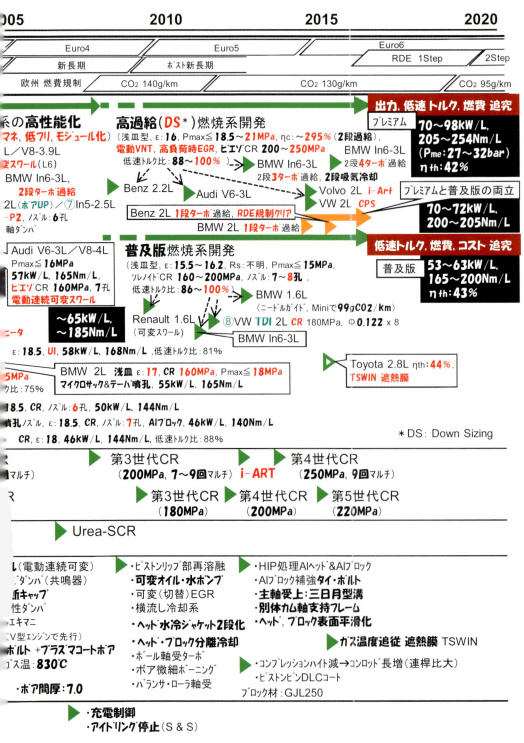

ンジンの技術トレンド(1)